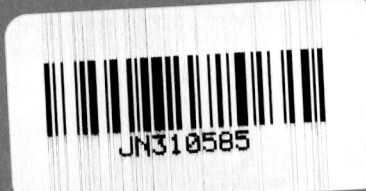

RESPONSIVE ENVIRONMENTS by Sue McGlynn and Ian Bentley
ISBN:978-0-7506-0566-3

This edition of RESPONSIVE ENVIRONMENTS by
Sue McGlynn and Ian Bentley is published by arrangement with
Elsevier Ltd.of The Boulevard, Langford Lane, Kidlington,
OX5 1GB, England through The English Agency (Japan) Ltd.

RESPONSIVE ENVIRONMENTS

A MANUAL FOR DESIGNERS

BENTLEY ALCOCK MURRAIN McGLYNN SMITH

感応する環境

デザイナーのための都市デザインマニュアル

I・ベントレイ＋A・アルコック＋
P・ミューラン＋S・マッグリン＋G・スミス［著］
佐藤圭二［訳］

鹿島出版会

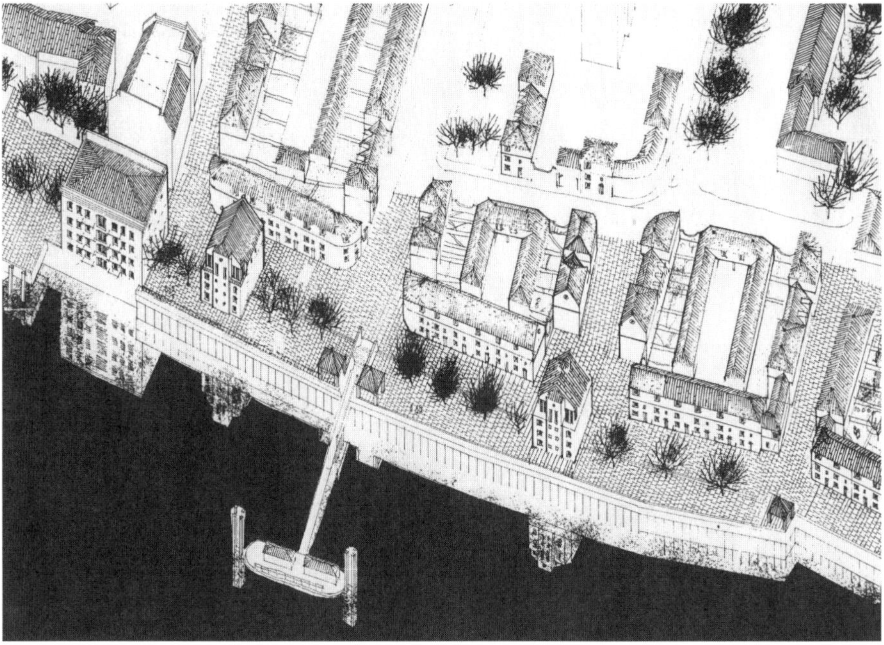

謝辞

この本は、1976年以来、オックスフォードポリテクニックの建築学科とアーバンデザイン・ジョイントセンターとで続けてきた一連のプロジェクト、授業、そしてセミナーに参加する中から成長してきた。このようなフォーラムのなかで発展してきたアプローチは多様なプロジェクトの中で実践されており、われわれはプランナー、建築家、技術者、調査技術者、都市開発者そして時にはわれわれの不慣れな部分にアイデアで好意的に協力してくださった機関へ感謝の意を贈りたい。この関係の中で、イアン・ベントレイとパウル・ミューランは特に、パートナーであるステフ・キャンベルとトニー・ハントに感謝する。第8章の基礎をなしているプロジェクトは、コンラン・ローチ建築・計画コンサルタントのフレッド・ロイド・ロック、ケン・ベイカーとデビッド・ロックとの協同で開発された。

オックスフォードポリテクニックの同僚は絶えず時間を割いてアドバイスを提供してくれた。われわれは特に、リチャード・アンダーソン、マイク・ジェンクス社会科学建築リサーチチーム、建築学科のゴードン・ネルソン、アーバンデザインセンターのブライアン・グッディ、リチャード・ヘイワード、そしてイボア・サミュール、そして都市計画学科のボブ・ビクスビーに感謝する。マサチューセッツ大学のバリー・グリービーは草案を読んで多くのコメントをくれた。

不動産機関の分野からは、ピーター・ギブスンとデビッド・マシフ(ギブソン・エリーCo)、ミッシェル・ル・グレー(デビッド・ベル・ジョイント開発社)そしてノースイギリス工業協会がくれた有効なアドバイスと努力に感謝する。

学生との議論はわれわれのアイデアの中心であった。さまざまな学生が取り組む研究がこの本の開発とテストの素材となっている。特にG. アルマック、R. アイトン、D. ブラウン、F. ブラウン、M. チーズブロー、A. コーカー、B. コンスタンタトス、B. カーチス、K. ダィビダル、N. ダックワース、B. ギャノン、M. グランド、R. モーガン、I. パリー、L. リコ、N. トンプソン、A. トロッター、そしてR. ウェルチに感謝する。

多くの図と最終的な手描きの図はヴィヴィアン・エップス、ステラ・トーマス、そしてギリアン・ロングによりすべて描かれた。時間に追われながらもよく働いてくれた彼らに感謝する。最後に、転載を許可してくれた多くの出版社、版権所有者、そのほかの画像所有者の方々に感謝したい。

Ian Bentley イアン・ベントレイ[建築家・アーバンデザイナー]
Alan Alcock アラン・アルコック[建築家]
Paul Murrain パウル・ミューラン[ランドスケープアーキテクト]
Sue McGlynn スー・マッグリン[都市計画家・アーバンデザイナー]
Graham Smith グラハム・スミス[アーティスト]

目　次

序章

Introduction

序

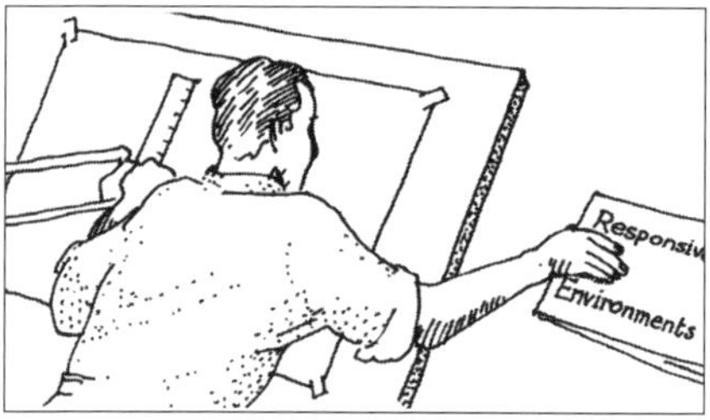
Responsiv
Environments

本書は、建築とアーバンデザインに関する実践的な書である。ドローイングの段階で参考にする本であり、大半のデザイナーがすでに知っているような、建物を効率的にデザインする方法、風雨対策、サービススペースその他をどうレイアウトするかについて語っている本ではない。デザイナーは時々これらの扱い方を間違えるが、少なくともうまく処理する方法は知っており、それらの情報はどこでも容易に入手可能である。

われわれは、だんだん悪い方向に進んでいるように思えるデザインの領域に関心を持っている。その出発点は、過去数百年にわたって多くのデザイナーが共有してきた高度な社会的・政治的理念にもかかわらず、なぜ近代建築とアーバンデザインが非人間的で抑圧的であると批判されているのかに興味を持ったことにある。

モダンデザインの悲劇は、デザイナーが社会的・政治的な理念について「形が意味するもの」を協力して解明する努力をしてこなかったことにあるように思われる。実際、デザイナーの理念への強烈な思い入れが、「形へのこだわり」を彼らに何か表面的であると感じさせているように見える。彼らは「形は漸進性のある社会的・政治的な姿勢の副産物でしかない」と考えている[注1]。しかし、この考えを受け入れると、逆に人がつくる環境が社会的・政治的なシステムであることがわからなくなる。建物の壁を通り抜けて街を歩けば、そのシステムは、道路の管理方法と同様、何ができ何ができないかについて制約を設けている物理的な骨組みであることに気づくであろう。建物を都市の規模にまで拡大すればわかるように、これは本当に政治的なものである。

彼らは自分たちが偉大だと
思っているが、500年経っても
なお、私（建築・都市）が
許す場所までしか彼らは
行くことができない

われわれが建築と都市が政治的であることを理解したとき、政治的な観点からも、デザイナーは人がつくる環境にどのようなはたらきかけをするかが明確になる。社会的・経済的理念はそのままで十分ではない。その理念は適切なデザインのアイデアによって、人のつくる環境の骨組みにつなげられなければならない。

本書はこれをどのようにして行うかを示そうとする実践的な試みである。われわれは過去百年間でもっとも社会的意識を持ったデザイナーを鼓舞したのと同じ考え、すなわち、「人がつくる環境は、利用者がその場所を選ぶ度合いを最大にすることによって、場所と人との関わりを豊かにするデモクラティックな基本装置として提供すべきであること」からスタートする。われわれはこうした場所をレスポンシブ：感応的と呼ぶ。

デザインは選択にどのように影響を与えるか

場所のデザインは以下のさまざまな段階で、人々がそこを選択することに影響を与える。

- 人が行けるところと行けないところに影響を与える：この性質をPermeability（透過性：行きやすさ）と呼ぶ
- 人が利用できる用途の範囲に影響を与える：その性質をVariety（多様性）と呼ぶ
- 提供する場所を、どの程度までたやすく理解できるようにするかに影響を与える：その性質をLegibility（わかりやすさ）と呼ぶ
- さまざまな目的のために人々がその場所を利用することができる、その度合いに影響を与える：それをRobustness（融通性）と呼ぶ
- 場所の細かな外観が、人々に選択肢があることを気づかせるかどうかに影響する：この性質をVisual appropriateness（視覚上の適切性：ふさわしい見え方）と呼ぶ
- 人々の感覚的な経験に影響を与える：この性質をRichness（豊かさ）と呼ぶ
- 人がある場所に自分の印をつけることができるその度合いに影響を与える：これをPersonalization（個性化）と呼ぶ

このリストは網羅的でない。しかし場所を感応的にさせる際の主要な論点はカバーしている。われわれの目的は、どうしたらこれらの「環境の性質が建物と戸外の場所としてのデザインにおいて達成されるか」を示すことである。

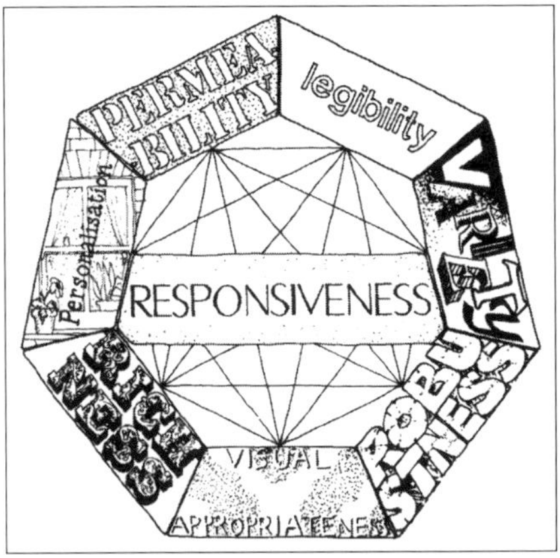

7つの環境の性質と相互の関係

Permeability 透過性：行きやすさ

人が行くことのできる場所だけが人々にそこを選ばせる。透過性の水準――ある環境を通る経路がどれだけたくさんあるか――は、感応的な場所をつくる中心的指標である。

透過性はレイアウトを根本的に意味づける性質である。下図では上の方が下よりも多くの選択経路を与える。したがって透過性が高くなる。

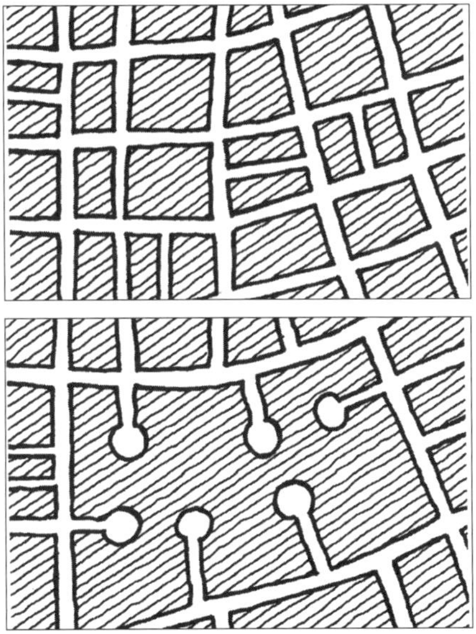

透過性は、感応性を成立させる基礎であることから、デザインの初期に考慮されなければならない。デザイナーは、「どれだけ多くの経路があるか、どのようにしてそれを相互につなぐか、それらが行くべきところ」、「コインの裏側――全体として敷地の開発可能な領域の街区境界をどのように設定するか」を決めなければならない。このデザイン段階については第1章で述べる。

Variety 多様性

透過性は、それ自体ではほとんど役に立たない。つまり、行きやすい場所は、そこを選びたくなる経験を与えられなければ意味がないのである。多様性――特に用途の多様性――は要となる環境の性質である。

第2章で述べるデザインの第2段階の目的は、プロジェクトの中の「用途の多様性を最大化する」ことにある。最初に、われわれは敷地のさまざまな用途の需要の度合いを評価する。そして用途の混在を経済的・機能的に実行できるように設定する。次に、空間的に望ましいとして設定した仮定の建物規模が、望ましい混合用途として収容可能かどうかを照査し、さらに必要に応じてそのデザインの開発を進める。

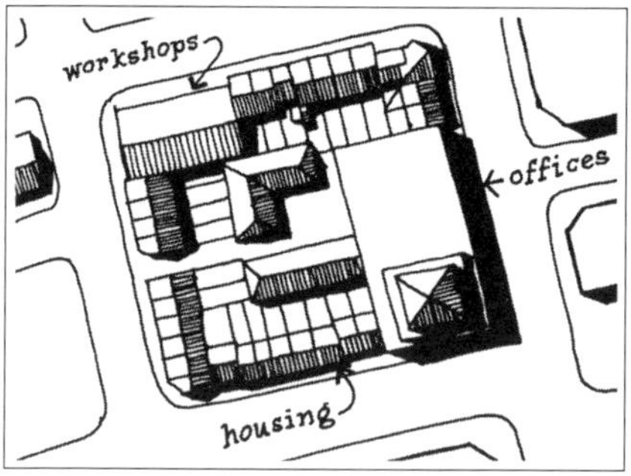

Legibility わかりやすさ

実際には、場所によって与えられる選択肢の幅は、その場所がわかりやすいかどうか――人がその場所の配置を理解しやすいかどうかに左右される。これはデザインの第3段階で検討する。

場所への認識ができる構造を構成する要素は、デザインプロセスに持ち込まれるので、すでに設定されたリンク道路と用途（建物・敷地）の仮ネットワークはこの段階で三次元の形をとる。このプロセスの一貫として、「経路とその結節点」は、さまざまな性質を持った囲み空間をデザインすることにより、それぞれが違ったかたちになっている。

したがって、この段階までに、デザイナーは「囲み空間」をつくるために、公共空間を囲む建物の規模を仮定することになる。このプロセスは第3章で論じる。

Robustness 融通性

さまざまな目的に使うことのできる場所は、1つの固定した用途に限定された場所よりも多くの選択肢を利用者に与える。この選択肢を与える環境は、われわれが融通性と呼ぶ性質を持つ。これが第4章の主題である。

この第4段階までに、われわれは「個々の建物と戸外の場所」に焦点を当てはじめる。われわれの目標課題は、長期および短期の両方で、幅広い多様な活動と将来の用途のために適切な、それらの「空間と構造の関係」をつくることである。

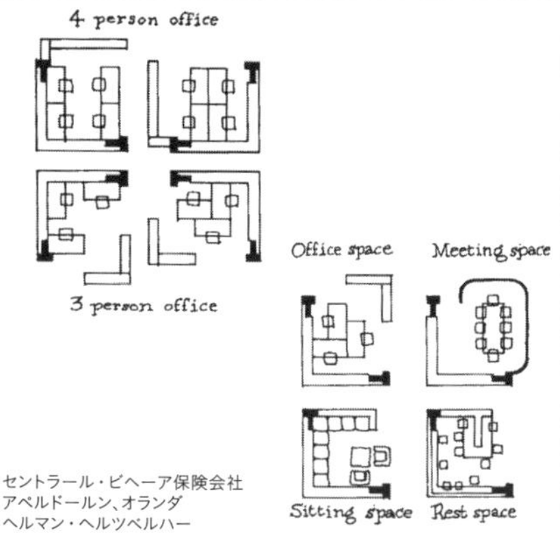

セントラール・ビヘーア保険会社
アペルドールン、オランダ
ヘルマン・ヘルツベルハー

Visual appropriateness
視覚上の適切性：ふさわしい見え方

ここまでにわれわれが決定したのは、スキーム(手続きを含む実現計画)の全体的な外観である。次に、われわれは「詳しく細かい見え方」に焦点を当てなければならない。

　これは人々が場所を解釈する際に大きな影響を及ぼす。デザイナーが好むと好まないとにかかわらず、人々は意味を持つものとして場所を解釈する。これらの意味が、われわれがすでに論じてきたさまざまな性質が提供する選択肢を人々に気づかせるときに、場所はふさわしい見え方を持つことになる。

　ふさわしい見え方のデザインは第5章の主題である。最初に、その場所にすでにデザインされた選択肢をそこを選ぼうとする人に伝えるために、視覚的なcue(キュー：手がかり)となる言葉を見つけなければならない。その後で、デザインの基礎としてこれらのキューを用いてそのプロジェクトの外観は詳細に開発される。

Richness 豊かさ

すでに述べた外観についての決定は、デザインのもっとも細かいレベルでの手順の余地をまだ残している。われわれは、ユーザーが歓迎する意識と経験の選択肢を増やすような方法で残りの決定をしなければならない。さらなる水準の選択肢を豊かさと呼ぶ。これは第6章で述べる。

　この段階に至ると、われわれはプロジェクトのもっとも細かい部分を扱うことになる。われわれは視覚的および非視覚的な豊かさを提供するスキームの中に場所を決めなければならない。そしてその豊かさを達成するために、適切な材料と構造技術を選ばなければならない。

Personalization 個性化

これまでに論じたデザインの段階は、環境が生み出す政治的・経済的なプロセスと区別して、環境自体の感応性をサポートする「環境の性質」を達成することを目指してきた。これはわれわれが高く評価される市民参加のアプローチの価値を軽んじているからではない。高いレベルの市民参加が行われたとしても、多くの人は他人がデザインした場所で暮らし、働かなければならない。それゆえに利用者が場所を個性化することは特に重要である。これは人々が自らの環境に自らの印をつけるための唯一の方法である。

　個性化のためのデザインは第7章で述べる。ここではデザイナーは、個性化を支援し、それが建物の公共的役割を侵さないために、スキームの形と材料について、最終的な詳細を決定する。

まとめ

第1章から第7章は、これまでに述べた環境の性質を実現するための段階的な方法の概要を述べている。

環境の性質――デザインの行為

1 透過性：行きやすさ――開発街区全体と経路をデザインする
2 多様性――敷地上に用途を配置する
3 わかりやすさ――建物のマスと公共空間の囲みをデザインする
4 融通性――個々の建物と戸外空間の空間的・構造的配置をデザインする
5 視覚上の適切性：ふさわしい見え方――外部のイメージをデザインする
6 豊かさ――意識的な選択のためのデザインを発展させる

7 個性化―― 人々が住み働く場所に彼らの印(しるし)をつけるようなデザインを奨励する

実行するうえでは、これら環境の性質はこの単純で段階的な構造より複雑である。それぞれの「新しい段階の意味」を考慮して、それまでの段階でのデザインを絶えず修正する必要がある。このプロセスは、第8章の事例研究によって明らかにされる。ここでわれわれは大きなインナーシティの再開発のコンテクストの中で、すべての性質を総合的に支援するため、デザインの意味するところを示す。

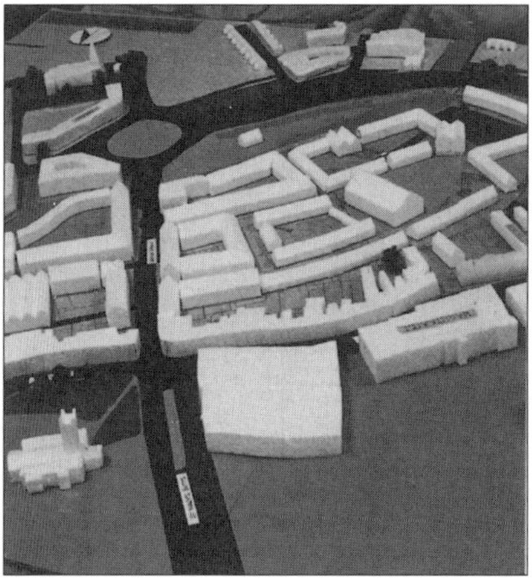

本書をどのように活用するか

各章は3つのパートを持つ。

- 序
- デザインシート
- 注釈

各パートは異なったレベルの情報を含んでいる。

各章の序

各章の序は、その特定の性質に関してどのようにデザインするかを論じている。これらの序は全体として、感応の総合性をカバーしている。もし、あなたが主題をよく理解できていない場合には、各章の序をすべて通して読むことから始めるのがよい方法である。

われわれの経験では、小さなスキームをデザインするときでさえ、すべての環境の性質について考慮する必要がある。しかし、特殊な敷地や当該計画の規模によっては、各性質に費やされるデザインへの努力は、多種多様となる傾向にある。本書では大きな複合したスキームは、前半の章において対象とする性質について多くの時間を費やし、一方で小さい計画は、後半の章において重きをおいている。

デザインシート

デザインが始まってからは、われわれは2番目のレベルの情報を必要とする。すなわち、当該性質を達成するための実際の関連事項を網羅する一連のデザインシートである。このシートはわれわれ自身のプロジェクトの中でもっとも効果的な順番で配置される。

注釈

デザインするときに生ずる事態すべてを網羅することは、この種の本では不可能である。注釈と「さらに読書するために」を明示し、特定の主題をさらに深く掘り下げることができるようにしている。

最後に

全体として、この本は感応する場所をデザインする方法を説明している。それは処方箋ではない。したがってこの本は創造的に活用されるべきである。アイデアのすべては、デザインの指針としてである。これはデザイナーの想像力を妨げるものではない。

第 1 章

行きやすさ

Permeability

序

人々にとって近づきやすい場所だけが、人に選ばれる性質を持っている。ある環境が、その環境を通して場所から場所へと人にそのアクセスを選択させる度合いは、その環境の感応性の主要なものさしである。われわれはこの環境の性質をPermeability（行きやすさ）と呼んでいる。

1 行きやすさ——公と私

もし、だれもが物理的にも視覚的にも近づきやすい場所なら、そこはプライバシーがない。しかし、われわれの選択の基本的な源泉は、公共的・私的に活動する能力から生じている。この活動の容量を増やすために公共的場所と私的な場所は必要である。

もちろん、公共的場所と私的な場所は単独には機能することができない。それらは相互補完しており、人々はそれらの間の境界面を超えるアクセスを必要とする。実際、公と私の間のこの相互作用は人々に豊かさと選択というもう一つの巨大な源泉を与える。公共的および私的な場とそれらの境界に、それぞれ行きやすさへのさまざまな示唆がある。

2 行きやすさと公共空間

公共空間全体の行きやすさは、ある地点から他の地点に移動する代替経路の数に左右される。しかも、これらの代替経路は目に見えるものでなければならない。そうでなければ、すでに地域を知っている人々だけしかそれらを利用できないからである。それゆえに視覚的透過性（見えやすさ）も重要である。

物理的透過性（行きやすさ）と視覚的な透過性（見えやすさ）は、公共空間のネットワークがどのように環境を街区に分けるかに左右される。この街区は完全に公共的経路に囲まれた領域である。これらは下図に示すように大きさと形によって全く異なったものになる。

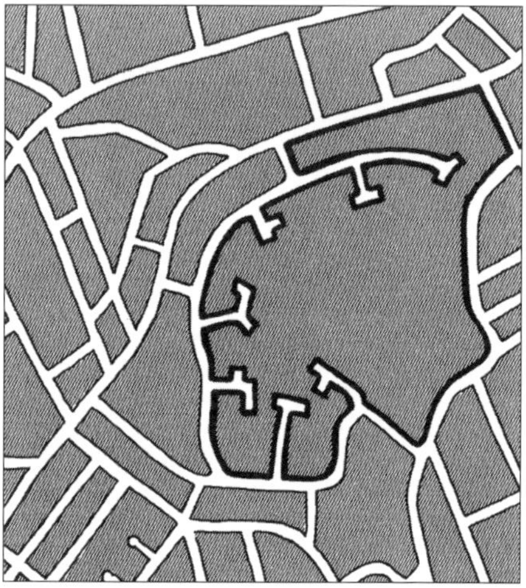

3 小規模な街区(ブロック)の利点

小さな街区で形成された場所は、大きな街区の場所より多くの経路の選択肢を提供する。下記の例において、AとBの間で、大きな街区レイアウトは、後戻りを勘定に入れずに、代わりの経路を3本提供するだけである。小さな街区ブロックでは、わずかに短い公共経路で9つの選択肢がある。

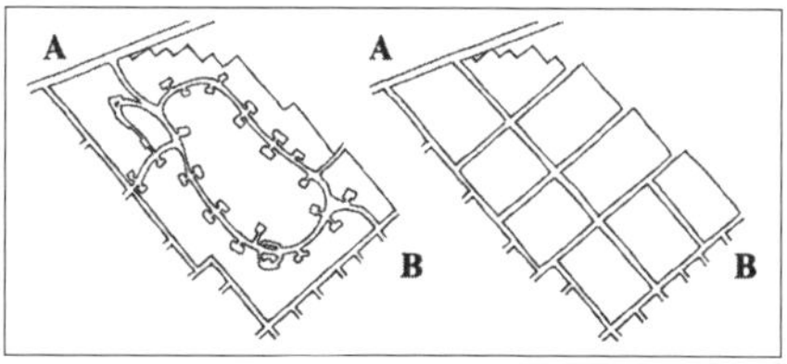

　したがって、小さな街区は、公共空間への一定の投資に対して、より多くの物理的な透過性を与える。それらはまた、人々の選択の幅を広げて、視覚的な透過性を増やす。街区が小さいほど、それはすべての方向で1つの交差点から次の交差点までが見やすくなる。

4 公共性のある行きやすさの傾向

現在、3つのデザインの傾向が公共空間の透過性(行きやすさ・見えやすさ)を阻害している。

・開発規模の拡大
・階層的な配置設計の使用
・歩行者／車両の分離

i 開発の規模

より小さな要素に分割されれば、等しく機能するはずの、不必要に一体化された開発は極端に大きな街区をつくり出す。

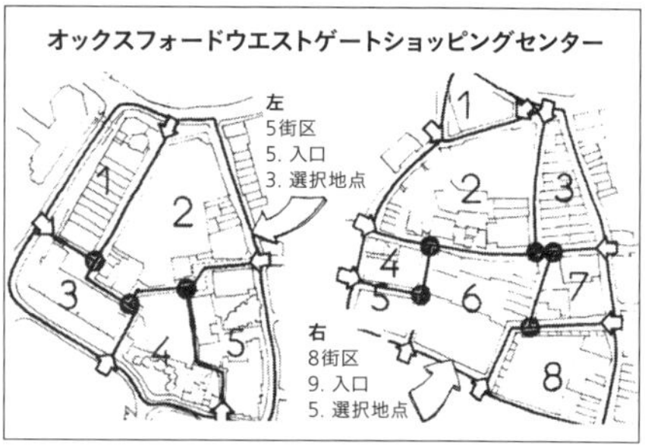

オックスフォードウエストゲートショッピングセンター

ii 階層的なレイアウト(配置設計)

階層的なレイアウト(配置設計)は行きやすさを減少させる。下記の例においてAからDに行く方法は1つだけである。それはBとCを通って行かなければならない。決して直接A-D、またはADCABCDではなく、つねにABCDである。階層的なレイアウトは、クルドサック、行き止まり、および選択余地がほとんどない世界を生み出す。

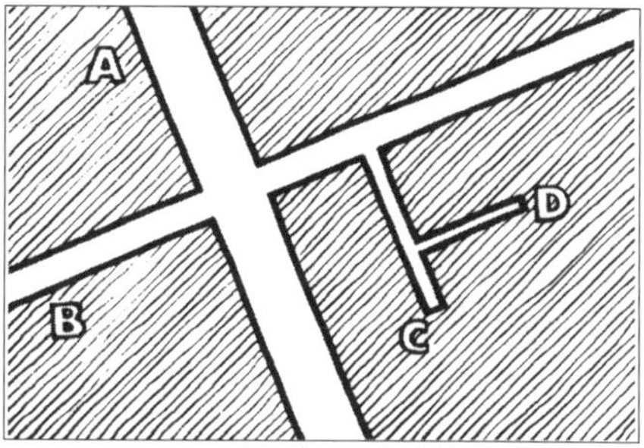

　これはクルドサックがつねに悪いということではない。クルドサックが失われているであろう選択肢を与えることができるなら、感応性を助けるものにもなるからである。しかしそれは取り替えるのでなく、透過性の高いレイアウトへ加えられるのでなければならない。

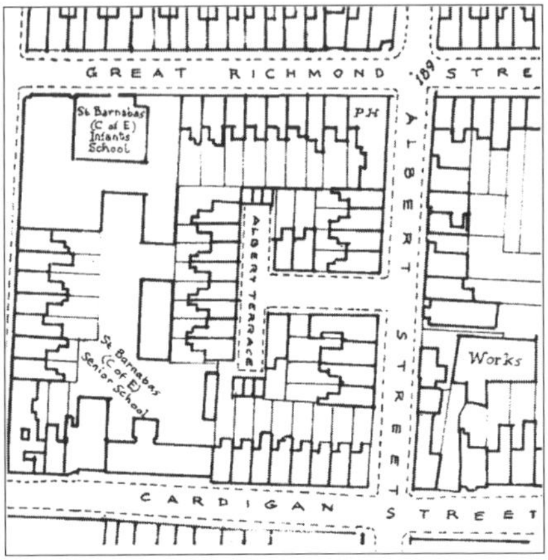

iii 歩行者と車両の分離

公共空間の利用者を、車両利用者と歩行者などに分離し、それぞれを経路分離方式で制限すると、透過性の効果は減少する。そしてこのとき、双方の区分に非分離方式と同等の透過性のレベルを与える唯一の方法は費用のかかる二重経路を通すことである。

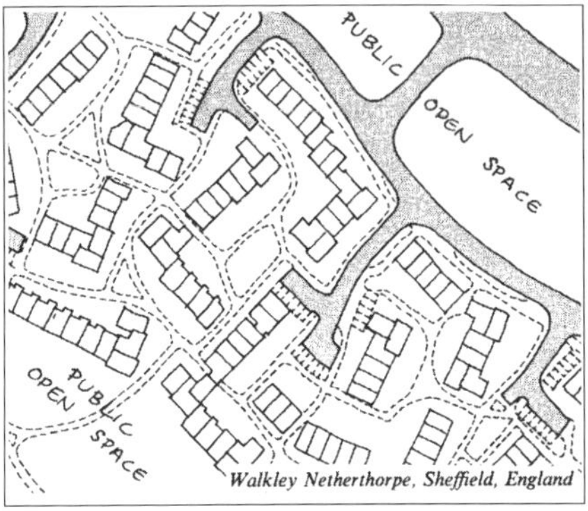

Walkley Netherthorpe, Sheffield, England

a 歩車の分離を避ける

第4章は車両と歩行者の共存を支援する他の方法を示す。いずれの場合でも 、デザインの初期に変更ができないような分離をレイアウトに組み入れる必要はない。われわれが最初に取り組むことがすべての人のための高度な透過性とするならば、詳細なデザインや管理方法によって、分離は後から必要に応じて行うことができる。情況が変われば分離をやめてもいいので、人々が場所をどのように使いたいかについて、将来の利用者に決定する権限を与えている。

b 透過性と公共性(行きやすさ)／私的性(見えやすさ)の境界面

私的空間への物理的アクセスは必然的に限定されるので、公共的／私的な境界面の透過性は主として視覚的な影響である。これは公共および私的空間にとって異なった意味を持っている。

c 境界面——視覚的な透過性

また、公共空間と私的空間の間の視覚的な透過性は、公有財産を豊かにすることができる。しかしながら、まちがった使い方をしたら公共空間と私的空間の間の重要な差異を混同させることになる。

これは、私的空間のすべての活動がおしなべて公共的でないからである。その例としては、玄関ホールから洗面所への移動がある。公共的／私的の区別を維持するためには、もっとも私的な活動は、公共空間からの視覚的接触から隠されなければならない。

d 境界面——物理的な行きやすさ

公共空間と私的空間の間の物理的な透過性は、建物や庭への入口で生ずる。これは敷地境界で活動のレベルを増加させることで公共空間を豊かにする。第4章でその重要性について示す。さしあたり、今日しばしば行われていること（1978年）とは対照的に、多くの入口が公共空間の境界に配置されるべきであること（1962年）を示唆している。

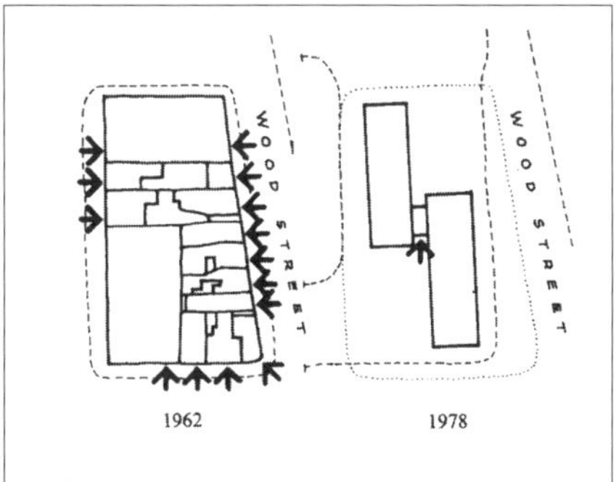

カーディフ
ウェールズ

e 前面と背面の必要性

これはすべての建物が2つの面を必要とすることを意味する。公共空間に接する建物の前面は、出入りや公共的な活動を行うために、そして建物の背面はもっとも私的な活動をする場所として、それぞれ役割を果たす。これは公共空間の公共性を損なうことなく、私的空間ではガラクタやつまらないものをつくることなど、利用者が何でも好きなことができる機会を与えるものである。

屋外での私的活動は特に人目にさらされやすいので、強固な障壁によって守られなければならない。もし、私的空間が建物の前面にあったり、公共空間と隣り合わせになっていたりすれば、これらの障壁は逆に公共空間の公共性を失わせ、また希薄にしてしまうマイナス要因として作用する。それゆえ、大部分の私的な屋外空間は、背面に置かれなければならない。

f ペリメーターブロック開発

背面の私的空間と前面の公共空間の区別をつねに適用した場合、「ペリメーターブロック開発（辺長の長い街区開発）」と呼ばれる配置設計となる。

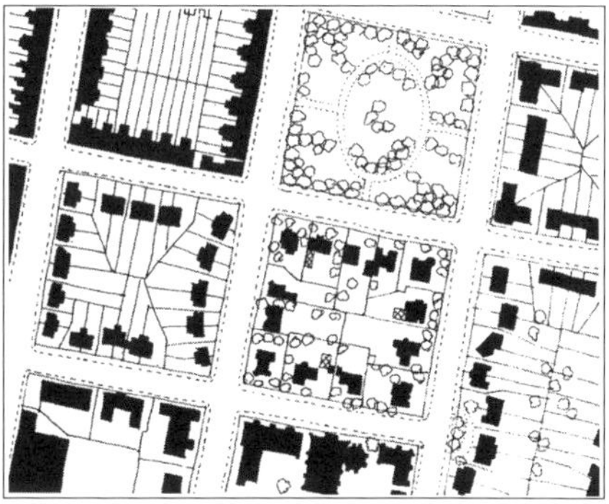

g 境界面——私的空間への影響

公共と私的空間の境界面がプライバシーを侵害することなく、私的生活を豊かにするためには、透過性の度合いが私的利用者の支配下にあることが重要である。これについては心配には及ばない。高さ変更、窓、玄関、カーテン、防音ガラスとベネチアンブラインドなどの通常の建築要素を使うことによって、デザインの後期段階で達成することは難しくない。これは第4章で述べる。

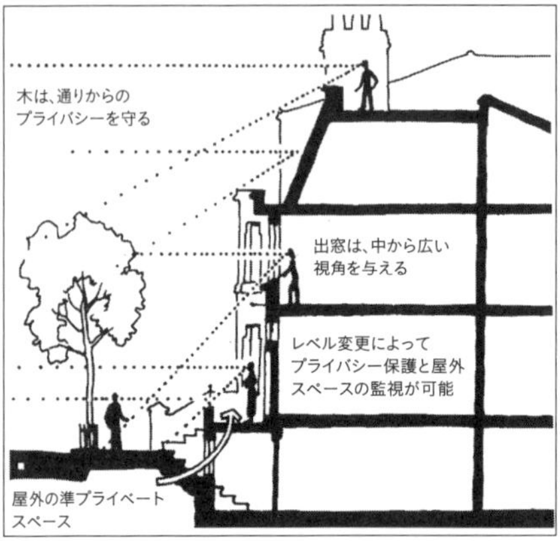

近年では支配の程度は定量的には与えられない。どの程度の透過性を必要とするかの判断を利用者に任せるかわりに、デザイナーは彼らのために、恒久的で物理的な視覚に対する障壁をつくればよい。

ヘッジントン、オックスフォード、イギリス

5 要約——物理的形態と行きやすさ

視覚的・物理的な透過性の意図は、デザインに強い要求をもたらす。これらの要求に応じる簡単な方法は、ペリメーターブロック(通りを公私空間区分した街区空間構成)の設計を採用することである。

- 活気を享受するために、接している公共空間(通り、広場または公園)に面して前面を向ける。
- 街区の中心側に背面を配置する。
- 背面に私的な屋外空間を配置する。

われわれの経験では、他の種類の配置設計は透過性になんらかの問題をもたらす。ペリメーターブロックをつねに採用することは難しいが、他の方法では透過性の問題を解決することが困難であることから、この方法を街区のデザインの出発点として考慮しておくべきである。

デザインの開始

透過性を支配する主な条件と、それが近年は問題になってしまう理由を説明してきた。次の段階はデザインでこれらのアイデアを使うことである。

周辺地域へのつながり

1つの街区より大きいプロジェクトでも、一方からもう一方までその周辺地域から敷地を通り抜けることはできる。人々がそれに気づいているならば、この選択は有効である。敷地の外でできるだけ多くのアクセスポイントから接続するように新しい経路を配置して、彼らがどこに導かれるのかを確認することが重要である。

したがって、デザインにおける第一歩は、周辺地域の経路のレイアウトを確認することである。敷地へのアクセスポイントを定めて、それらがどこにつながるかを注目すること。これはデザ

インシート1.1で述べる。

新しい経路の配置

デザインシート1.2で議論するが、この分析は敷地を通るもっとも重要な新しい経路の決定に用いることができる。

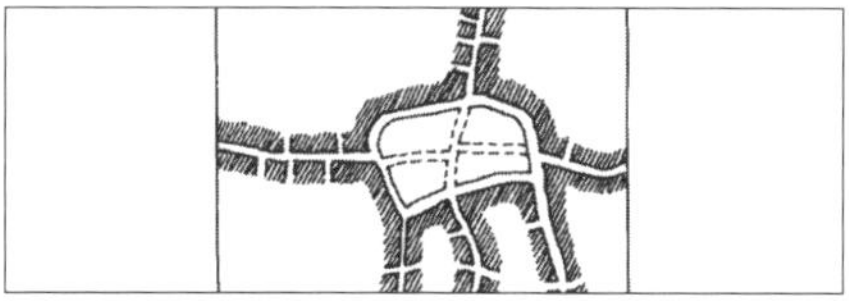

利用頻度

敷地内を通るすべての経路をレイアウトしたら、各敷地がどれくらいの頻度で敷地の外の人々によって使われるかを検証することが有効である。第2章でさまざまな街区の用途を考慮する場合、この情報が必要となる。たとえば、細部まで慎重に取り扱われないと、高い交通圧力は住宅供給を妨げるかもしれない。われわれが経路の問題を認識している限り、これらの用途を検証することは非常に簡単である。その方法は、デザインシート1.3で述べる。

交差点のデザイン

次に、提案された通りにある交差点が交通技術者に受け入れられるものであるかをチェックしてほしい。デザインシート1.3で議論されるように、これはその通りが交通上どのような役割を持つかに影響される。

街区の構成

仮定した通りの位置が、街区を規定することから始める。まず、大きさをチェックしなければならない。それらをできるだけ小さくするために、最小限の実用的な大きさは、街区周辺部の建物の形と、街区の中の私的な屋外空間の使い方に左右される。両方の要素は、デザインシート1.4で議論する。

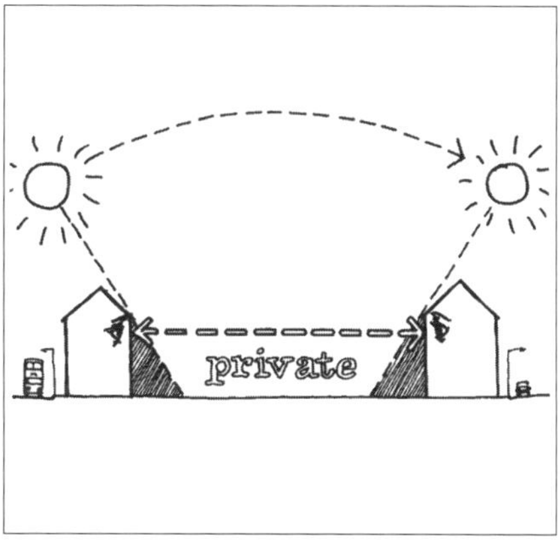

街区の形

街区が高密度に建築されるなら、角地で見渡せることが絶対的に重要である。これは少し先延ばしできる平面計画と規模でのデザイン上の意味を持っている。それらは第3章で検討する。

デザインの意図

どのように行きやすさを達成するか

1. **周辺地域の通りと街区の分析、敷地へのすべてのアクセスポイントの相対的な重要度の検証を徹底する。**[→デザインシート1.1]
2. **敷地を通る新しい経路の配置。**[→デザインシート1.2]
3. **計画された新しい通りの交通経路の分析と、通りの幅員および交差点のデザインが交通技術者に受け入られるかをチェックする。**[→デザインシート1.3]
4. **新しい通りで区切られた街区が実用的な大きさであるかどうかをチェックする。**[→デザインシート1.4]

既存のリンク(つながりをつくる道路)を使う

行きやすさのあるスキームのための出発点は、周囲から敷地へ、そしてその敷地を通るリンクの既存システムである。これらのリンクをよく分析し、もっともうまく使う方法を決めることから始める。透過性は以下の2つが重要である。

1 敷地全体を都市につなぐリンク

2 敷地全体を地域の周辺環境につなぐリンク

1 都市へのつながり

都市から敷地へつながり、また敷地の中を通るように、全体として高い透過性を成立させるには、できるだけ多くの敷地を主要道路網に接続しなければならない。主要道路は都市のさまざまな部分をつないでいる。そのために、交通リンク量を1万分の1より大きい縮尺で詳細な計画図にマークして、敷地境界からもっとも近い主要な通りを見つけることから始める。

2 主要道路網へのつながり

次に、主要な通りにこの敷地をつなぐ。地域内のすべてのリンクを見つける。それから、どれがもっとも敷地を主要な通りにつなぐかを比較する。これは、主要な通りから敷地への各々のリンクに沿った行程について「視点が変わる地点の数」を比較することによって評価できる。図2で、リンクAは視点の変更は1回だけなので、3つの変更が必要になるリンクBよりもつながりが強い。

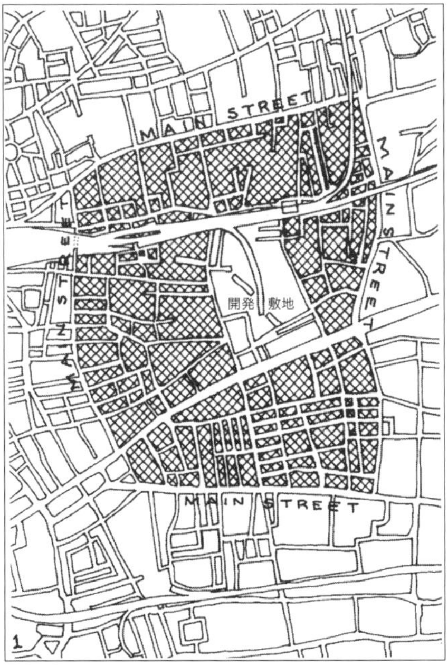

1

2

A	B	C	D	E	F	G	H
1	3	2	1	2	2	3	5

AD　CEF　BG　H

← 最大　直進の通りの数　最小 →

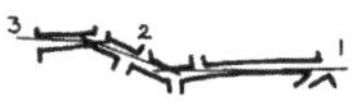

リンクBの事例

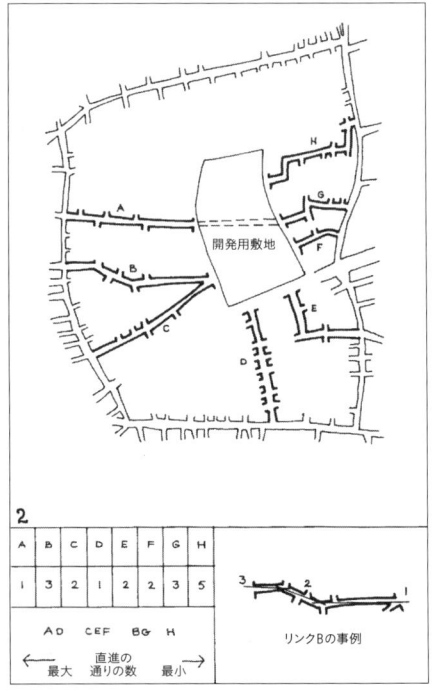

3 接する周辺地域へのつながり

次に、主要な通りによって規定される同じ区域内の敷地に接するすべてのリンクを考える。それらは主要な通りまで届かないリンクも含む。図3に示すように各リンクに接続する道の本数を数える。数値が高ければ高いほど、その通りがより密接に敷地と環境をつないでいることを示している。

われわれはこの段階で、敷地を都市とその周辺地域に接続するすべての既存リンクの相対的な能力を知っている。この情報は、市全体と地域の大きさの間での行きやすさの適切なバランスをとるために、敷地を通り延伸している各々のリンクの相対的重要度を決定するのに用いることができる。

たとえば、図2では東西の経路が、市全体で透過性に多くの効果をもたらし、図3では南北通りが地区内での透過性を高める。どのリンクが計画の内外へ拡伸するのに最適であるかを決定してから、デザインシート1.2で補足されるように、敷地内にある通りと街区の整備を始めることができる。

3

A	B	C	D	E	F	G	H	I	J	K	L
5	5	5	12	4	1	4	7	1	2	0	2

D　H　ABC　EG　JL　FI　K

← 最大　通りがもつ結合点の数　最小 →

リンクDの事例

1.2 通りと街区のシステムのデザイン

周辺街区をできるだけ小さくしておくことによって、利用者に敷地を通る経路の選択を与える。

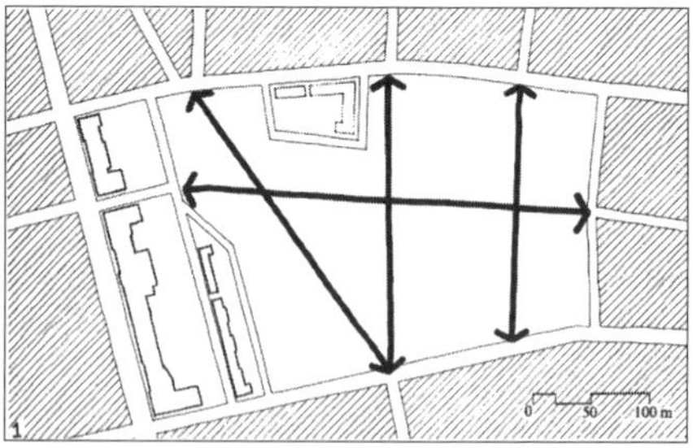

デザインシート1.1は、敷地にとって最も重要なリンクを明らかにした。これをもとにして、そこに接する既存の経路を考慮し、敷地を横切るアクセスポイントを加える(上図1)。

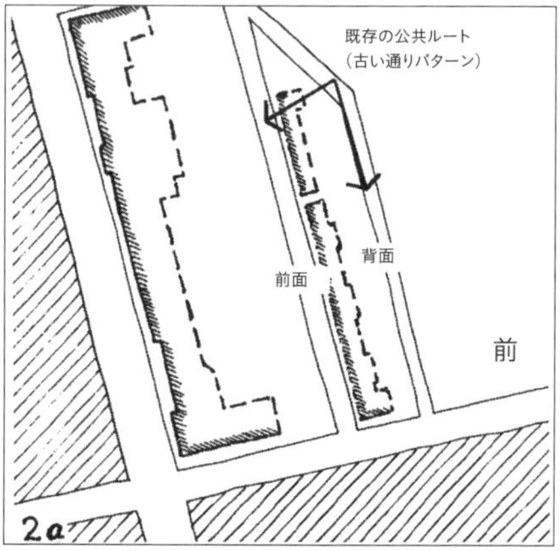

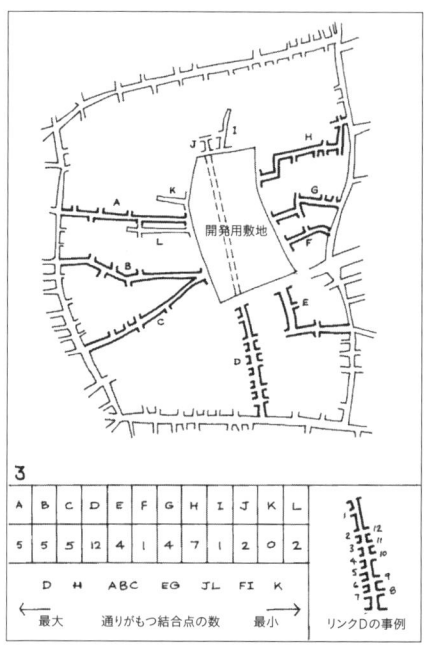

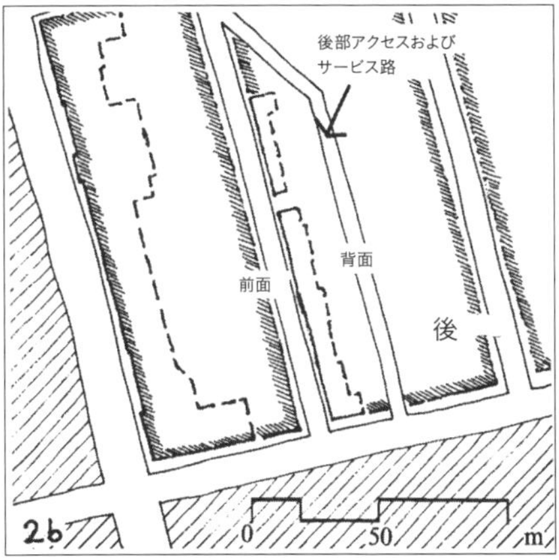

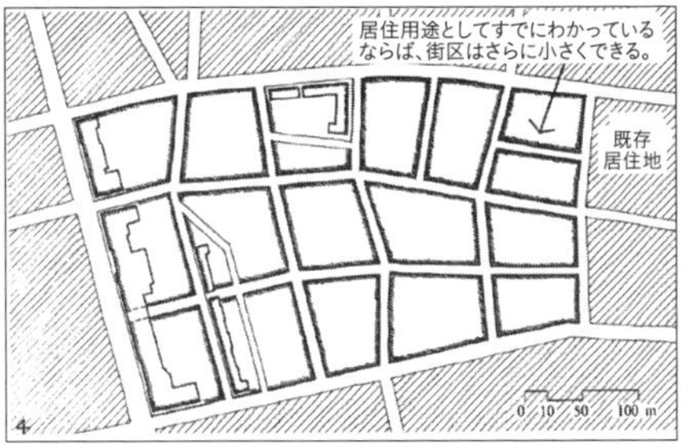

保全すべき既存の建物がある場合は、正面および背面の位置に注意し、公共の経路がその前を通っていることを確認する(図2a,2b)。つくった街区の大きさをチェックし、用途によって実用上、支障のない程度まで小さくする。すでに入る用途がわかっているならば、デザインシート1.4で街区の大きさを確認する。用途を定めたくない場合は、80〜90メートルのブロックを多目的用途として設定する(図3)。それらは、用途が最終的に決定されるときに微調整をするだけにしておくべきである。

次に、小さすぎる街区は大きくし、必要以上に大きい街区は分割してできるだけ透過性を高めるように配置設計する。すべての交差点のデザインが実現可能かどうかは、次のデザインシート1.3で確認する。

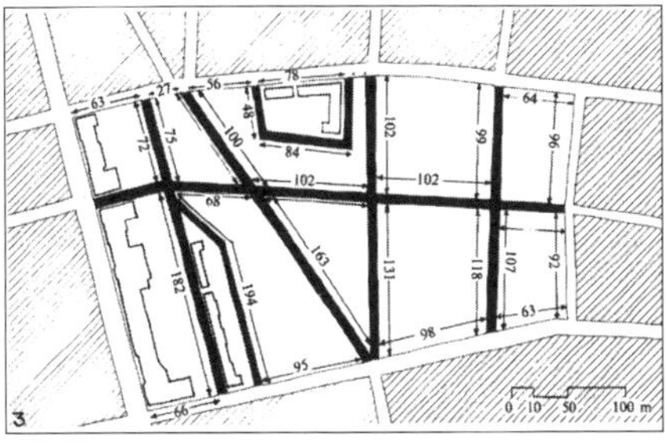

1.3
通りの種類と交差点のデザイン

このデザインシートは、交通当局とその技術者との詳細な協議の前に、スキームの中の交通容量と車道部分の幅員を適切に評価する方法を、その交差点周辺のデザインとともに検討するものである。

1 通りの分類

交差点の間隔とその詳細設計は交差する両方の通りの種類に左右される。都市の通りの種類は、その交通上の役割と通行車両の種類と台数に基づき分類される(表1)。したがって、この計画の中で通りを分類するためには、各通りの車両の台数を調査する必要がある。

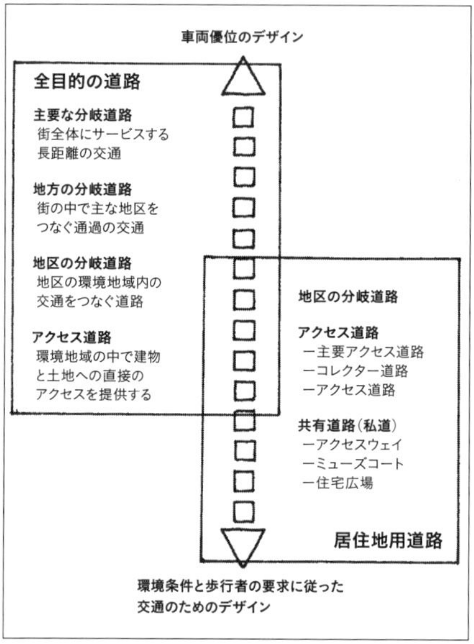

1 都市の通りのタイプ

2 車両交通量のフローを推定

主な都市ネットワークにつながっている主要道路の場合、交通調査を行うか、地方交通当局から関連した交通量のデータを得ることが必要である。普通車両が通る通りでは、およその数字は、通りからアクセスできる建物と土地の用途についての情報から計算できる。

建物の用途	車(台)
2つ以上のベッドルームによる住居	1住居につき1台
1つのベッドルームによる住居	1住居につき3/4台
高齢者住居	1住居につき1/4台
学校:	
12歳までの生徒	4人の生徒ごとに1台
12歳以上の生徒	6人の生徒ごとに1台
それ以上の教育施設	2つの教室につき1台
事務所	10㎡(合計)または部分ごとに1台
小さな既存の倉庫、工業施設	5㎡(合計)または部分ごとに1台
商店	10㎡(合計)または部分ごとに1台
通勤者の駐車場	スペースごとに1台
時間貸しの駐車場	スペースごとに2台
教会	5席ごとに1台
パブ	2.5㎡の公共空間ごとに1台
クラブ、ホールおよびコミュニティーセンター	5㎡(合計)ごとに1台

(出典: Surrey C.C.)

2 建物の用途

おおよその流れを計算するために、表2から関係するすべての用途のために、時間ごとの車両数を乗じて算出する(算出された正確な数字は交通当局と他の当局とで少し異なるかもしれない)。

3

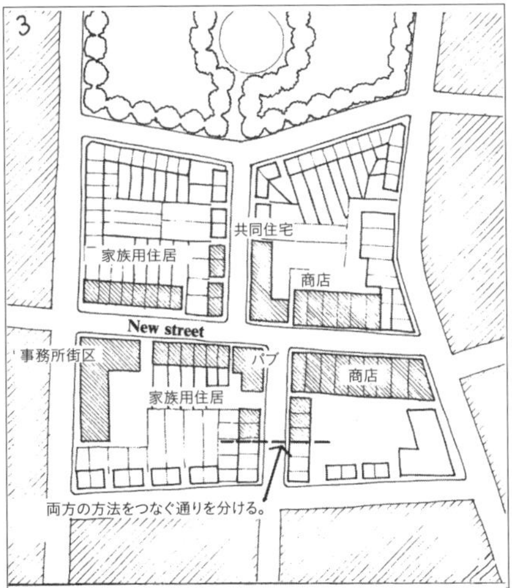

	車(台)
事務所街区 1,980㎡(合計)	198
パブ	72
15軒の店	150
3つのベッド ルームによる住居23戸	23
3つのベッド ルームによる住居23戸	24
合計台数	467

最大の交通フロー467台の場合、待機、直接のアクセスを可能にする6.7mの道幅とする(表4参照)。

3 車道の幅員

通りが分類できたら、必要な車道の幅員を推定する。表4で示す。

4a 全目的の道路

道路の種類	道幅(2列の道路)		
	6m	6.7m	7.3m
主要な地区と地方の分岐道路 直接建物の正面アクセスと待機なしで 通行に影響を与えない程度の 交差点での往来	1,200	1,350	1,500
	毎時最大の交通フロー車両(台)		
地区と地方の分岐道路 待機とアクセスが制限された 高容量の交差点	800	1,000	1,200
地方の分岐とアクセス道路 待機と直接のアクセスを許容する	300-500	450-600	600-750

表4-a

4b 住居地用道路

道の種類	最大フロー(台/分)	道幅(m)
地区の分岐道路	400	6.7
主要アクセス道路	300	5.5
コレクター道路	150	5.5
アクセス道路	45	5.5
アクセスウェイ	20	4.5
ミューズコート	15	4.8
住宅広場	15	4.8

表4-b

4 交差点

次に、図5から交差点の間隔を確認する。この表は、大部分の街区は交差点間の距離が90メートルあれば十分であることを示す。われわれは、地方主要道路と分岐道路に関係する街区の配置設計にこの寸法を使うように提案する。

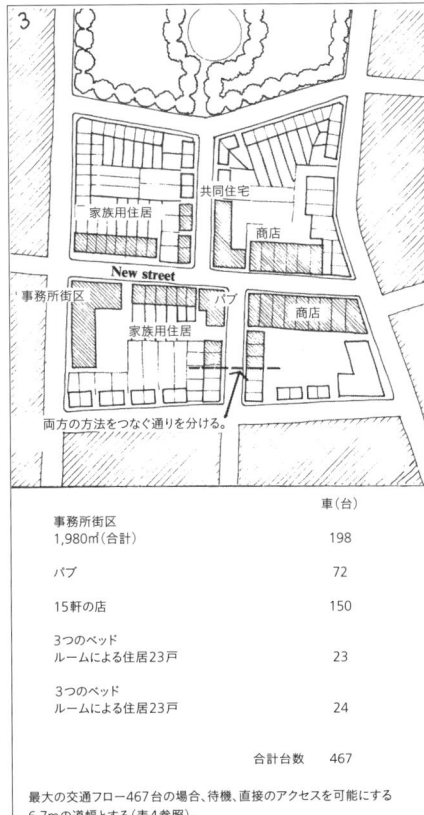

これによると、交通計画では中間に交差点を設けることは許されない。しかし、レイアウト上は歩行者が通行しやすいようにすべきである。そして終局的には、さらに通りやすい車両システムに変更するように、将来は交通技術規則または道路の役割を変えるべきであろう。

実際には、交通技術者との協議で、表の居住地用道路の交差点の寸法の縮小はSからゼロにできるかもしれない。住宅にアクセスするだけの通

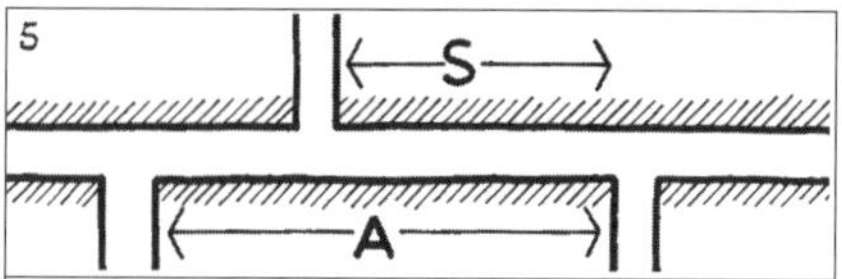

全目的の道路	最小間隔（m）	
	A	S
主要分岐道路	275	*
地方分岐道路	200	*
地区分岐道路	90	*
アクセス道路	90	*

*標準はこの部門のためにない

注：十字路は、以下の状況で許可される。

- 重要な道が交差する所は通常、信号、ロータリーまたは立体交差によって制御されなければならない。
- はっきりした優先順位のある小さな「交差点」がある所では、「道を譲る」か「止まれ」のサインでコントロールされる。

非常に小さな道が付いている交差点のために、互い違いにされた交差点は最小間隔40mとして指示される。

居住地用道路	最小間隔（m）	
	A	S
地区の分岐道路	90	40
主要アクセス道路	80	40
コレクター道路	50	25
アクセス道路	30	15
アクセスウェイ	25	10
ミューズコート	30	20
住宅広場	30	15

5 すべての目的の道路

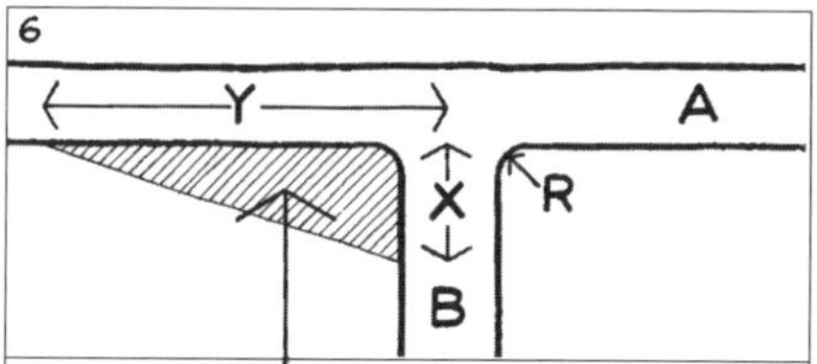

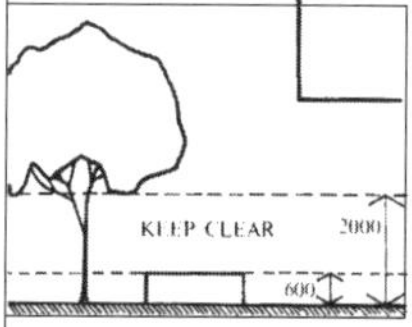

600mmから2000mmの垂直寸法の間で、空間の可視性を確保しておかなければならない（木の幹は時には許される）

すべての目的の道路				
道A	道B	X（m）	Y（m）	R（m）
主要な分岐道路	地方の分岐道路	9	150 120	
地方の分岐道路	地区の分岐道路	9	90	10.5
地区の分岐道路	アクセス道路	9	90	10.5
アクセス道路	アクセス道路	4.5	60	6
居住地道路				
道A	道B	X（m）	Y（m）	R（m）
地区または地方の分岐道路	地方の分岐道路	9	90	10.5
地区の分岐道路	主要な分岐道路	4.5	75	10
主要道路	コレクター道路	4.5	60	9.14
コレクター道路	アクセス道路	3	60	6
アクセス道路	アクセスウェイ	2.4	40	6
アクセスウェイ	アクセスウェイ ミューズコート 住宅広場	2.4	30	4.5

6 すべての目的の道路

りでは90メートル以下の街区にできることに注目すること。まだ計画の用途を決定しない場合には、デザインシート2.1を使った作業の後、交差点の間隔を再確認しなければならない。図6で示すように道路種類の分類は、交差点の周囲の詳細なデザインに影響を及ぼす。街区の隅角部で最大の建物線でスケッチするためにこのデータを使用するとよい。

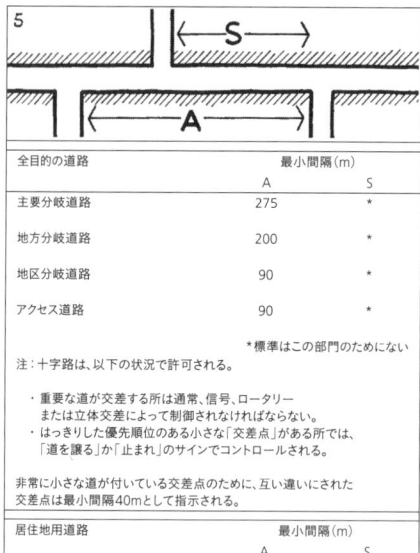

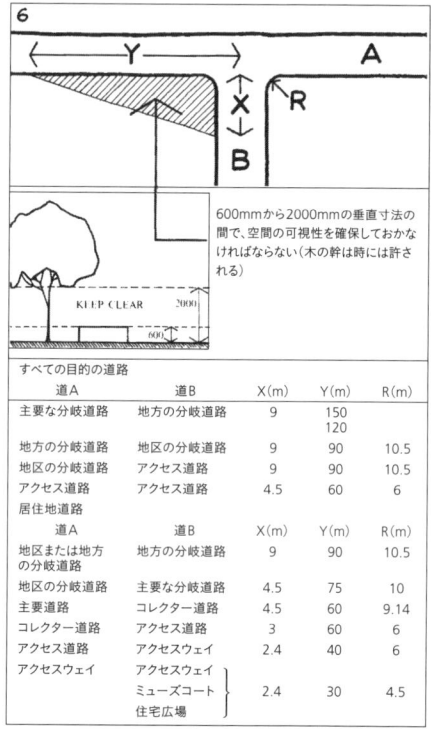

1.4

街区の大きさのチェック

このデザインシートの目的は、どの用途が既存の開発区域の仮の通りと街区の構成の中で調整できるかを簡単に調べる方法を提供することである。これは異なる用途の需要を調査する準備であり、第2章で補足される。

ペリメーターブロックの最小の大きさは、2つの主要な要素で決まる。

1 街区内の屋外空間に入れられる私的な活動——通常の私的な庭、サービスアクセス、駐車場または車庫。

2 ペリメーターブロックまわりの建物の形。

これらの要素は建築用途によって異なってくるので、このデザインシートは3つのセクションに分けられる。そして、以下の用途を補足する。

・非居住用建物

・フラット(共同住宅)

・庭付きの住宅(接地型住宅)

各々のセクションは、3つの要素の関係を示す一連の参照すべき表を含む。

・街区の全体的な寸法

・街区内の私的な屋外空間と駐車場または車庫の供給

・街区まわりの建物の特徴

表は、次の図の長方形街区に基づく。平均的街区の寸法は隣接した2辺の中間値である(図の中の(A+B)÷2)。

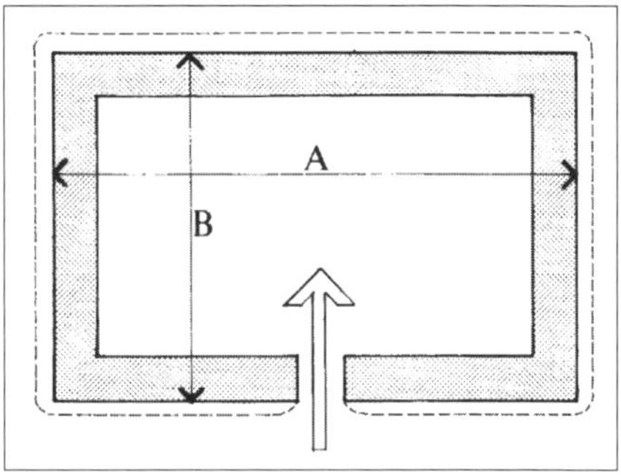

実際には、寸法AとBは通常、駐車場か車庫を効率よくつくるために2、3メートル調節されなければならない。しかしながら、デザイン初期段階では、表はどの用途が提案している街区に収めることができるかを調べる方法を提供している。

非居住用建物によるペリメーターブロックの例

表は、周囲の連続したペリメーターの建物に基づいている。建物の前面と歩道の間の空間や、建物の背面と駐車場間の空間の余裕は与えられていない。これらのどちらかを設けたければ、平均の街区寸法は下記に示されているように大きくしなければならない。

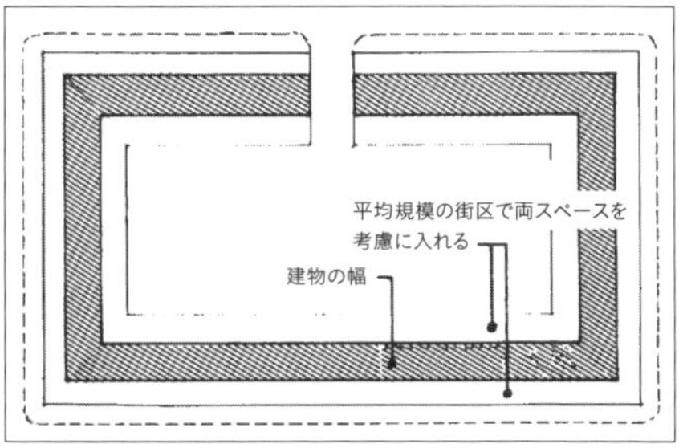

例1(表1参照)

街区の大きさと駐車場の基準寸法を与えれば、ある高さの建物が街区に入れる最大の範囲が決まる。

・当該街区の大きさを見つける(1)

・そこから表に横線を引く(2)

・当該駐車場の基準を決める(3)
・それから線を上向きに引く(4)
・(2)および(4)の交点の下のもっとも近い表の線が、ある建築の高さにおける最大の床面積を示す。

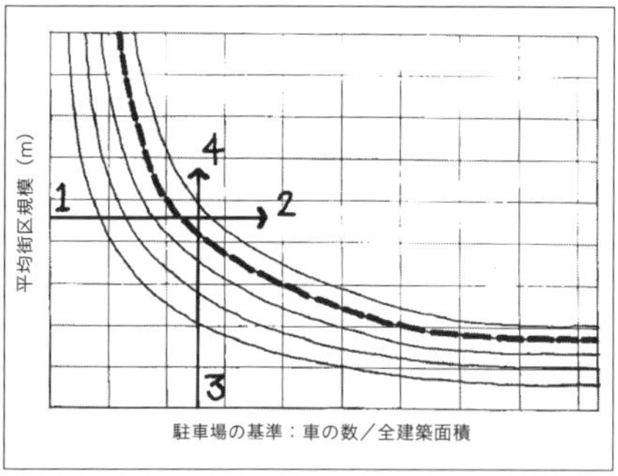

表1

例2(表2参照)

所定の建築の高さで、所定の駐車場の基準を達成できる最小限の街区の大きさは？

・望ましい駐車場の基準を見つける(1)
・当該建物の高さの線にぶつかるようにその基準から線を上向きに引く(2)
・(2)から横線を描き、実行可能な最小限の街区寸法を読みとる(3)

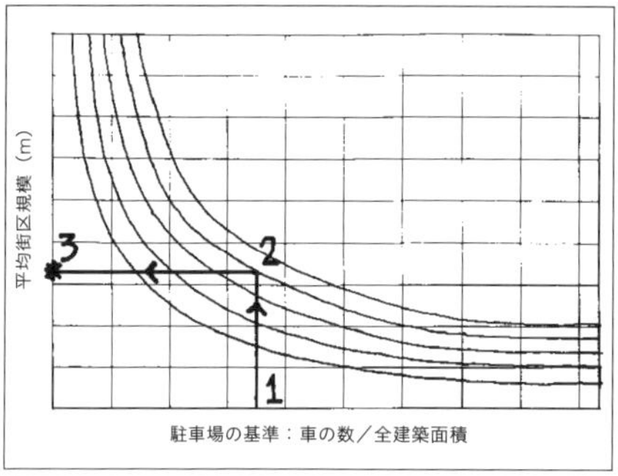

表2

例3(表3参照)

ある街区の大きさと建築の高さは、どんな駐車場の基準を満たすことができるか？

・当該街区の大きさを設定する(1)
・当該建築の高さの線とぶつかるように横線を引く(2)
・(2)から下に線を引き、充足できる駐車場の基準となる大きさを見つける(3)

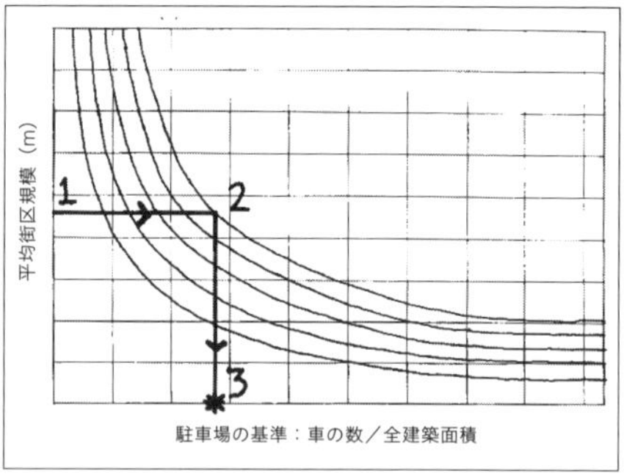

表3

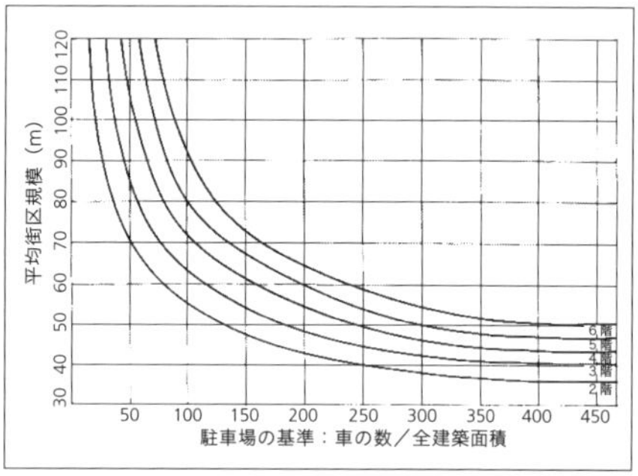

フラット(共同住宅)のあるペリメーターブロック

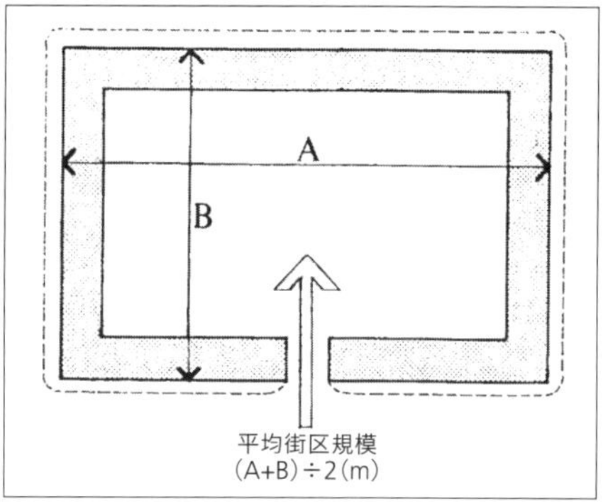

作業の例

前頁の下図は、正面の庭や駐車場、街区内の私的な屋外空間を考慮していない。これらを含めたいならば、平均的な街区の大きさは次に示すように拡大されなければならない。

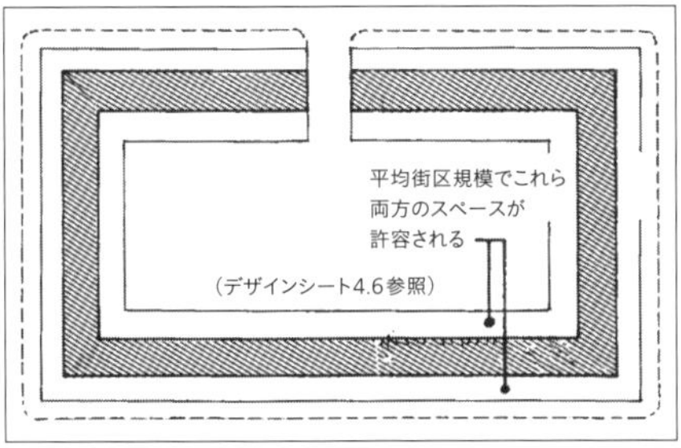

例4(表4参照)

街区の大きさ、庭の大きさ、駐車場の基準を設定した場合、共同住宅は、ブロック内にどのくらいの床面積の住戸が最大どのくらいの戸数を入れられるか?

- 当該街区の大きさを決める(1)
- それから線を引く(2)
- 当該駐車場の基準を見つける(3)
- それから線を上向きに引く(4)
- (2)と(4)の交点の下でもっとも近いグラフの線は、住居の最大戸数を達成するためにどの共同住宅の面積になるかを示す(住宅タイプの選定)。

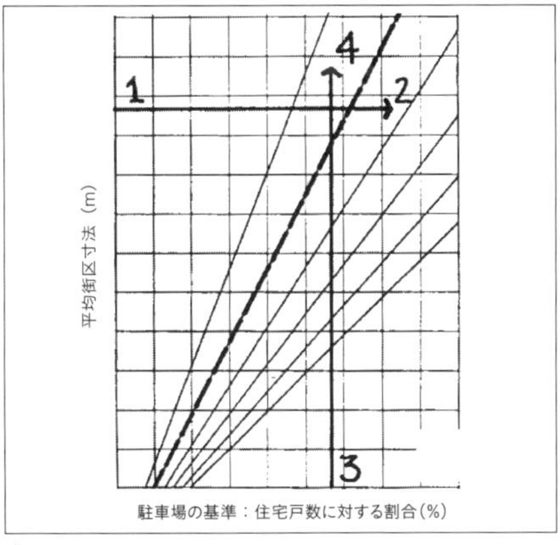

表4

例5(表5参照)

その区域で望ましい共同住宅のタイプを設定した場合、所定の駐車場の基準を満たす最小限の街区の大きさは?

- 望ましい駐車場の基準を決める(1)
- 当該共同住宅のタイプの線にぶつけるようにそれから線を上向きに引出す(2)
- (2)から横線を引き、最小限の実行可能な街区の大きさを読みとる(3)

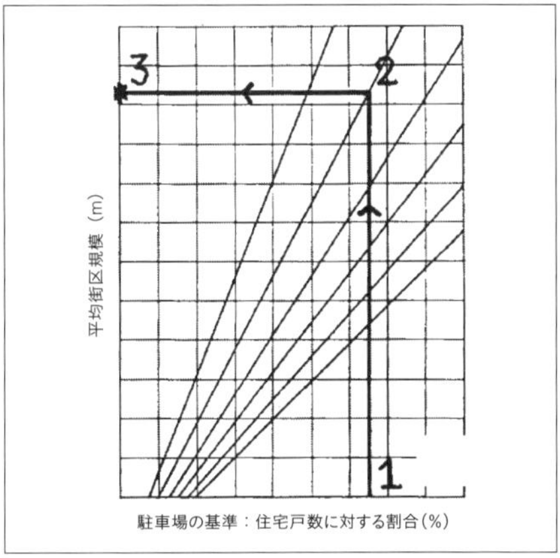

表5

例6(表6参照)

所定の街区の大きさと望ましい平均的共同住宅のタイプを設定した場合、どんな駐車場の基準を達成することができるか?

- 当該街区の大きさを決める(1)
- 望ましい共同住宅タイプの線に向かって横線を引く(2)
- (2)から線を引き下ろし、充足できる駐車場の基準を見つける(3)

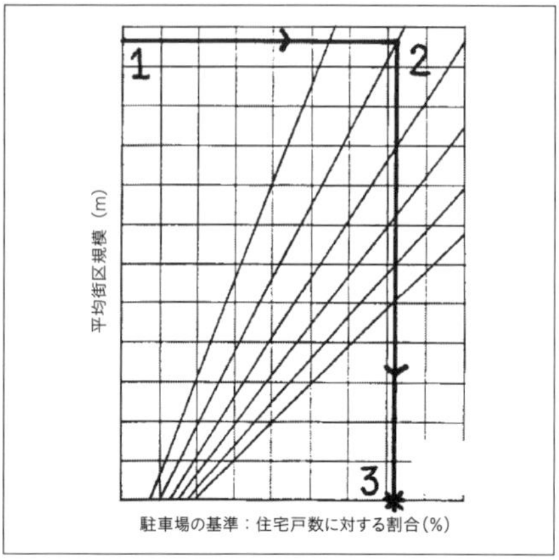

表6

街区の大きさ・共同住宅

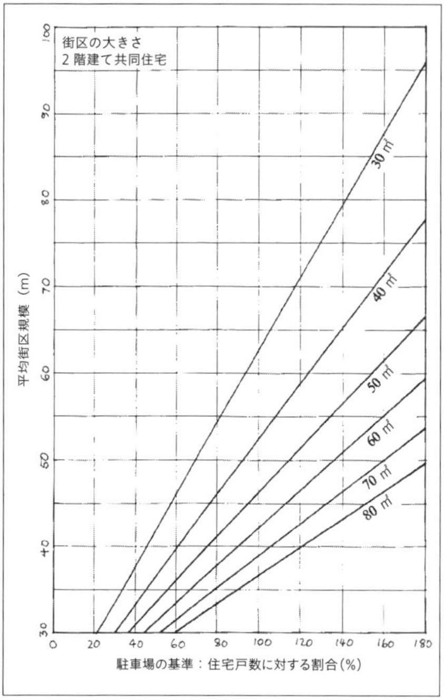

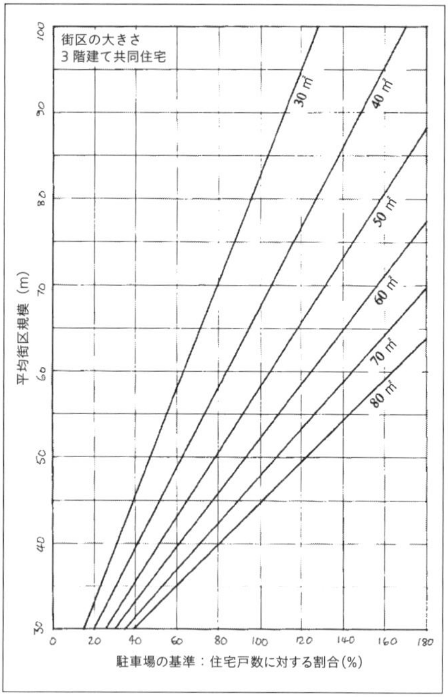

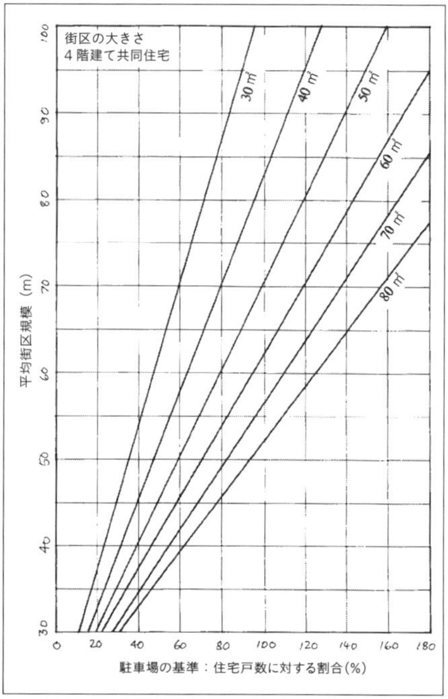

家族用住宅のあるペリメーターブロック

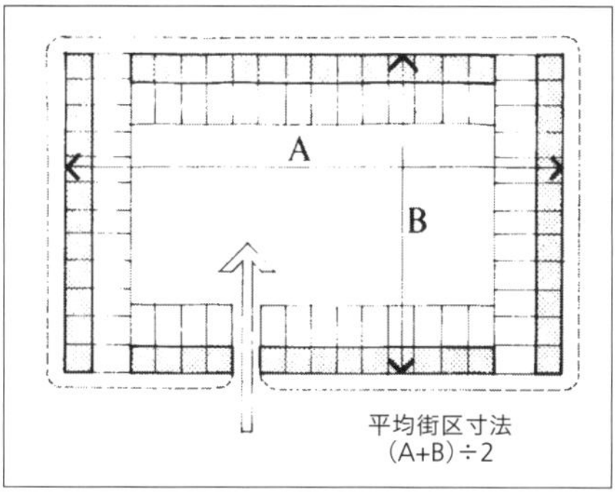

作業の例(テラス)

図は2階建テラスハウスに基づいているが、前庭あるいは前面の駐車場を考慮していない。もしこれらを必要とするなら、平均街区寸法は次のように増加させるべきである。

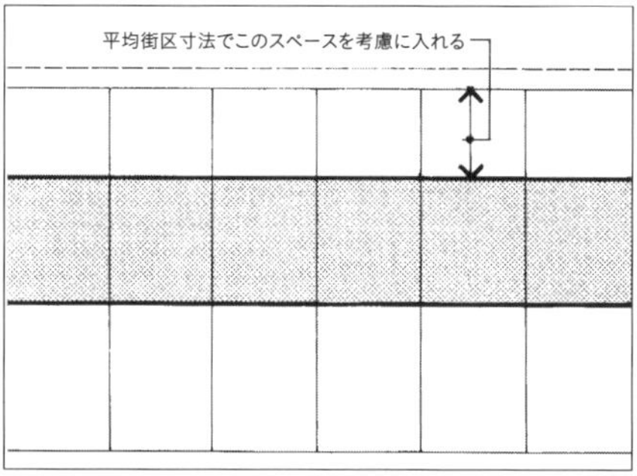

例7(p34〜35参照)

街区の大きさ、庭の大きさと求めるべき駐車場の基準を設定したら、どの住宅タイプが、最大数の住戸を街区に収めることができるか?

- 当該街区の大きさを決める(1)
- それから横線を引く(2)
- 当該駐車場の基準を見つける(3)
- そこから上向きに線を引く(4)
- (2)と(4)の交点の下でもっとも近いグラフの線は、どの住宅タイプが最大の住戸数を確保するかを示す

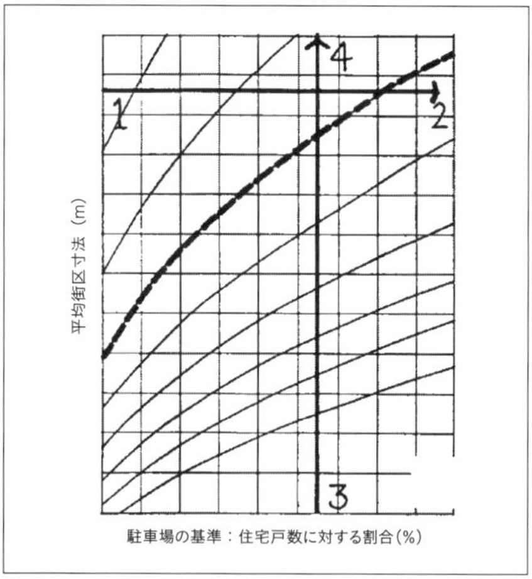

例8(p34〜35参照)

ある住宅タイプと庭の大きさ、ある駐車場の基準を満たす最小限の街区の大きさは?

- 望ましい駐車場の基準を設定する(1)
- 当該住宅タイプの線に向けて線を上向きに引く(2)
- (2)から横線を引き、最小限の実行可能な街区寸法を読みとる(3)

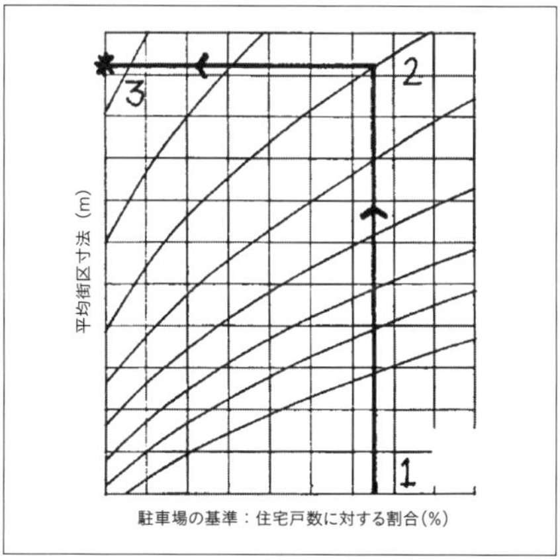

例9(p34〜35参照)

街区の大きさ、住宅タイプと庭の大きさが決まれば、どんな駐車場の基準を満たすことができるか?

・当該街区の大きさを設定する(1)
・当該住宅タイプ別の線と交差する線を引く(2)
・交点から下に線を引き、駐車場の基準を読みとる(3)

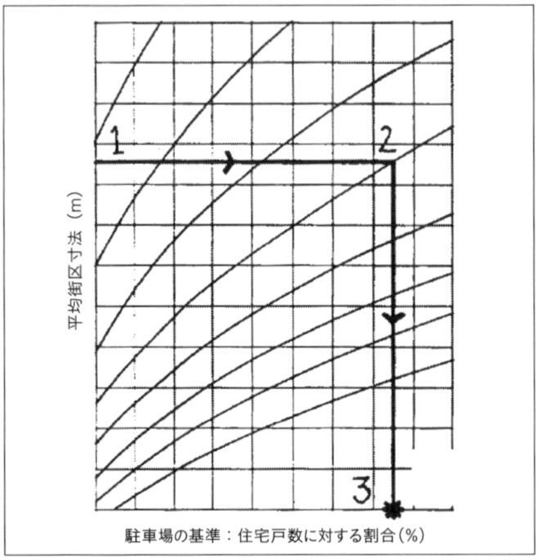

街区の大きさ・家族用住宅：50㎡の庭付き

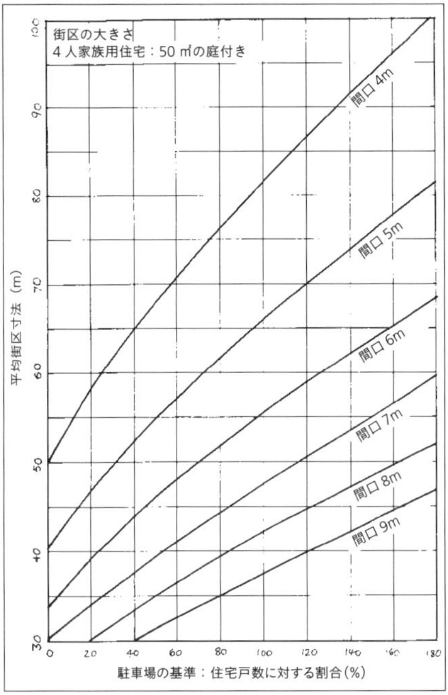

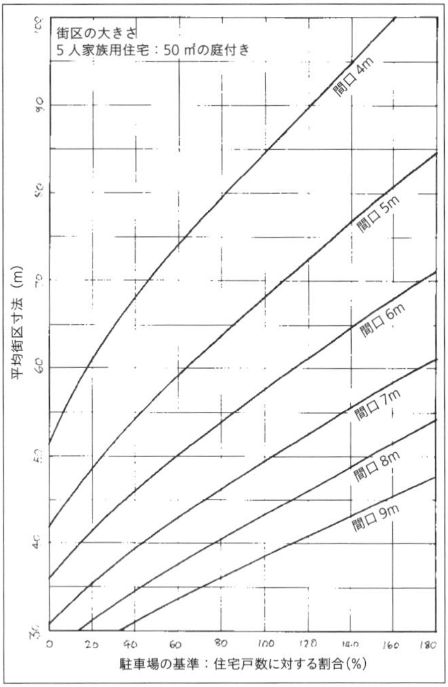

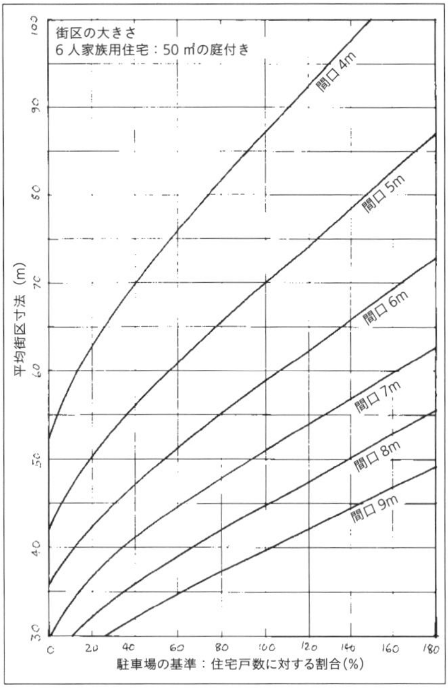

街区の大きさ・家族用住宅：
100㎡の庭付き

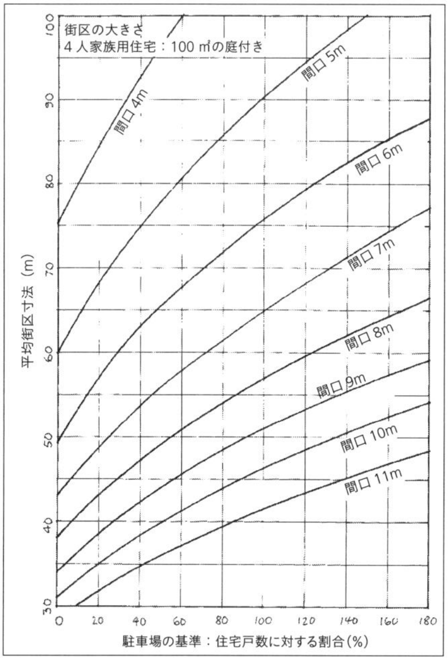

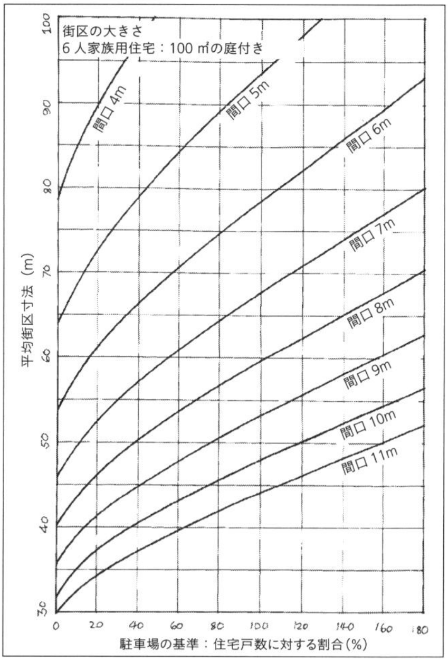

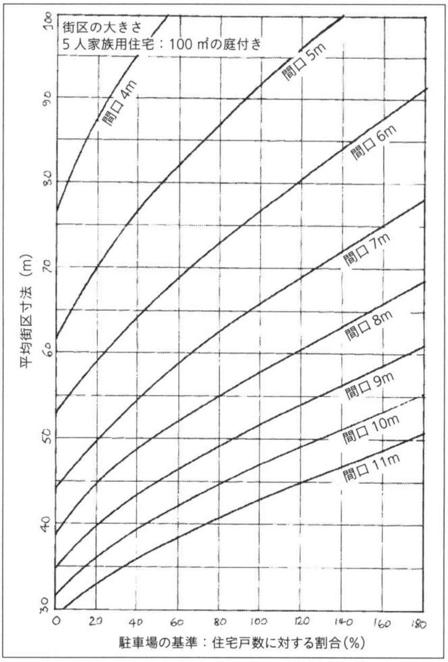

第 2 章

多様性

Variety

目的

最初の章ではよりよい透過性(行きやすさ)を達成させる方法について議論した。行きやすい場所は、行った経験があるから選ばれやすいという価値を持っているだけである。したがって、多様性は2番目に考慮すべき場所の特質のキーである。

1 多様性のさまざまなレベル

訪れた経験が多岐にわたることは、その場所が多様な形、多様な用途、多様な意味を持っていることを示唆している。そしてその中で用途の多様性は、他の多様性のレベルを解き放す。

- 多様な用途を持つ空間は、多様な形の建物の多様な形式を持っている。
- それは、さまざまな時に、さまざまな理由で、さまざまな人を惹きつける。
- さまざまな活動、形、そして人々が豊かで知覚的な交わりを提供することにより、さまざまな利用者がさまざまな方法によって場所を解釈する。それは多様な意味を帯びる。

用途の多様性は、全体として多様性へのキーである。それはデザインの初期に考慮されるべきである。

2 多様性と選択

多様性を推進する目的は、選択肢を増やすことである。しかし、選択肢もまたモビリティに依存する。モビリティの高い人は、広い地域にわたり多様な活動ができる。しかし、実際は高いモビリティの余裕がだれにあるか[注1]?

- 子供か貧しい人か?
- 障害者か病人か?
- 小さな子供連れの両親か?
- 一般的には女性か?

多分、大多数の人のモビリティは同じであろう。そして、本当の選択は多様性の細かい粒(グレイン)に依存している。

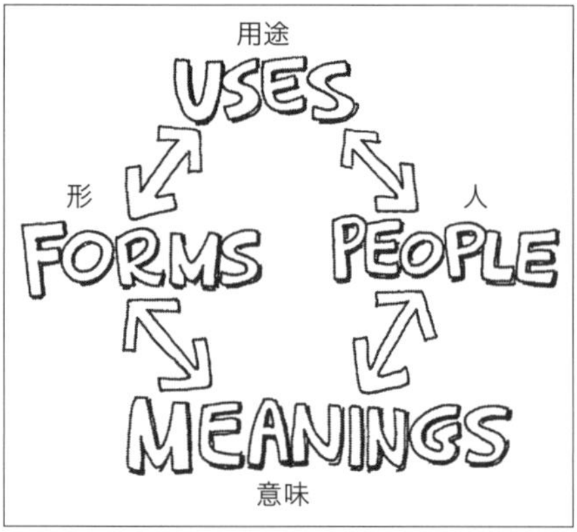

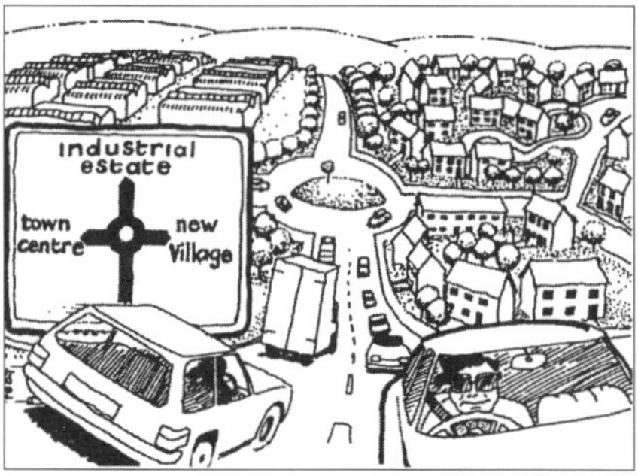

3 なぜこれが問題か？

立場の違いがあっても、開発業者と計画者は、効果的な環境を欲している。開発業者は、経済的な成果に関心を持つ一方、計画者は、他のもの、とりわけ管理のしやすい場所を求めている。規模の経済と空間形態の特殊化という2つのキーコンセプトによって与えられる彼らの関心を見ると、それらはすべて多様性の粒を粗くしている[注1]。

- 各ゾーンが単一の用途に特化しているので、地区内の多様性は減少している(図1)。
- 敷地は大きな単位に併合されているので、街区内の多様性は減少している(図2)。
- 管理のしやすさと企業イメージのために、建物内の多様性は減少する(図3)。

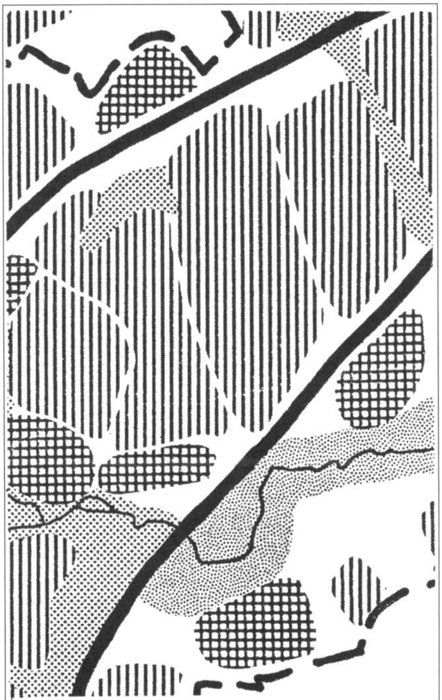

図1 単一の用途になった地域では地区内の多様性は減る

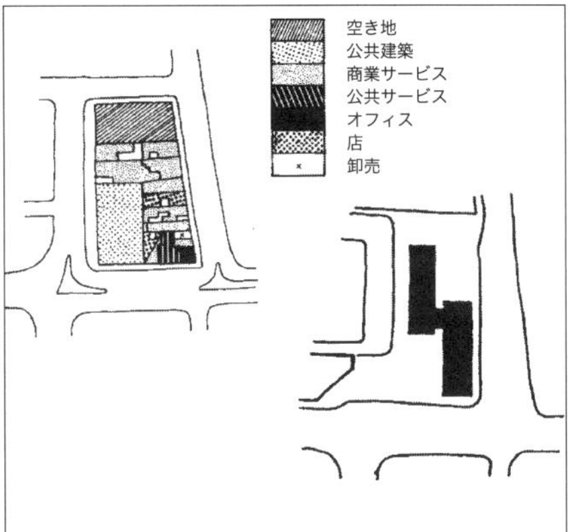

カーディフ、ウェールズ、1962(上)1978(下)

図2 敷地が大きい単位に併合される時、街区内の多様性は減る

クイーンズストリート、オックスフォード、1936(上)1983(下)

図3 管理のしやすさとそれによる企業イメージの中で建物内の多様性は減る

4 どのくらい多様か？

多様性を阻むこれらすべての圧力があるので、どのくらい多くの多様性が必要かについて考えるための正確な評価ポイントはない。デザイナーは純粋に、できるだけ多く多様性を獲得すべきである。多くの制約があるから、多すぎて困ることはない。

5 多様性を最大にするには？

プロジェクトが支援できる用途の多様性は3つの主要な要素に依っている。

1 そこに配置したい活動の範囲、これを需要と呼ぶ
2 これらの活動を収容するため、スキームの中で適切なスペースの供給可能性
3 それらの活動の間で積極的な相互作用を推進するデザインの水準

i 需要

提供するスペースのための需要があることを示すことができなければ誰もプロジェクトに資金を供給しない。ほとんどの開発業者は、私的空間と同様に公共的空間も、明確な需要のある比較的小さい用途の範囲に集中させる。

明確な用途を超え、より大きな多様性に向かって開発業者を引き込むために、デザイナーは確信できるだけの需要分析を行わなければならない。このデザインの技術は、多様性を促進させる基本であり、デザインシート2.1の中で述べている。

ii 経済上での許容スペース

あるプロジェクトにおいてどんなに多くの活動を配置したいとしても、許容価格でスペースを入手できない限りその活動は実現できない。

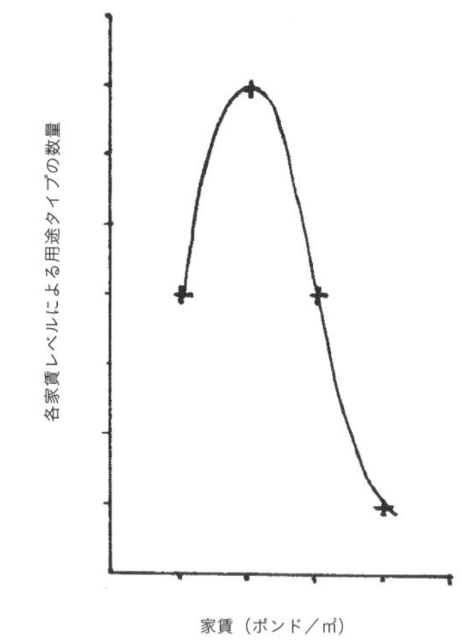

ピーターバラ、ブラウン1976による

グラフ上で説明される単純な事実を把握することが重要である。もし計画スペースが安く入手できれば、多くのタイプの利用者をその場所に入居させる余裕ができる。もしスペースが高価であれば少数の利用者しか入居できないだろう。

会計上のバランスをとるため、開発に費用のかかるスキームは、比較的高い賃貸料か購入価格を請求しなければならない。それらはほとんどの場合、利用者にとって高すぎるであろう。

逆に、多様性を促進するためには、われわれは低い賃貸料と購入価格を維持しなければならない。これを行うひとつの重要な方法は、スキームの費用を抑えることである。原価管理に関する豊富な情報は他でもあるので、ここでは取り扱わない[注3]。

安いスペースを提供するための第二の方法は、補助金の供給源を見つけることである。ほとんどのデザイナーにとって、これはあまり

なじみのない論題である。

iii 補助金

補助金はスキームの外部から得るか、市場経済の賃貸料に合わない他の用途へ補助するためにスキーム内の利益率の高い要素の一部を流用するかのどちらかから得られる。この第二のアプローチは、“インターナル・クロス・サブシディセーション”(内部融通補助金)と呼ばれ、ニューヨークの劇場地区のためのデザイン要綱で説明される。

ここで、開発業者は、右のように余剰利益の一部が劇場スペースの建設に回されることを条件として、余剰分のオフィスをつくる意欲を高める。

外部および内部補助金は、デザインシート2.1と2.6でそれぞれ論議している。

6 古い建物の役割

安価なスペースを取得する第三の方法は適切な古い建物を維持することである。これらが建設された当時、費用は今と比べると安かった。そして現在はほとんどそれらに投資がされていない。これらには新しい設備がなく、テナントになることで企業価値を高められないので、古い建物の賃借が好都合なテナントからの限られた需要しかない。これらすべての条件が賃貸料を安価にさせる[注4]。

しかしながら、現在の高い建設費と金利のために、新しいとそれほど立派でない建物も比較的高い賃貸料を課さなければならない。したがって再開発は賃貸料がかなり上がることを意味する。

これらの高騰した賃貸料は、上で示すように多様性を減少させる。これは多様性に大きく寄与する特殊な用途は、相対的に収益性が

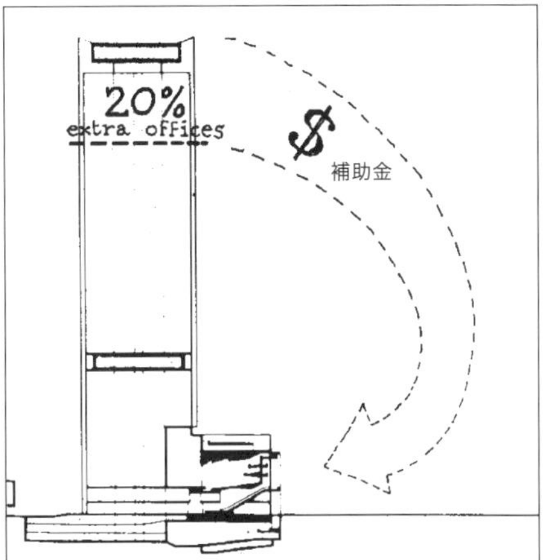

新劇場のための余剰分のオフィス　バーネット1979参照

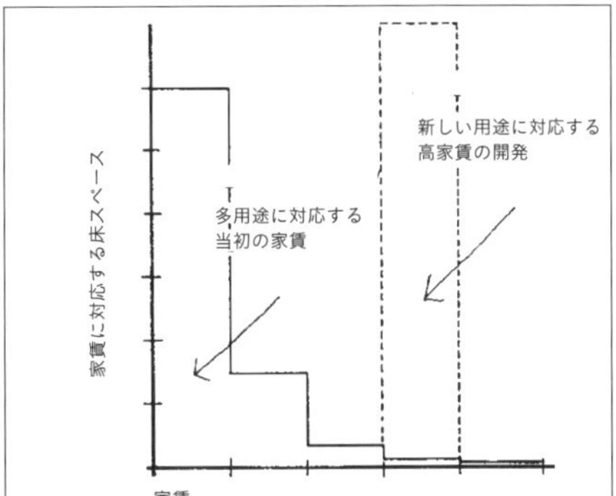

ピーターバラ、ブラウン1976による

悪いからである。たとえどんなにうまく配置されていたとしても、これらの利用者は高い賃貸料を支払う余裕がない。再開発でフリースペースが与えられたとしても、企業がその価値の高い資産を売却し、もっと安いどこかに引っ越して、差額を懐に入れるだろう。このように、高い賃貸料をもたらす再開発は、多様性を減少させる。金物屋や八百屋は、次に示すように宝石屋やオフィスに場所を譲ってしまう。

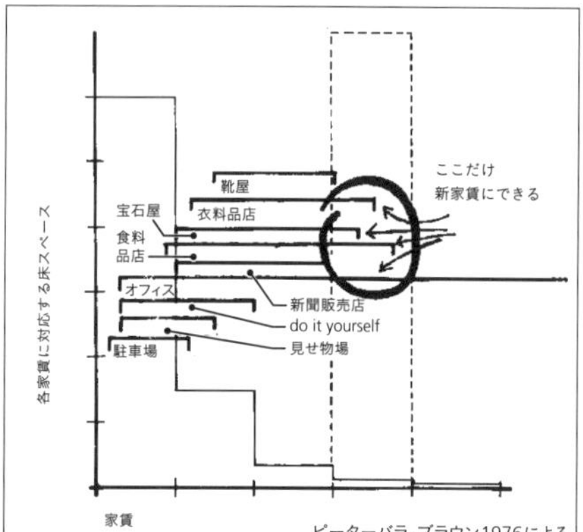

ピーターバラ、ブラウン1976による

7デザイン意図

全面再開発はすべての賃貸料が押し上げられるので、多様性を得るためにはよくない。しかし、全面再開発するということはその区域が、高級市場の用途や新しい建物の機能的な有利さなど必要とする用途がなく、利用者を惹きつけないことを示唆するので、そこに全く開発がないのもまた望ましいことではない。もし、実際に地域が多様性(たとえば、八百屋も宝石屋も)をほしいと思えば、下図で説明するように、賃貸料に幅をもたせる必要がある。

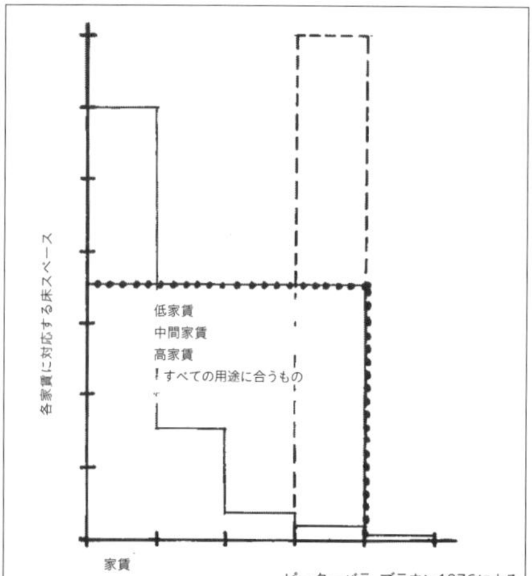

ピーターバラ、ブラウン1976による

このような理由から、古い建物は自動的に維持されるべきではない。実際に需要がある住宅用途によって多様性が高まるように、慎重に選ばなければならない。それは次の2点を含む。

1 レイアウトがその用途に適切であるか[注5]。
2 建物の状態が、妥当な価格で、その用途にふさわしい水準への向上に見合うものであるか[注6]。

建物の築年数と状態のバランス(実際に達成するのは難しいが)は、用途の多様性を支える賃貸料の多様化を発生させる。これは時間を経ても持続されるだろう。最悪の状態の建物は、次第に建て替えられ、他のものは老朽化し、状態が低下する。しかし、中位ないし高い賃貸料の既存建物が良い割合で存在するならば全面的な再開発を促進しない。

i 活動間の相互作用

多様性は1つの敷地上で単に活動の寄せ集めを投げ落とすことでは達成されない。用途をうまくはたらかせるためには、用途は互いにサポートを与え合うべきである。

ii 活動間(用途間)の相互サポート

ある活動(一次用途)は、敷地に人々を惹きつける磁石のように機能する。住居または仕事場の集中は一次用途である。大多数の人は、つねに住まいに帰り、また働かなければならない。大型店や市場は、同じような効果をもたらす。多くの人々は頻繁にそこへ行く。対照的に、二次用途はそれ自体では惹きつける求心力に欠けるが、一次用途の場所に惹かれる人々に寄生する事業である。

したがって一次用途は、生き残りのために必要とする歩行者の流れで自らを活性化させる二次用途をサポートする。1つの簡単な例は、ショッピングセンターのはたらきである。一次用途の店舗は、多数の人々を複合施設に惹きつけ、多様性に必要な小規模な二次用途企業がこれらの主要な磁石間の歩行者の流れを糧としている[注7]。

歩行者が経済上重要であることは、たとえば、店舗が歩行者の流れの多い敷地により多くの費用を支払うのはなぜかを説明している。

次の図表では、両端の敷地間の歩行者の2つの流れの価値に注目すべきである(デザインの意図については、デザインシート2.2を参照のこと)。

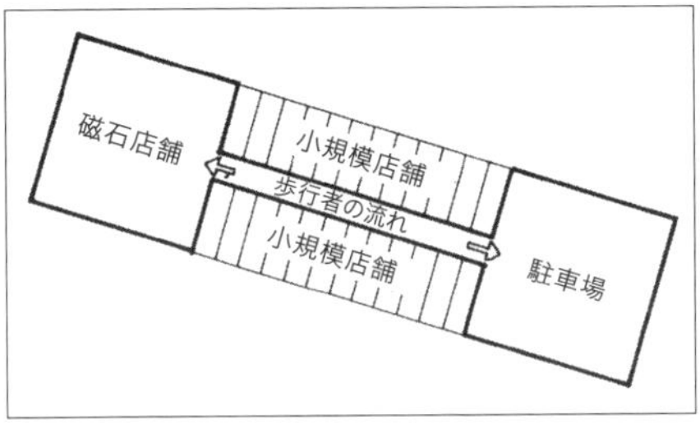

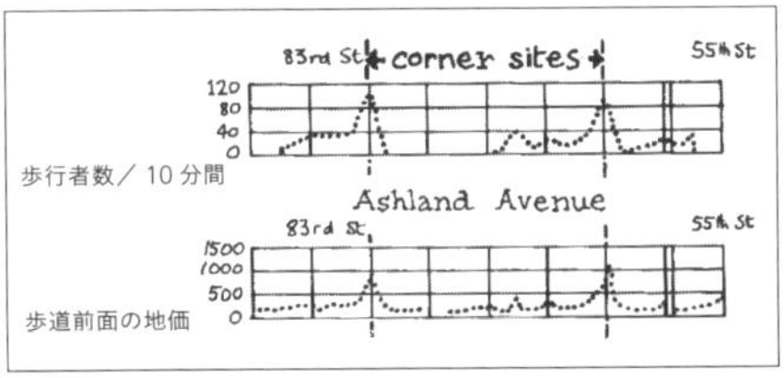

iii 時間の要素

時間の要素も用途の相互サポートのシステムにとって重要である。ある二次用途(パブやレストランのような、社交的な用途がもっとも多い)は、生活のために昼間から夜間までの長い労働時間を多分必要とする。彼らは、関連する一次用途が長時間にわたり人々を区域に引き込めば、もちろん助かる。これには通常一次用途の混合を必要とする。ほとんどの人々の時間が仕事と住居の間で分割されるような仕組みのために、働くスペースと住居を組み合わせることはこれらの観点からうまく機能する。2つにゾーン(用途)区分された近代都市は、惨めに失敗するだろう。

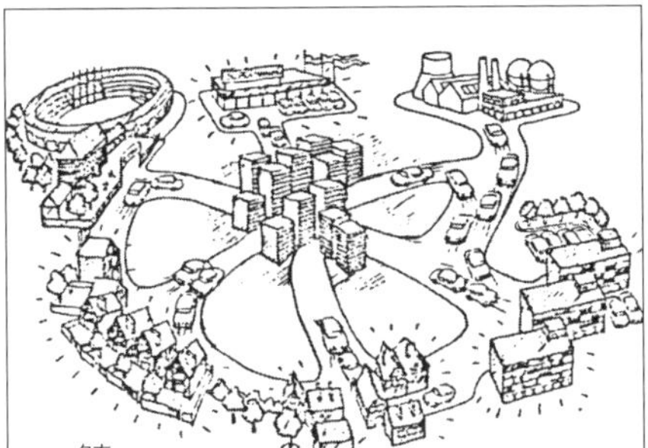
夕方

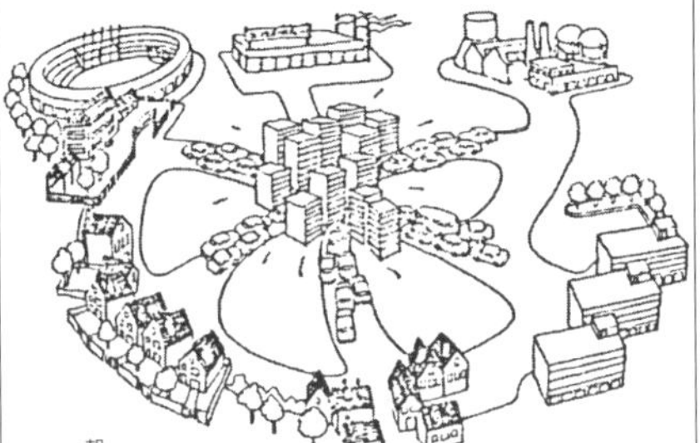
朝

8 実現可能性

プロジェクトの用途パターンは、環境上の権限を持った組織に対して特に強い関心を呼び起こさせる。なぜなら、それが経済的成果の基礎であり、プランニング上の管理のキーでもあるからである。用途多様化の提案の中で、われわれは彼らの通常の規範から出発するために、スキーム上の権限を持つもの(開発業者および地方自治体)とともに計画を進める。これは3つの主要なレベルで、われわれがプロジェクトの実現可能性を実証することができる場合にのみ実現するだろう。

・機能的な実現可能性
・政治的な実現可能性
・経済的な実現可能性

i 機能的な実現可能性

いくつかの用途は、騒音や交通流量などのせいで成立しない。それらのすぐ近くに配置することができない。しかし、他の用途と両立しないのは、人々がそれらを序列が違うものとして考えているからだけである。この問題は、注意深い詳細なデザインで克服することができる。

序列の対立を克服することができるなら、用途を1つの地区で混合する利点は右図で説明される。右側の窓や扉のない壁は、小さい仕事場の典型的なものであり、このアーバンガーデンで全体のプライバシーを確保する。

議論対立が硬化する前に、プランナーと開発業者の双方からの意見を先取りすることが重要である。これは、両者が初期のデザインのキー部分として提案した、議論を要する用途について、われわれが上手な配置を示す詳細なデザインのスタディを必要としていることを意味している。これはデザインシート2.3で論議される。

ii 政治的な実現可能性

提案される用途のパターンが許可基準や地方の計画方針からスタートするときはいつでも、地方自治体の合意は、提案する用途が少なくとも部分的にでも公的に支援する根拠があるかどうかにかかっている。もし、最初の需要調査（デザインシート2.1）がきちんとなされたなら、用途のパターンは、地方の需要を反映するべきである。この需要を構成する地方の利益を支援することを、できるだけ強調することが重要である。

iii 経済的な実現可能性

経済的に実現可能であるためには、計画は1つの基本的な条件を満たさなければならない。完工時の経済的価値は、総工費と、当該開発業者に関連するあらゆる利益の合計と、等しいかまたはそれ以上でなければならない。

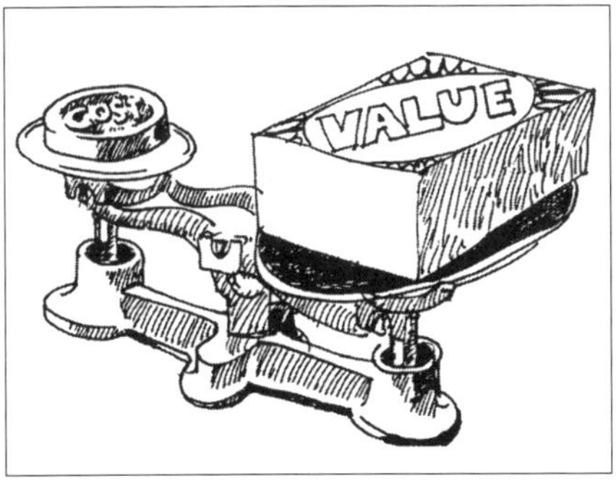

今日のプロジェクトで流行している多様性が少ない基準を打破する可能性を探るためには、デザイナーが経済的な実現可能性を確立するために必要な計算を理解することが不可欠である。これには費用と価値を算定し、あるものと他のものに対してバランスをとる必要がある場合、デザインを修正することが含まれる。これらのトピックはそれぞれデザインシート2.4, 2.5および2.6で述べている。

しかし経済的な実現可能性を確立することは、単にそれらが帳簿上で収支が均衡するまで数字をごまかすことではない。スキームを実行するために実際の開発業者の意思と能力を識別することが極めて重要である。実在する開発業者は限られており、それぞれが得意分野のプロジェクトおよび運営方法を持っている。これらはデザインシート2.1で論議されるように、スキームで考慮に入れなければならない。最終的には、プロポーザル（計画提案）は経済的な認識をすると同時に、開発業者へアピールしなければならない。

デザインの意図

多様性をいかに推奨するか

1. **多様性を発展させるための出発点として、第1章の街区構造を採用する。**
2. **もっとも広い範囲の適切な用途を考慮して、需要とそれに見合う施設を提供する開発業者を選定する。**［→デザインシート2.1］
3. **磁石となる施設を配置して、歩行者の流れを必要とする用途が発展させるようにする。**［→デザインシート2.2］
4. **それらの間の否定的な相互作用を最小にするように、残りの用途を配置し**［→デザインシート2.3］**、第1章で決定された仮の街区規模を検証する。**
5. **スキームのすべてのコストを計算する。**［→デザインシート2.4］
6. **プロジェクトの価値を計算する。**［→デザインシート2.5］
7. **経済的な実現可能性と、関係開発業者の参加を検証する。**［→デザインシート2.6］

2.1
敷地のための用途設定

多様性のためのデザインの第一歩は、どの用途がそのスペースに合った需要を引き出すかを設定することである。需要がない用途の提案に意味がないことは明らかである。したがってこのデザインシートの目的は、需要について調べる方法を示すことである。

デザイナーの新しい役割

従来、計画に含める用途についての決定は、施主の役割のひとつとして考えられた。しかし、この状況は変わってきている。ひとつには大西洋の両側で、景気低迷のもとでも仕事を維持するために、計画の推進上、デザイナーが無理やり動員させられてきたためである。さらに、多くの都心部地域の開発を後押しする力の欠如は、しばしば「この土地のためにどんな用途を見つけることができるか?」がキーとなるようなデザインへの質問が出る状況をもたらしている。最近は、多くの分野のデザイナーが彼ら自身でこの種の問題に取り組んでいる。

需要の種類

需要は大きく2つに分けることができる。

・経済的な需要

・社会的な需要

経済的な需要は広い範囲の領域から出る。それはある特定の種類の用途にスペースを提供することによって満たされる。計画が完了するまでどんな需要かはわからないが、完了後にはきちんと企業が占有する。

社会的な需要は、その特性に地域性があるばかりでなく、具体的でもある。地域でよく知られた団体や組織は、特定の周知の目的のためにスペースを要求する。

社会的な需要から始める

われわれの経験では、社会的な需要を考えることから始めるのがもっともよい。デザインの過程でこれが早期に考慮されなければ、力のない企業はほとんど全体を考えないで簡単に退散してしまうことが多い。

これに対して、地方自治体は社会的な需要についての第一の優れた情報源である。

・彼らは広い意味で社会的な計画の事業主である。

・地方不動産(土地・建物)当局は、あらゆる種類の地方組織からスペースに関する照会を受ける。

さらに、地方自治体は地域の近隣および利益団体と接触することができる。また、これらは以下の他の情報供給源に接触することができる。

・地方の図書館

・地方の新聞

・地域の本屋

現在、社会的需要の調整のためのリストを集めるのにこの情報供給源の組み合わせを利用すべきである。そして、建物と同様、屋外スペースの需要を探すことを忘れてはならない。できる限りスペースの量を示すこと、そしてこれらの団体が提供できる現実的な購入価格や賃貸料を調べること。これらの数値が低いことはほぼ確実と思われる。

経済的な需要の調査

経済的な需要の情報のために、われわれは地方の不動産業者を回らなければならない。できれば、複数の業者と話して反応を比較すること。しかし、不動産業者は開発計画に集中する経済的なリスクを最小にしようとする。したがって、彼らは広く拡散した需要がある用途を含んでいる計画を好み、そのテナント数を最大にしようとアピールする。これは多様性のためには効果的な策ではない。

このような彼ら固有の保守的傾向があるために、「デザイナーが、議論を広げることについての補助的支援なしで需要の問題を論議すること」は非生産的なものになったのである。

- 第1章からの一時的なデザイン提案は、特定の敷地と強く関連づけて、さらに後の議論を誘発する助けにする。
- そこで、社会的な需要についての考えを決定すること。しかし、ほとんどの不動産業者はこの全体アプローチを「凝りすぎ」とみなすだろう。彼らの関心を持続するためには、社会的な需要の分析を手がたく現実的な方法で行うことが不可欠である。
- 議論をさらに広げるため、その敷地のために考えられるすべての用途(戸外の用途を含む)のチェックリストを作成することは有用である。これは、取り除かれることがない用途部門のCI／SFBのリストに基づくことができる[注8]。

これらの議論の補助的支援を用いて、次の質問に答えられなければならない。

- どの用途がその計画に惹きつけられそうであるか?
- どの開発業者が各用途のためのスペースをつくれそうであるか?
- もしその場所に何があったら、用途のうちのどれが既存の建物に収容されてもよいか?
- 各用途はどんな補助的な支援を要求するか?(例. 駐車場)
- 各用途のためにスペースの最大および最小面積はどのように要求されそうであるか?
- 各用途のためのスペースが売却される、または使用許可されるのは、どのくらいの費用でできるか?(イギリスの不動産業者がいまだに大英帝国のものさし=ヤード、フィートを使用していることを覚えておくこと。あなたが巨大な数値の間違いを避けるために使用している単位を点検しなさい)
- もし、そのスペースが割り当てられたら、どんな収益が投資期間で実現するか。収益は計画的に投資される資金の年間純益の測定である。たとえば、10%の収益はその計画に投資された主要の10%を毎年戻すことを意味する。YP(計算を簡単にするために収益の代わりに時々引用される)は、単に収益の逆数である。

  YP＝1÷(収益×100)
- これが支持されるか、または他の用途があることによってそのスペースの使用が禁じられるか、どちらか?(たとえば、取り壊された土地の隣で開発されている家族用住宅に夢中になりそうな業者はいない)

その間に、その敷地の所有者が得ることを期待できる資金はどのくらいかについて、不動産業者の意見を聞くこと。あなたが提案した財政的な実現可能性を査定する場合、この情報が必要である。

計画の規制

需要がある用途の範囲を確立したら、各用途のスペースの供給について「計画の規制」を調査しなければならない。今は、地方の計画当局とあなたの提案を論議する時期である。

有用な見積り

「スペースの需要」と「その供給の計画規制」との両方の査定で回答された質問は、合計すると膨大なリストになる。後で説明されるような見積りを使用すれば、その質疑を規制して保管することは容易である。「即時参考」の形態のこの複雑な情報を記録することは、デザインの後期段階でそれを失念したり、無視したりしないことにつながる。

敷地	カレッジ醸造所、レディング：シート3 or 8
回答者	Michael le Gray Michael le Gray and Co.（ショッピング開発業者） 1984年3月13日
用途	買い物
可能な開発者	主要な金融機関と取り引きがある大きな民間の開発業者
既存建物が使用できるか	できない。（イールドホール立体駐車場の地上階への行き来のためのいくつかの通り道を除いて）
補助的な支援	下の注釈参照
需要： 最高／最小　区域	食料品店 2000〜3000㎡、デパート4000㎡（最高2フロア）、約6m×8mごとに35以上の店舗
賃貸料	各店舗のための£340／㎡、そして磁石となる店舗のための£120／㎡と仮定。
収益	施設との具体的な交渉まで6%を仮定。
否定的な相互作用	下の注釈参照
計画のコントロール	下の注釈参照

注釈

補助的な支援：

1. ショッピングのために新しいこの区域に買物客を惹きつけるよい磁石。
大食料品（2000㎡以上）＋デパート（またはヒールズ（家具店）、ハビタット（チェーンストア）、マザーケア（乳児用品店）か同等店）を持たねばならない。
2. 3階以下の、磁石から100mの内で可能なだけの駐車場（1000台のスペースが目標）。魅力的な入口として計画の中に駐車場をデザインすることが重要。「人々がまず簡単に駐車できるところでなければならない」（le Gray）

否定的な相互作用：

店舗より多く特定オフィスを設置してはいけない。格を上げるために貸付けるのは難しい。1階のレベルで約50%まで倉庫か管理エリアとするのが許される。確実にショッピングストリートの両側に店舗が並ぶようにすること。

計画のコントロール：

地方自治体はおそらくショッピングを薦めるであろうが、しかし役人と詳細について論議すること。特にサービスエリアへの車のアクセスの点検など。

2.2
歩行者交通を集中させる

一部の用途――目立たない店舗――は歩行者交通の集中なしには注目されない。行きやすい通りと街区は、歩行者のアクセスを奨励するが、さらに歩行者交通の集中を得るために、そこに特別な磁石を必要とする。大きな店舗、コンパクトな市場、大きな駐車場などたくさんの歩行者を惹きつける施設――デザインシート2.1で用いられている需要があるなら、歩行者を集めるために用いるべきである。

磁石は、ある距離で相互に配置され、既存の集中する歩行者から、他の用途の磁石との間に人の流れをつくる（次頁左上図の1と2）。もっとも効果的な磁石の間隔についてのアイデアはショッピングセンターの設計から得ることができる。その磁石の有効射距離は90〜120メートルである［注9］。

つながった道は、歩行者の流れから最大利益を上げるために注意深くデザインする。できるだけ通りを狭くして（デザインシート1.3）、両側によい展示品が見えるようにデザインし（次頁左下図の3）、車両の交通に信号を設置して人が一方から他方へ確実に横切ることができるようにする（次頁左下図の4）。

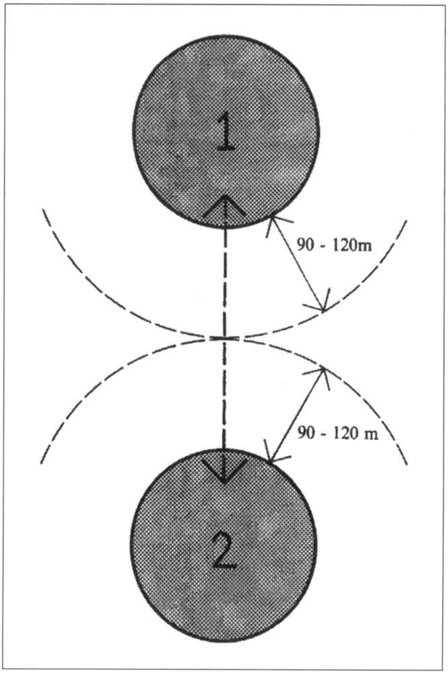

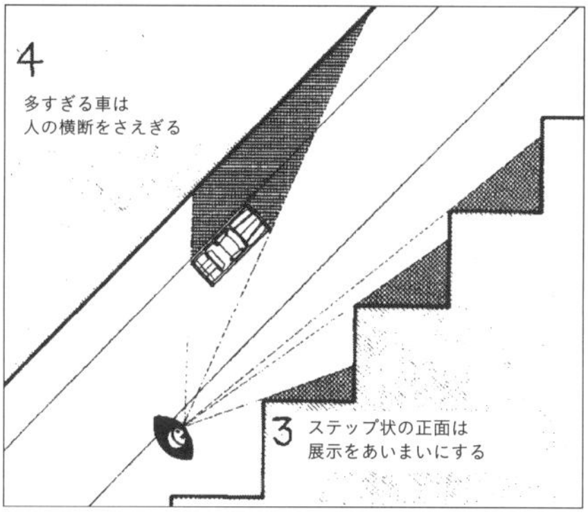

歩行者の交通を必要とする用途は、主要な磁石のリンク上に配置する(右図の5)。平均的な歩行者交通を持つリンクから外れたサイドストリートは、高い賃料の新しい建物の中で活気のある店舗を保てない。しかし、古くて賃料の安い融通性のある建物をがあれば、歩行者が興味をもつような多様な用途を惹きつけるであろう(右図の6)。

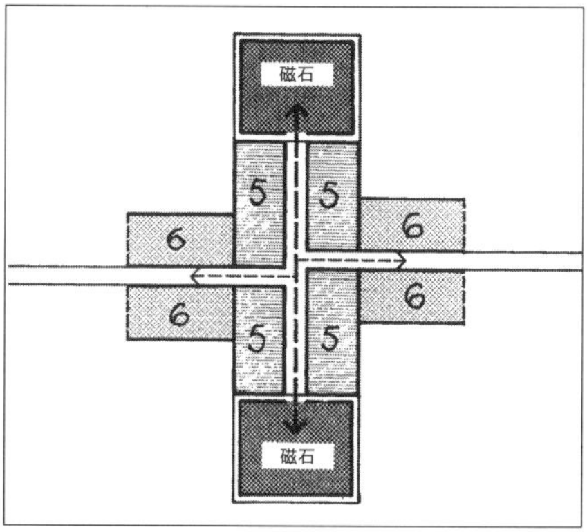

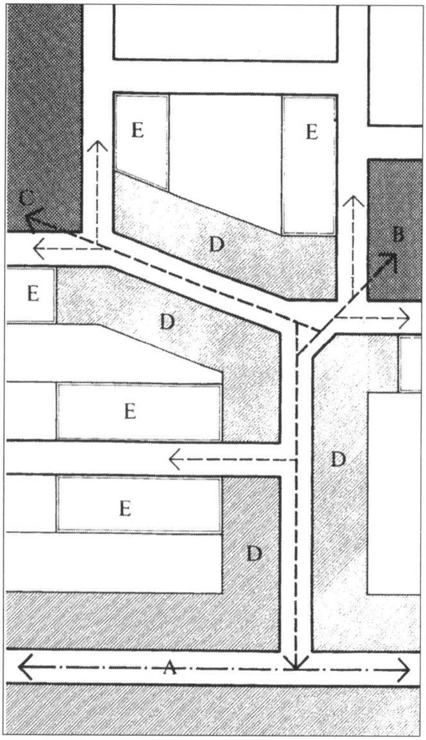

上図のプランは以下の歩行者交通を集中させるプロセスを説明している。

1 既存の歩行者交通の集中する配置(A)

2 Aから離れた場所への磁石の配置(B)

3 第二の磁石:AとBから離れたところにある(C)

4 ABとCの間にリンクしている幅の狭い道路をつくる。段差のあるファサードを避ける。この通りは大型車両を制限する。
5 ポジション・ショップ(一定の需要がある店舗)とこの通りに沿った多くの歩行者交通を必要とする他の用途施設(D)。
6 D(E)とつながる通りにある融通性のある建物に特に注意を払う。

2.3
両立しにくい用途の関係づけ

いくつかの用途は、騒音や交通流量の発生のような機能要因のために共存できない。それらを、すぐ近くに配置することができない。しかし、他の用途と両立しないのは、人々がそれらを序列が違うものとして考えているからだけである。このデザインシートは少なからず対立のある小さい区域のさまざまな状態にある用途の性格による序列をどのように関係づけるかについて示唆する。

用途の序列の対立を最小にするため、われわれは異なった用途が直接互いに隣接するところで、その序列がほぼ対等であることを確かめなければならない。したがって、はじめにスキームのさまざまな要素の相対的な状態を査定することが大切である。大きな計画では、これは複雑な問題である。用途の序列は、用途間で明らかに変わる(たとえば、オフィスは通常、ほとんどの人々の見地からみて、ワークショップをするより高い序列にある)。しかし、それはまた同じ用途の前面から背面で変わってくることがある(たとえば、住宅の前面が背面より高い序列であることがある)。

これを考える簡単な方法は、次のようなマトリックス(次頁上図)を使用することである。対象となる敷地の上、そしてスキームの中で隣接した敷地周囲の端部、どちらにも関連する既存用途をすべて含むことを覚えておくべきである。

それらの間の両立性と非交換性が明確なら、スキームのさまざまな用途は次のように見つけることができる。

1 すでにデザインされているブロック構造を示し、すべての既存の用途の位置および隣接する敷地に注意して、プランを採用する。
2 隣接する既存の用途との互換性がある用途が

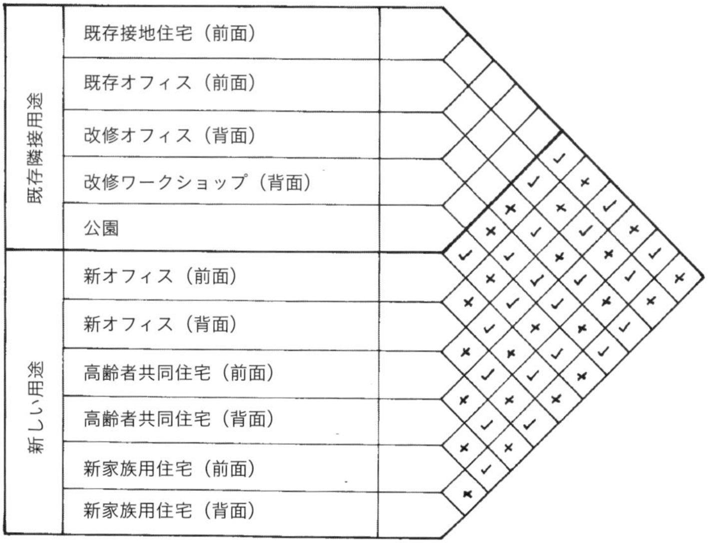

街区の中には全くない敷地の周囲には、それを配置する。

3 点検によって、配置に選択肢が少ない新しい用途を判別し、その位置を固定する。

4 隣接街区にとって可能な用途の位置を決定し、その効果に注意する。

5 すべての用途が位置取りされるまで、上のステップ3および4を繰り返す。

6 このレイアウトが、各々の用途をそれとの互換性がある用途の通りへ到達できるようにすることを確認し、必要ならばレイアウトを直す。

7 このプロセスのある段階で、両立性が維持できなければ、問題を起こす用途はスキームから取り除くか、そのまわりの他用途から覆い隠さなければならない。これが起こりそうな公共的な通りの前面を破壊することを避け、公共的な前面を継続させるため、その用途が他の一方面向きの用途によって覆い隠すことができるかどうかも考慮すること（このトピックはデザインシート4.3で詳述する）。

8 やむを得ず残る非交換性はどれも、関わっている建物の詳細設計によって克服することができる。第5章はこれを詳しくカバーしている。

この段階では、われわれは各用途の提案された区域を測定評価できるポイントにデザインを開発した。この情報を使うと、デザインシート2.4、2.5および2.6で議論されるように、「計画における経済的実現性のチェック」に進むことができる。

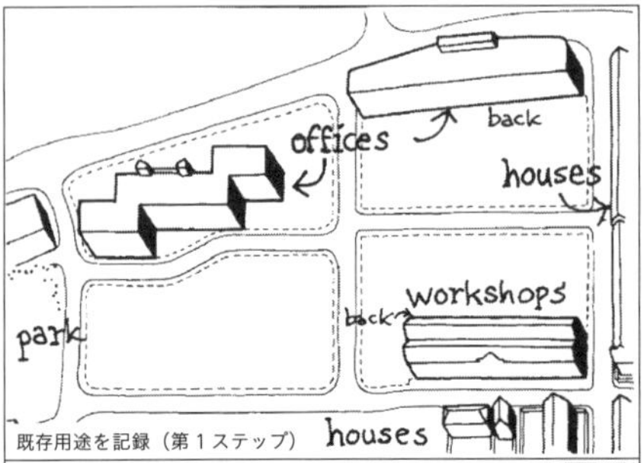

既存用途を記録（第 1 ステップ）

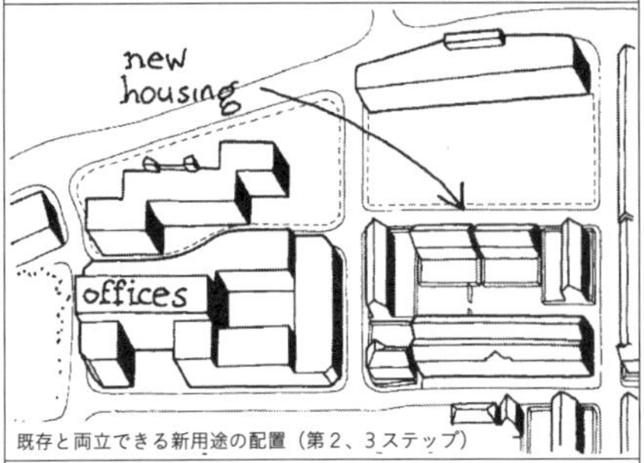

既存と両立できる新用途の配置（第 2、3 ステップ）

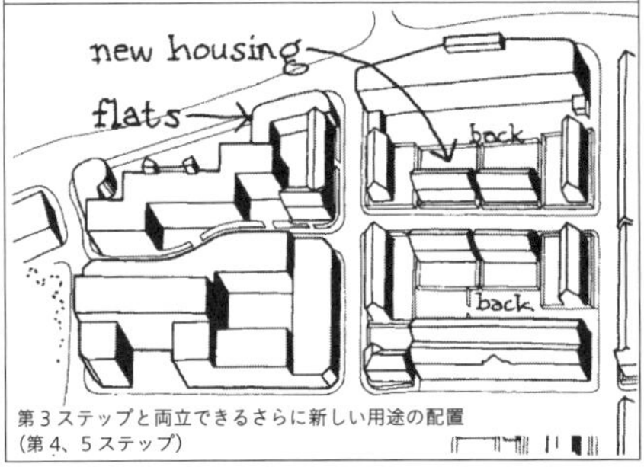

第 3 ステップと両立できるさらに新しい用途の配置
（第 4、5 ステップ）

2.4

プロジェクトの価値の計算

計画の経済的実現可能性を審査するための第一歩は、経済的価値を計測することである。このデザインシートでは、販売されるプロジェクト（計画）の要素と、賃貸される計画の両方について、計測する方法を述べる。

事例

必要な計算は、用いた事例によってもっともよく説明される。われわれがこのデザインシートで使用するすべてのポイントを次にスケッチする。われわれはデザインシート2.5および2.6でも同じ例を使用しつづける。

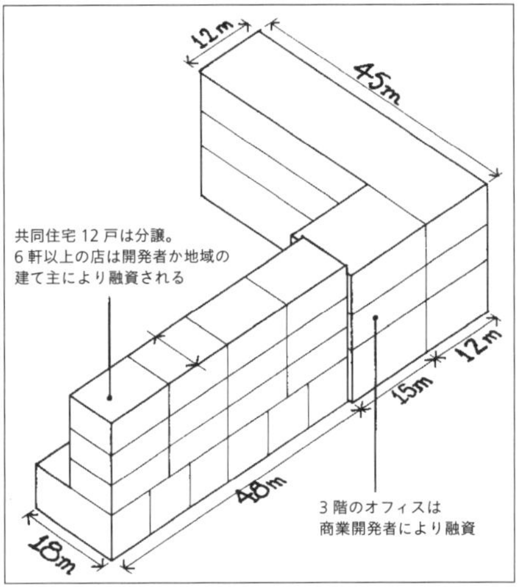

売るための計画要素

販売される計画要素（この場合フラット：共同住宅）の価値は、期待される売出し価格と等しい。これは容易に推定される。

ステップ1：販売されるべき各タイプの数を確定す

ること（この例では、12戸のフラット）。
ステップ2：デザインシート2.1を参照して、各タイプに関して推定販売価格を決めること（この例では、それぞれのフラットは£28,000）。
ステップ3：簡単な乗法で価値を算出する
フラットの価値＝12×£28,000＝£336,000

貸すための計画要素

賃貸される計画要素の価値を計算するにはさまざまな方法がある［注10］。以下に説明するアプローチは、多くの開発業者の用途である。開発業者と同じ計算をすることによってのみ、われわれが実際にこの計画に必要な開発業者のサポートを惹きつけるだろうという予測ができるので、この方法を使用することは重要である。このアプローチを使用して、次の公式から、賃貸用の計画要素のそれぞれの価値が計算される［注11］。

　　価値（£）＝年間賃貸料（£）×100÷収益割合（％）
収益より収益の逆数を用いると
　　価値（£）＝年間使用料（£）×収益の逆数（YP）
計算は次の通りなされる。

ステップ1

提案するための賃貸面積を確定すること。これは、さまざまな用途のためのさまざまな意味を持っている。

- フラットの場合、オフィスとフラットのワークショップは、使用するべき数字は「正味の賃貸面積」（公共サービスおよび動線に使用する面積を引く）で、これは建物の延床面積である。通常、正味の賃貸面積はおよそ延床面積×0.8である。
- 平屋建ての産業用スペース、または他目的のため考慮されるべき通路がない場所の場合、内部延床面積と同等として正味の賃貸面積を取ること。
- 店舗の場合、正味の賃貸面積は延床面積と等しい。

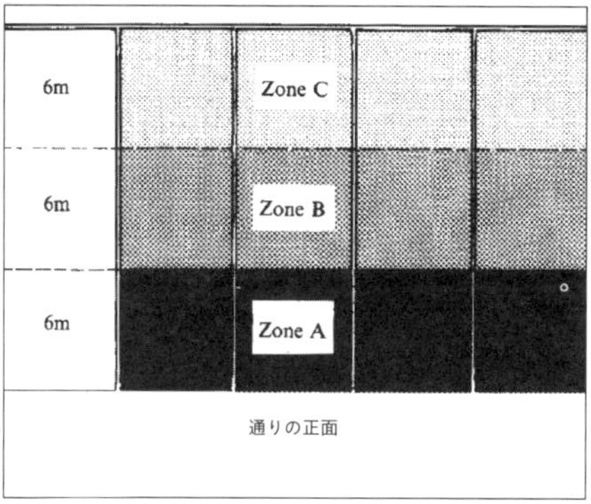

2.4の事例によると賃貸面積は次の通り計算される。
　　オフィス：
　　オフィスのグロス面積（階ごと）
　　＝12m×（45＋15）m＝12m×60m
　　＝720㎡
　　したがってオフィスのグロス面積
　　＝3（階）×720㎡
　　＝2,160㎡
　　正味の賃貸面積
　　＝2,160×0.8
　　＝1,728㎡
　　店舗：
　　店舗のスペースは、上記のゾーンに分けて計算しなければならない。
　　賃貸面積（ゾーンA）＝6×48㎡＝288㎡
　　賃貸面積（ゾーンB）＝6×48㎡＝288㎡
　　賃貸面積（ゾーンC）＝6×48㎡＝288㎡

ステップ2

デザインシート2.1に設定されるように、各用途の単位面積ごとの推定賃貸料を調べること。これは店舗を除く、すべての賃貸面積については均一料金としてとる。店舗の場合、ゾーンによって年間賃貸料が異なる。ゾーンBの賃貸料は、ゾーンAの半分、ゾーンCはゾーンBの半分など。しかし収益はこのようには変わらないことに注意すること。

それは全体の正味の貸付店舗面積と同じままである。

この事例では平米ごとの年間賃貸料(われわれがデザインシート2.1に確立した場合)は次の通りである。

オフィス：£100／㎡

店舗(ゾーンA)£200／㎡

店舗(ゾーンB)£100／㎡

店舗(ゾーンC)£50／㎡

ステップ3

単位面積ごとの年間賃貸料と各用途のための年間賃貸料を得る正味の賃貸面積をかける。この例では、計算は次の通りである。

オフィスのための年間賃貸料

＝正味の賃貸面積×賃貸料／㎡

＝1,728㎡×£100／㎡

＝£172,800

店舗のための年間賃貸料

ゾーンA：正味の賃貸面積×賃貸料／㎡

＝288㎡×£200／㎡

＝£57,600

ゾーンB：正味の賃貸面積×賃貸料／㎡

＝288㎡×£100／㎡

＝£28,800

ゾーンC：正味の賃貸面積×賃貸料／㎡

＝288㎡×£50／㎡

＝£14,400

したがって、店舗のための総年間賃貸料

＝£57,600＋£28,800＋£14,400

＝£100,800

ステップ4

デザインシート2.1に設定されるように、各用途の推定収益(またはYP)を調べること。この事例では、数値は次の通りである。

オフィスの推定収益：10％(またはYP＝10)

店舗の推定収益：8％(またはYP＝12.5)

ステップ5

方式の1つを使用して各用途の価値を計算する。

・価値＝年間賃貸料総額×100÷収益割合

または

・価値＝年間賃貸料総額×YP

われわれの例では、これらの方法は両方とも計算で説明される。

選択1

価値＝年間賃貸料総額×100÷収益割合

オフィスの価値＝£172,800×100÷10

＝£1,728,000

店舗の価値

ゾーンA：£57,600×100÷8＝£720,000

ゾーンB：£28,800×100÷8＝£360,000

ゾーンC：£14,400×100÷8＝£180,000

したがって、店舗の総価値は

＝£720,000＋£360,000＋£180,000

＝£1,260,000

選択2

価値＝年間賃貸料総額×収益逆数(YP)

オフィスの価値＝£172,800×10

＝£1,728,000

店舗の価値

ゾーンA：£57,600×12.5＝£720,000

ゾーンB：£28,800×12.5＝£360,000

ゾーンC：£14,400×12.5＝£180,000

したがって、店舗の総価値は

＝£720,000＋£360,000＋£180,000

＝£1,260,000

ステップ6

計画全体としての価値に到達するため、別の用途の価値を一緒に加えること。この事例では、計算は次の通りである。

共同住宅の価値＝£336,000
オフィスの価値＝£1,728,000
店舗の価値＝£1,260,000
したがって、計画の総価値は
＝£336,000+£1,728,000+£1,260,000
＝£3,324,000

計画の価値は、財政上実現可能であるどうかを定める要因の1つというだけである。次にわれわれは計画の費用を計算しなければならない。これはデザインシート2.5でカバーする。

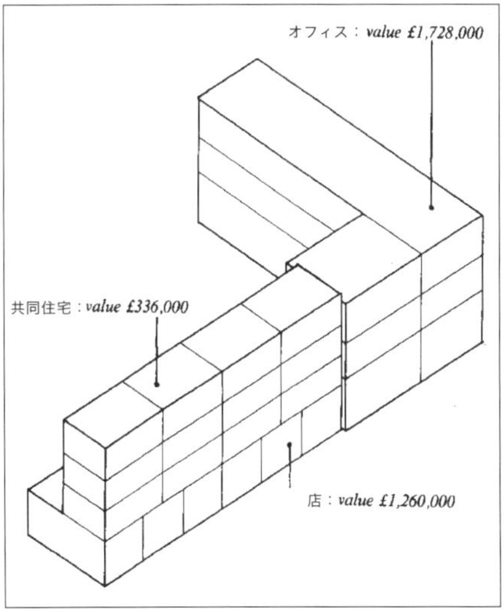

2.5
計画コストの計算

このデザインシートは経済的実現可能性の査定の第2ステップをカバーする。費用を推定して計画と関係づける。

計画を実現するコスト総額は次の主要要素が含まれている。

・敷地の取得コスト
・建設コスト
・専門家の手数料
・短期ファンドのコスト

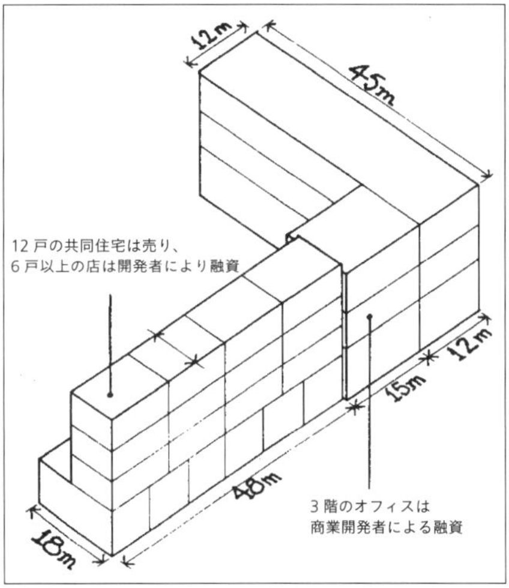

次に、デザインシート2.4で使用された同じ例によって上記のコストを説明する。

敷地の取得コスト

敷地の所有者がそれを販売することを期待するものを確定すること。これはかなり調べにくいが次のアプローチの1つ以上は成功させるべきである。

・所有者か、彼らの代理人に直接尋ねる。敷地が市場に正式にあれば、はっきりとした手がかりとなる。
・他の機関に尋ねること。それらは最近方針を変えて他の近くの土地に基づいてガイドを与えることがある。しかし、1エーカー当たり土地の相場という、ほとんどの不動産業者がまだ“イギリスのものさし”を使用することを覚えておくこと。どの単位が使用されているかを確かめること。さもないと奇想天外な結果を得るかもしれない。
・地主の内諾のもとに敷地の計画が進められているなら、彼らが仮定した地価を調べるために内々で作業することができる。このような状態であれば、この部分とプロセスが事例として説明されるデザインシート2.6にある「最大の取得コスト」と名づけた節へ、この時点でスキップする。

現在の目的のために、われわれは不動産業者が、土地におよそ£625,000を要することをわれわれに助言したと仮定する。

建設コスト

建設コストを査定することは、検査官の専門の仕事である。彼らのアドバイスが有効なら、求めるべきである。そうでなかったら、次のアプローチとして、これらの計算で十分に正確な予算の数値を割り出すこと。

新しい建設コスト

最初に各々の提案された用途の延床面積のリストをつくり、そしてスキームの中の新しい通りシステムの面積、あるいは主要な外構の仕事の測定を行う。われわれの事例では、建物の延床面積は、次の通りである。

・フラット(共同住宅)
3(階)×8m(建物の奥行き)×48m(建物の長さ)
＝1,152㎡
・オフィス
3(階)×12m(建物の奥行き)×60m(建物の長さ)
＝2,160㎡
・店舗
18m(建物の奥行き)×48m(建物の長さ)
＝864㎡

(注:新しい通りシステムや主要な外構工事は提案していない)

延床面積が計算されたら、現在の建築業者の価格ブックを使用して、各用途と通りと外構の工事の単位面積ごとの建設コストを調べること[注12]。引用した数字が平均的な計画用であることを覚えておくこと。それから修正のための積算士のアドバイスの取得、たとえば、あなたの場所に特異な地盤条件がある、あるいは都市基盤に問題があるなど。また、費用の数値の公表年月日からのインフレを考慮して必要な余裕を持たせること。
われわれの事例では、数値は次の通りである。

・共同住宅:£300／㎡
・オフィス:£490／㎡
・店舗(借用者の費用に合うように外観をつくる)
£240／㎡

最後に、建設コストを計算するためには、次の方式を使用すること。
建設コスト＝延床面積×単位面積ごとの費用

われわれの事例では計算面積は次の通りである。

・共同住宅
建設コスト＝1,152㎡(延床面積)×£300／㎡
＝£345,600
・オフィス
建設コスト＝2,160㎡(延床面積)×£490／㎡
＝£1,058,400
・店舗
建設コスト＝864㎡(延床面積)×£240／㎡
＝£207,360

したがって、総建設コスト＝£1,611,360

既存建物の建て替えコスト

建て替えの費用がさらに推定しにくい理由は、1つの既存建物および別の建物との間のレイアウト、そして条件に違いがあるからである。最初に条件の調査を行い、次に積算士のアドバイスか適切な専門家の参照物を使用すること。

専門家の手数料

これは建築家、積算士、構造および設備エンジニア、不動産業者および法律顧問を雇う費用をカバーする。これらのほとんどの手数料は、建設コストの割合として計算する。

正確な手数料の見積りを得るため、最初に必要とされるアドバイザーをリストアップし、そして関連した専門機関の手数料の相場を見ること。あなたがすでに算定した建設コストに適当な割合を当てはめる。新たな業務のためのおおまかな経験則として、建設コストの12～15％を総手数料の支出とすることは、手っとり早い計算としては十分近似値になるだろう。

われわれの事例では、建設コストの15％で手数料を仮定する。

手数料＝£1,611,360（建設コスト）×15／100

＝£241,704

短期ファンドのコスト

これは収入を生み出しはじめる前の期間に、土地を得る資金の借入れ、建設計画を実行するためのコストである。それは借用期間中の平均賃貸料で計算される。これは正確には推定しにくい。しかし、次に示されたグラフは、短期借用が建設期間中にどのように変わるかについて大ざっぱに示してくれる。

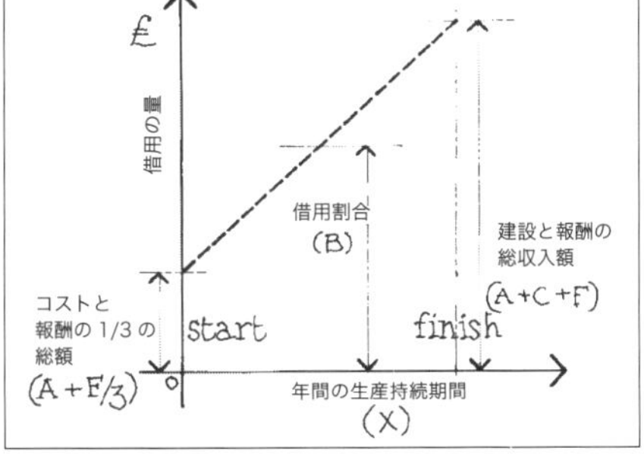

平均賃貸料(B)は次の通りである：
B＝(最初の賃貸料＋最終の借用)÷2
最初の賃貸料(IB)＝A＋F／3
最終の賃貸料(FB)＝A＋C＋F
ゆえにB＝(IB＋FB)÷2
＝(A＋F／3＋A＋C＋F)÷2
＝A＋C／2＋2F／3
そして、短期ファンドのコスト＝B×建設期間×支払うべき混合の利率

利率は時々変わる。それは、計画のタイプおよび借り手の状態に従って、銀行基準金利より高い金利になることがある。銀行の支店長はあなたの計画のための現実的な数字を提案するとする。われわれの事例では、12%の混合の利率および2年の建設期間を仮定する。

われわれが見たように、平均賃貸料＝A＋C／2＋2F／3＝£625,000＋(£1,611,360÷2)＋(2×£241,704÷3)＝£625,000＋£805,680＋£161,136
＝£1,591,816
短期ファンドのコスト
＝平均賃貸料×建設期間×混合の利率 ÷100
＝£1,591,816×2×1.2544[4]
＝£399,355

総額

取得コスト、建設コスト、手数料および短期ファンドのコストを計算したら、実際の計画を実現する総額を出すために、それらをすべて一緒に加える[注13]。

取得のコスト	＝£625,000
建設コスト	＝£1,611,360
手数料	＝£241,704
短期ファンドのコスト	＝£399,355
したがって、計画の総額	＝£2,877,419

利益

あなたの計画の事業主が民間の開発業者(われわれの例のように)なら、開発業者の利益を配当しなければならない。これは計画の総額を計算した上での割合として獲得される。実際の割合は開発の市場の状態に従って変わる。しかし通常は15～20%の間にある。もし利益が15%より低ければ、計画を実行するチャンスをつくるのに苦労するだろう。20%より高い場合、成功はかなり確実である。

われわれの事例では、開発業者の利益を20%に定めてみる。
要求された利益
＝計画の総額×利益%÷100
＝£2,877,419×20÷100
＝£575,484

この段階では、われわれは予算的関係で、価値および費用の両方を推定したポイントに向かう計画を考えた。今、われわれは計画が財政上実現可能であるかどうかを査定するために、この2つの数字を関係づけることができる。デザインシート2.6にこれをチェックする方法を示す。

2.6
経済的実現性のチェック

計画は、その最終的な価値(＋外部からその計画に惹きつけることができる他の補助金)がすべての費用と等しいか、またはそれ以上なら実現できる(＋開発業者が必要な利益)。

デザインシート2.4でわれわれは計画の価値を計算し、デザインシート2.1では、どのような外的な補助金が利用できそうであるかに注目した。これによって、われわれはプロジェクトの財政的な実現可能性を点検するために必要なすべての情報を有することになる。

例

計画は、(価値＋補助金)＞または＝(費用＋利益)の場合のみ、実現可能である。

デザインシート2.4および2.5のわれわれの事例では、価値および費用の数字は次の通りである。

価値＝£3,324,000

補助金＝£0

したがって(価値＋補助金)＝£3,324,000

費用＝£2,877,419

利益＝£575,484

したがって(費用＋利益)＝ £3,452,903

(価値＋補助金)が(費用＋利益)より少ないので、この計画は財政上実現可能でない。しかし、£128,903不足するだけである。この状態を回復するため、われわれには何ができるであろうか?

われわれはいかに計画を実現可能にすることができるか?

計画をより実現可能にさせる3つの主な方法がある。

- さらに有益な要素を含む用途との組み合わせの変更。
- 敷地にさらに多くの居住施設を置くこと。
- 価値およびコストに影響を与える要因を再考する。賃貸料、収益、取得コスト、建設コスト、手数料、短期ファンドのコストおよび利益。

混合用途の変更

われわれの事例の用途の一部は、他より有益である。次の表のように、われわれは各用途の平米当たりの利益の計算によってこれがわかる。

用途の区分	オフィス	店舗Aゾーン	店舗Bゾーン	店舗Cゾーン	フラット(共同住宅)
建築コスト(£/㎡)	490	240	240	240	300
建設コストの15%の手数料	73.5	36.0	36.0	36.0	45.0
短期ファンドのコスト(£/㎡(デザインシート2.5より)	70.6	34.6	34.6	34.6	43.2
トータルコスト(£/㎡)	634.1	310.6	310.6	310.6	388.2
賃貸料(£/㎡ nett)(デザインシート2.4より)	1000	2500	1250	625	573.4
利益(£/㎡ nett)	365.9	2189.4	939.4	314.4	185.2

表は各用途の各々の計画に寄与する平米当たりの利益を示す。スキームの実現可能性は、収益性の低い用途をより利益の高い用途に変更することによって増進することができる。

たとえば、フラット(共同住宅)の収益性はオフィスのそれが365.9/㎡であるのに対して、185.2/㎡である。したがって、われわれがオフィスに変更するフラットは、平米当たり£365.9－£185.2＝£180.7の余剰利益を発生させる。

スキームを実現可能にさせるために必要な余剰利益は、£128,903である。次に描くようなスキームをつくり出すために、オフィスにフラットの128,903÷180.7＝713㎡を取り替えることに

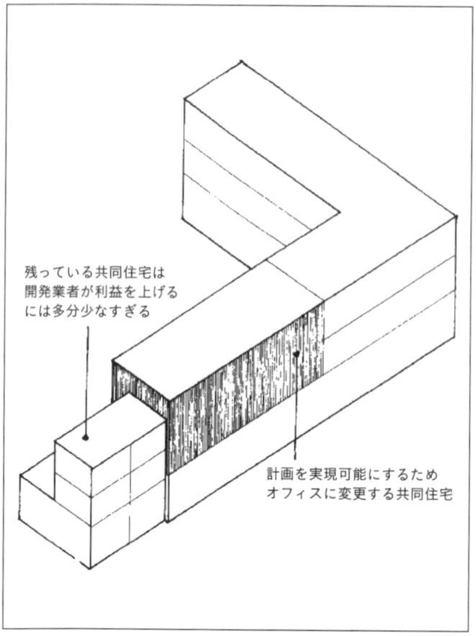
残っている共同住宅は
開発業者が利益を上げる
には多分少なすぎる
計画を実現可能にするため
オフィスに変更する共同住宅

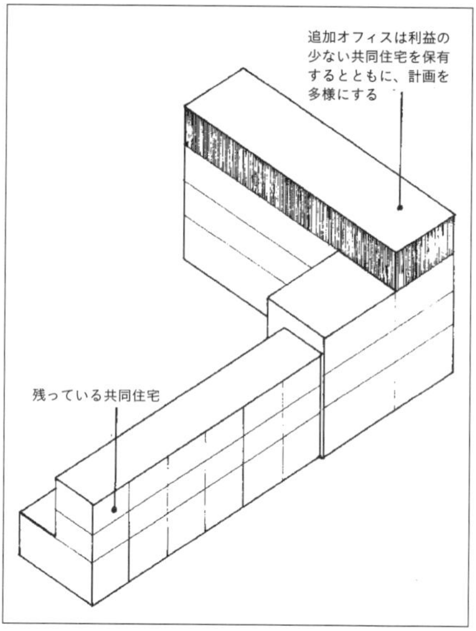
追加オフィスは利益の
少ない共同住宅を保有
するとともに、計画を
多様にする
残っている共同住宅

よって達成することができる。

実際に、これはおそらく開発業者が関心をなくすほどまでにフラットの区域を減らすことになり多様性は減るだろう。これができるなら、われわれはさまざまなアプローチの採用によって、スキームの比較的利益のない要素を保持できる。敷地の全域での建物の面積を増やすことによって、多くの利益を発生させる。

敷地に多くを置くこと

われわれはフラットを保つのに、次のように必要なオフィスの追加領域を計算できる。

- オフィスの平米ごとの余剰利益＝£365.9
- スキームを実現可能にさせる必要な余剰利益＝£128,903
- したがって、オフィスが必要とした余剰面積＝必要があった余剰利益÷オフィスの平米ごとの余剰利益＝128,903÷365.9＝352㎡

これは上図に描かれるようにスキームの変更を意味する。

これらの追加オフィスのおかげで計画許可がおり、そして首尾よく貸し出しができたら、このアプローチは需要が確立された完全な混合用途を保持することによって多様性を維持する財政上実現可能なスキームをつくり出せる。このように、同じアプローチで、収益性の高い用途の面積を大きくつくることによって収益性の低い用途に補助金を与えるという、いわゆる“プランニングゲイン”をつくり出すために、拡張することができる。

たとえば、われわれが地域コミュニティホールのための需要を見つけたと仮定する。そして資金が運営費用のために生ずるが、賃貸料は支払われないと設定する。したがって、ホールは効果的に機能するが、商品価値は無である。これにもかかわらず、ホールには資金が供給される。それは敷地の収益性の高い用途の面積をさらに増加させたことによる。たとえば、ホールに資金を供給するために必要なオフィスの追加面積を次の通り計算できる。

ホールのためのスキームの追加費用(建設コスト、手数料および短期ファンドのコストを含む)が£150,000であると仮定しよう。さらに、ホールが1軒の店舗および1棟のフラットによって占められるスペースを先にとると仮定しよう。するとその結果、1軒の店舗および1棟のフラットによって、供与されてきた利益をホールがさらに減少させる。この失った利益は、次の通り計算される。

各店舗は次の利益を供与する。

・ゾーンA：36(㎡)×2,189.4(£／㎡)
　＝£78,818
・ゾーンB：36(㎡)×939.4(£／㎡)
　＝£33,818
・ゾーンC：36(㎡)×314.4(£／㎡)
　＝£11,318
・したがって、1軒の店舗のための総利益供与度
　＝£78,818＋£33,818＋£11,318
　＝£123,954

各フラットは、次の利益を供与する。

・60(㎡)×185.2(£／㎡)
　＝£11,112

したがって、コミュニティホールを含むことによってスキームに引き起こされる全体の経済的な損失は店舗(£123,954)および共同住宅(£11,112)からの利益の損失とホールの総費用自体(£150,000)である。

この総額は、£285,066となる。したがって、スキームを実現可能にさせるため、われわれは£285,066の追加利益を発生させるために、十分なオフィスを追加しなければならない。ここでオフィスの必要な面積は、次の通り計算できる。

・オフィスの平米ごとに発生する余剰利益
　＝£365.9
・オフィスの追加面積は、£285,066の利益を発生させる必要があるので、
　＝285,066÷365.9＝779㎡

実現可能なスキームを上図に示す。

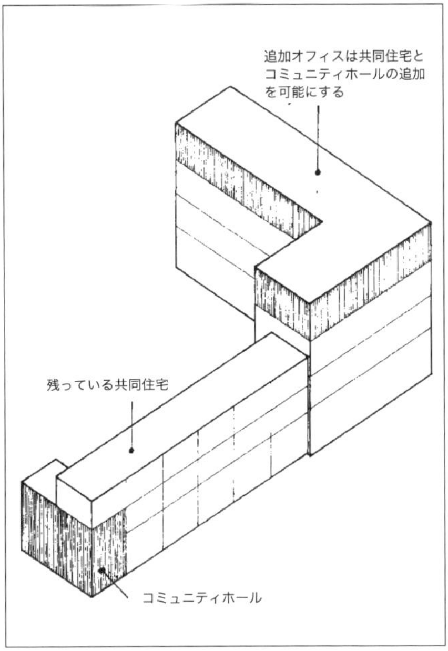

しかし数字で十分な利益を示せるようにスキームを調節することは、そのままではスキームが開発業者に魅力的であることを意味しない。たとえば、われわれが地方の建築業者か開発業者によって資金を供給されることを予想するスキームでコミュニティホールを見つけたなら、われわれはこれが受諾可能な開発業者であるかどうか、そしてそこが起こすかもしれない管理問題を首尾よく克服できるかどうかを確認しなければならない。したがって、多様性を実現可能にするため、われわれは計画の3つの異なる側面に絶えず注目する必要がある。

・物理的デザイン(だれの多様性を最大にすることをわれわれが試みているか)。
・財務の貸借対照表(その計画が開発される可能性を示しているか)。
・開発業者が持っている管理条件。

実質の多様性を達成するため、3つの面はすべて一体的に開発されなければならない。

社会住宅の事例

社会住宅(低所得者向けなど)の供給計画の経済的な考察は、幾分異なっている。ほとんどの国では、そのような計画の財政的な実現可能性の査定は、写し出された賃貸料所得に無関係である。たとえば、イギリスでは計画のレベルの考察は主に開発費におかれている。

イギリスの地方自治体は、今は、一般家族向け住宅についてさえ、土地を購入することは稀である。同様に、スペシャル・ニーズ・グループの広く多様な居住施設は、ハウジング・アソシエーション(住宅協会、政府機関に登録されている)により、供給されている。ハウジング・アソシエーションは、地方自治体または中央政府機関であるハウジング・コーポレーションによって資金を供給されるのが一般的である[注14]。

地方自治体自体は、スキームのための推定費用と計画された価値に基づいて、スキームの費用と価値の比較を示すように要求される。しかし、多数の計画はまだ価値以上の費用で進められている。

ハウジング・アソシエーションのすべての計画の提案は、試算した総費用(TICs)のスケールに対して考慮される。スケールは地方によって比重が異なり、そしてつねにインフレを考慮して増額される。TICsは、コストを限定値とするよりも表示値とするようにすべきであり、これは財政当局が、資金の価値の基準がはっきり決められない特殊な開発の試算の難しさを認識して、スケールの大きさを多めにした。柔軟にスキームのコスト基準に同意することを意味している。

TICsは、土地取得コスト、建設コスト、および専門の手数料を含んでいる。建設でのTICのマトリックス[注15]は、費用に階高およびデザインの占有性(しかし床面積ではない)を関係づけている。改修する工事のマトリックスは、住居の広さをコストに関連させている。

財政当局は、地方自治体職員である地域資産査定者が設定した評価内の価格で土地の購入に同意するだけである。スキームの実現可能性をテストするために、事例で後に説明されるように、TICの数字が現実的な取得コストを表すかどうかをみるために建設コストおよび専門家の手数料を推定する必要がある。

【事例】

あるハウジング・アソシエーション(TICの範囲)がロンドン郊外において開発することを考えている。売り手は、敷地の価格として地域資産査定者の評価額£100,000を要求する。この計画は、5人用で2階建ての家族向け住宅6戸と、3階建ての2人用の共同住宅6戸の街区である。

ロンドン郊外の5人用の2階建て住宅のTICは£34,900であり、3階建てのブロックの2人用の共同住宅は、£26,000である。

計画のための建設コストは、外構工事および駐車場を含んで、費用は£235,000と推定される。建築家の手数料は、建設コストの6%、積算士は2%、そして構造技術者は1%である。

全体の政府のファンド(TIC)が利用できる総計:

6×£34,900=£209,400
6×£26,000=£156,000
総計=£365,400

総計は、建設コストを推定し、専門家の手数料を加えた。

建設コスト	£235,000
6%の建築家の手数料	£14,100
2%の積算士の手数料	£4,700
1%の技術者の手数料	£2,350
総計	£256,150

土地の獲得のために利用できる残余(土地および弁護士の手数料):

TIC	£365,400
推定開発費	£256,150
残余	£109,250

したがって、TICの残余は0.5～1%の弁護士の手数料を含めて費用をカバーしているので、計画は財政の予算内で実現可能である。

実際に、売り手がハウジング・アソシエーションの開発のために販売を準備しても、地域の資産査定者の評価は、開発を認めることにはつねに保守的である。そのため、高価な土地がハウジング・アソシエーションの開発に使われることは稀である。けれども、最近では、比較的地価が高い土地でパッケージが組み立てられて商業的な開発だけでなくハウジング・アソシエーションの賃貸住宅(民間および半公共的を含んでいる)という条件を含ませることができるようになってきている。

他のすべてが失敗する時

早晩、解決できる数字にできなければ、根拠としている前提を改める衝動にかられるだろう。スキームに、より高い賃貸料とより低い費用が達成できる、またはコストを上手なデザインで削減できるような環境の水準があることをわれわれ自身に確信させるためである。しかし、非現実的な数字を、ただ直面する事実から避けるために使用することは意味がない。結局、やることすべて失敗に終わってしまう。

つまり、ここでは施設の計画が固まりはじめているので、始めにつくった仮定を確実に点検することが適切である。

- すでになされたデザインの決定に焦点を当てて、不動産業者に対する賃借料をチェックする。スキームの価値は、利率の変化に特に敏感である。ここでのわずかの減少は、多くの余剰価値を発生させる。
- 実現可能性が達成しにくければ、明らかな要因に注目することを除いて、建設コストについてあまり長く考えることは、使用価値がなく、計画は安くしなければならない。積算士は、この段階で計画の促進を積極的に支援することはできない。なぜなら詳しいコスト計算をする物理的デザインについての十分な詳細情報を持っていないからである。
- 最後に、これは取得原価について議論するための段階である。手始めとして、スキームを実現可能にするために、あなたは土地に支払うことができる価格を解決しなければならない。

最大の取得コスト

最初の例に戻り、そして最大の実現可能な取得コストを‘x’と呼ぶ。それから計画のトータルコストは、デザインシート2.5で説明された、次のコストを加えることによって得られる。

取得コスト(われわれの例ではx)

建設コスト(£1,611,360)

手数料(£241,704)

短期ファンドのコストは次の通り計算される。

短期ファンドのコスト＝平均借用料×建設期間×混合の利率(%)÷100

平均借用料＝取得コスト＋(建設コスト÷2)＋(手数料× 2÷3)

＝x＋(£1,611,360÷2)＋(£241,704×2÷3)

＝x＋£805,680＋£161,136

＝x＋£966,816

したがって、短期ファンドのコスト

＝(x＋£966,816)×2×0.1344(複利表から)

＝0.2688x＋£259,880

したがって、総費用

＝x＋£1611,360＋£241,704＋0.2688x＋£259,880

＝1.2688x＋£2112,944

そして、利益(総費用の20%)

＝0.254x＋£422,588

計画の総費用(デザインシート2.4参照)

＝£3,324,000

前例と同じように、外的な補助金は利用できない。したがって実現可能となる計画のため

（価値＋補助金）>または＝（費用＋利益）
したがって、
£3,324,000＋£0＝（1.2688x＋£2,112,944）
＋（0.254x ＋£422,588）
1.5228x＝£788,468
したがって、x＝£517,775（£515,000といえる）。これにより、土地が最初の見積り額£650,000よりも£515,000で得ることができれば、そのとき計画は実現可能である。

デザインプロセスのこの段階までに、できるだけ多くの多様性を発生させるように計画を調整するための実施スケジュールを決めてきた。そして、われわれはさまざまな用途を一緒に用いることによってそれらの間の悪い相互作用を最小にするようにした。

次の章でカバーするデザインの次の段階は、感応する物的形態をつくることに焦点を定める。しかし、デザインの開発のあらゆる段階で可能性をチェックすることが基本である。今後は、物理的デザインと財政的デザインが両立するように進めていくべきである。

第 3 章

わかりやすさ

Legibility

序

ここまで、われわれは「行きやすさ」と多様性をどのようにして実現するかを検討してきた。人は、もし場所のレイアウトを把握し、何がそこで起こっているかを理解できるなら、その場所の性質が提供する「そこを選択すること」の利点を活用することができる。

この利点を生かす「Legibility(わかりやすさ)」——場所を理解しやすくするための性質——は、次に調べるテーマである。

1「わかりやすさ」の基準

わかりやすさは2つの基準で捉えることが重要である。①物理的な形と②活動パターンである。場所はどちらかの基準と切り離して、一方だけの基準を読むことができる。たとえば、場所の物理的な形だけを、ただ芸術的な基準だけを重視して開発することはできる。同様に、活動を示す用途のパターンは、形と関係づけることなしに把握されることもある。しかし、場所のポテンシャルを最大限に活用するためには物理的な形と用途のパターンがお互いに補完されなければならない[注1]。これは特に場所を素早く把握する必要のある外部の人にとって重要である。

2 なぜ、「わかりやすさ」が問題か?

近代の環境の中で、形と用途はわかりにくくなっている。これは、伝統的都市と近代的な都市を比較すると簡単にわかることである。

3「わかりやすさ」と伝統的都市

20世紀以前は都市はわかりやすく機能していた。重要に見える場所は本当に重要であり、公共的な場所は簡単に見分けられた。これはオープンスペースと建物にも同様に当てはまった。

最大のオープンスペースはもっとも重要な公共施設と結びついていた。

他のものから目立つ建物は最大の公共物であった

プライバシーとセキュリティが確保されるなら、
通行人は多くの建物で内部の活動を見ることができた

4 近代都市

近代都市は「建物は嘘をつかない」という意

味でのみわかりやすい。すなわち、年金基金や保険会社が所有するオフィス街区が、主要な都心としての地位を占有し、大手金融機関の力を誇示しているという点ではわかりやすい。しかし、多くの人々の利用に関係ない官僚的な領域が本来注目されるべき場所や施設を視覚的に圧倒していて、人々の活動パターンを混乱させている。

この混乱は、重要な公共建物と注目される必要のない私的な建物とが似ていることから、ますます悪化している。

現在、重要な公共建物と公共でない建物が
似ているために混乱が起こっている

5 車と歩行者の分離

第１章で注目した「車道と歩道を分離したい」という願望は、都心も郊外も歩行者にその地域をわかりにくくしている。

郊外では、歩行者は無愛想なフェンスとプライバシー保護のための遮蔽物の間という住宅の私的空間の裏で、混乱して憂鬱にさせられている。このような場所は覚えにくいので、把握することが難しい。

都心では、歩行者は、車道の間の隙間を通って、
むさくるしく、よそよそしく、細く曲がりくねった通路を、
ときには地下道を進むことを余儀なくされる

6「わかりやすさ」を実現する

「わかりやすさ」は、絶え間なくむしばまれている。したがって、わかりやすさを求めることは、物理的なレイアウトと用途のパターンの両方のデザインに影響する重要な課題である。実際には「レイアウト（行きやすさ）」を考えることから始めるのがもっともやりやすい。この章では後で「活動（多様性）」へ戻ることにする。

7 わかりやすい物理的なレイアウト

わかりやすいレイアウトのポイントは、明確で正確なイメージを形づくることである。イメージを形づくるのは、デザイナーではなく利用者であることに留意すべきである。デザイナーは、物理的なレイアウトを編集するだけである。多くの調査者がこのイメージの内容を、面接手法などを用い、場所の方向を尋ね、下の図のように人々の記憶による地図を描かせ、調査してきた。

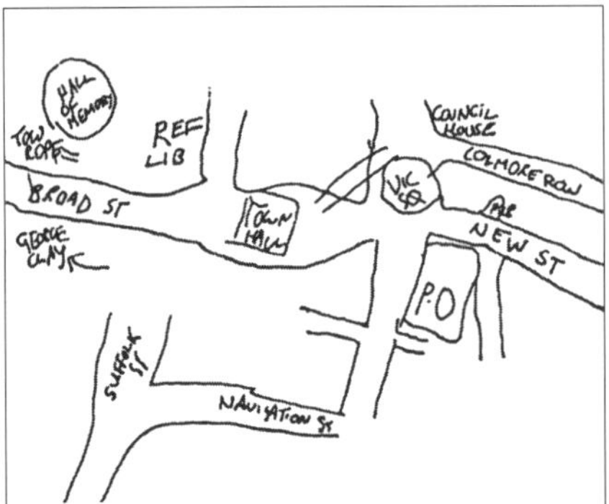

バーミンガム、イギリス

8 イメージの重なり合い

これらのデータ分析は、環境が与えるさまざまな人々のイメージの重なり合いを明らかにし、共有されるイメージが地図上に描かれる。たとえば、だれもが知っているボストンは下図に示される[注2]。

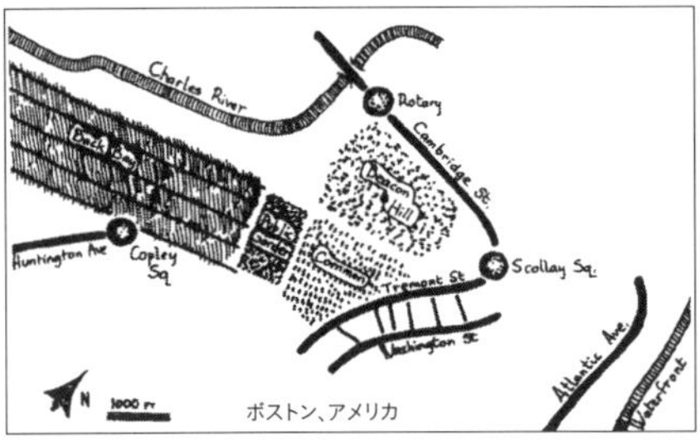

ボストン、アメリカ

9 キーとしての物理的空間要素

ある種の物理的特性はこれらの共有されたイメージにおいて重要な役割を演ずる。1960年代におけるこの課題の研究の先駆者であるアメリカの都市計画家ケヴィン・リンチは、これらの特性を下に描いたように5つの主要要素に分類した。Paths, Nodes, Edges, Districts, そしてLandmarksである[注3]。

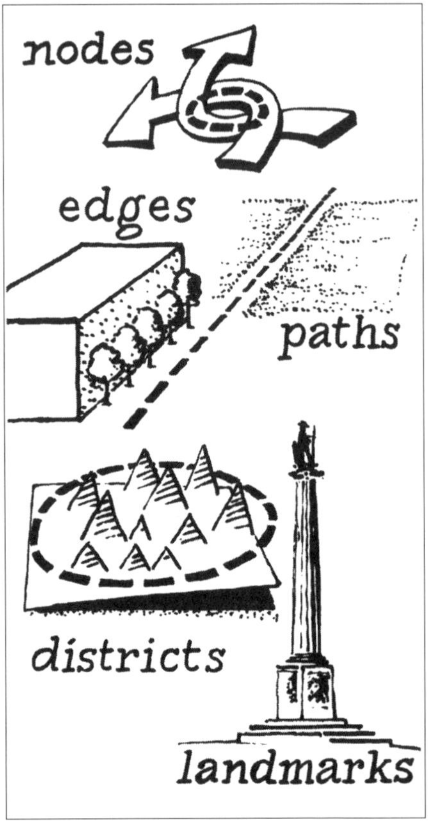

10 Paths パス

パスは、これらの要素のもっとも重要なものの1つである。それらは、路地、通り、幹線道路、鉄道などであり、移動の経路である。そして多くの人々は、それらを都市のイメージのもっとも重要な空間要素として考える。

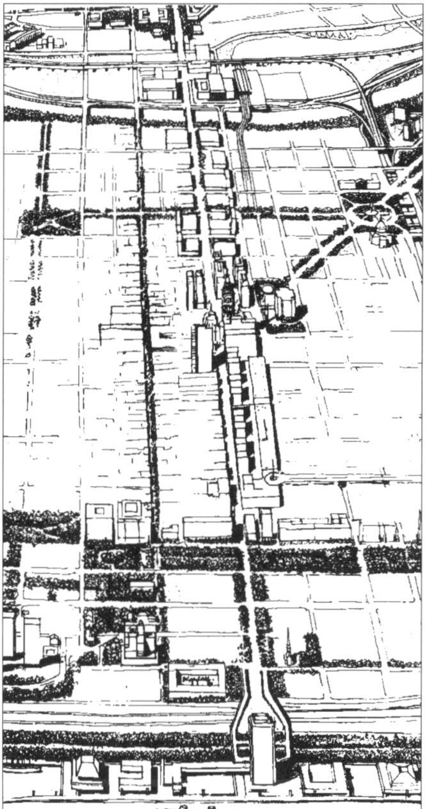

フィラデルフィア、アメリカ

11 Nodes ノード

ノードは、道の交差点のような中心的な場所である。たとえば、ロータリーから市場の広場まで含まれる。

ノード　ケンブリッジサーカス、ロンドン（上）、
イギリス：クリークサンク（下）

12 Landmark ランドマーク

そこに入ることができるノードとは対照的に、ランドマークは多くの人に外側から把握される点的な表示である。

ボストン、マサチューセッツ、アメリカ

13 Edges エッジ

エッジはパスのように使うことができないもの、あるいはパスの性格が曖昧である地点から見える線的な空間要素である。

ラルフ・アースキンのバイカーの壁は、最初のタイプの例である。さらに2つ目のタイプは、川、鉄道橋そして高架高速道路などの要素が含まれる。

バイカー、ニューカッスル、イギリス

14 Districts ディストリクト

パス、ノード、ランドマーク、エッジは、都市のイメージの骨格を構成する。そして、あまり強く区別されなかった地域の構造を肉づけする。この地域をディストリクトと呼ぶ。

骨格と肉づけの区別は、次頁に示すパリの18世紀の印刷物で強烈に伝わってくる。その肉づけ自体は、ディストリクトで構成される。(ディストリクトはある特定の同一な性格を持つと認識できる都市の中規模〜大規模な地域)ボストン地区のディストリクトの複合居住地の地図を下に示す[注4]。

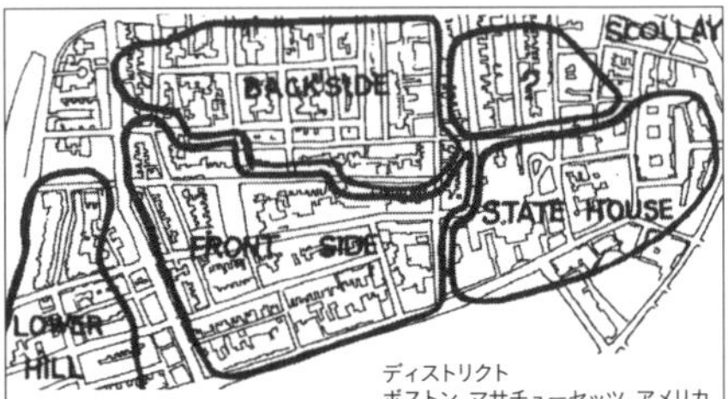

ディストリクト
ボストン、マサチューセッツ、アメリカ

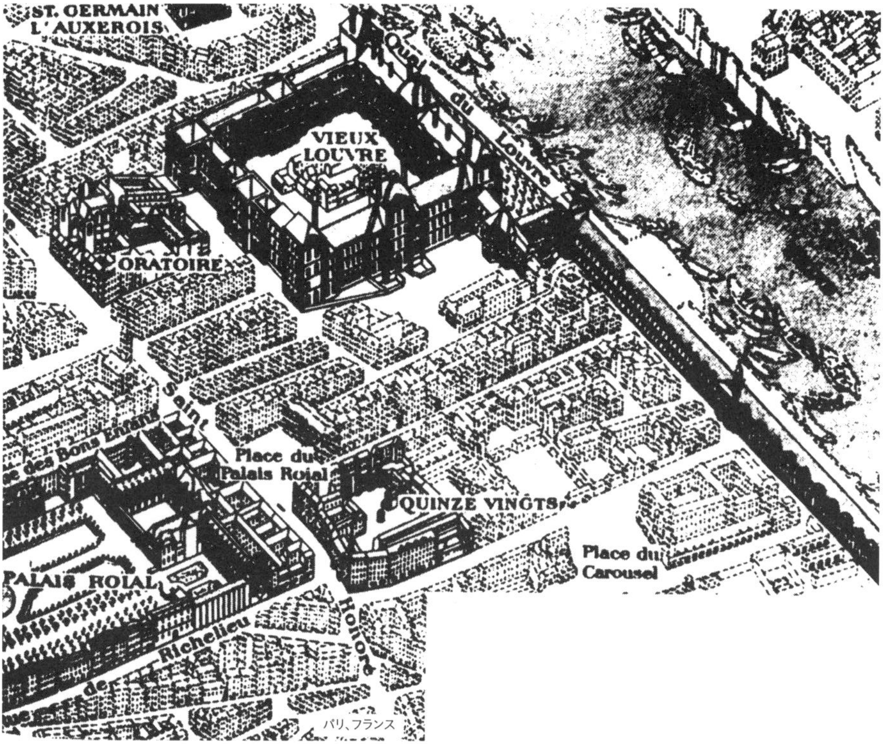

パリ、フランス

15 さまざまなスケールになる空間要素

各々のディストリクトは、全体として都市の「わかりやすさ」の役割を果たすだけでなく、内部にもわかりやすいことが必要である。より小さいスケールでも、ディストリクト自体が小さななパスやノード、エッジ、ランドマークを含むものである。したがって、これらのコンセプトは、全体として都市のイメージに寄与するかどうかわからないほどの小さな敷地にさえ、関連している。

16 空間要素の使い方

第一に、空間要素自体は固定した形というよりも抽象的な概念であるけれども、「わかりやすさ」が重要であることに気づいているデザイナーが、わかりやすい新しいレイアウトのモデルとして使う価値のある物理的な形に注目することに役立つ。

第二に、これら空間要素の用語を使って考えることは、デザイナーが計画の周辺の既存地域の中で、現実と将来の可能性の主要イメージを形成する特性を分析するのに役立つ。調査は、これらのコンセプトに精通することによって、利用者の主要なイメージを形成する場所の特徴を、正確に予測できるようになることを示している[注5]。デザインシート3.1では、これが実際どのように行われるのかを調査する。

このような分析は、デザイナーが広範な大衆を調査に参加させることができた場合に、いっそう有効である。そのための方法は、デザインシート3.2で述べる。

17 新しい要素と既存要素の結合

デザインの最初の段階は、その敷地と周辺地域において既存の空間要素に新しいデザインを結びつけることによって、その新しいデザインが形成する地域がさらにわかりやすくなるように計画を発展させることである。既存の空間要素は移動させることができないので、デザイン開発にとっては、固定したものと見なさなければならない。既存のパスやノード、エッジ、ランドマークの意味するものは、デザインシート3.3に記述する。また既存地域の意味は、シート3.4と3.5で議論する。

スキームを重視すべき既存の空間要素と結びつけることができたら、次に、われわれはプロジェクト内部の新しい空間要素に注目することになる。パスから考えはじめることが賢明である。今まで見てきたように、それらは人々の場所のイメージでもっとも重要な特徴となることが多い。そしてどんな場合にも、デザイン開発の出発点は、第1章で考えた「行きやすい」パスシステムである。

18 パスの強化

パスをわかりやすくすることにより達成するべき2つの目的がある。

1 各パスにユーザーが容易に見分けられるような強い特徴を与えること。

2 デザインシート1.2で決めたように、各パスに相対的に重要な機能を持たせること。

これらの目的のデザインの意図はデザインシート3.6で述べる。

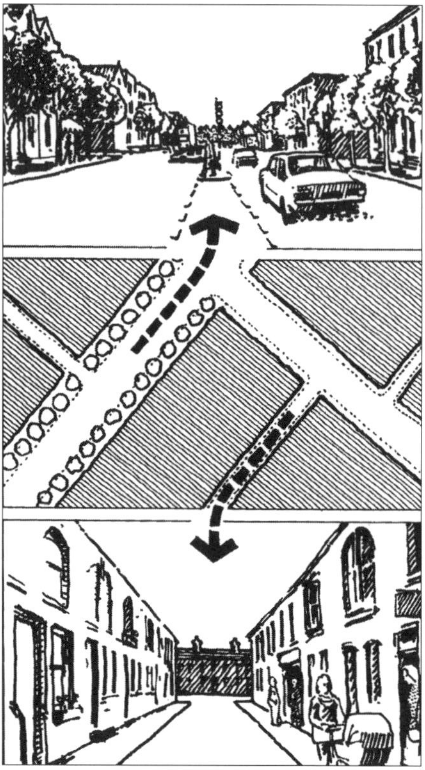

19 ノードの強化

この段階までに、すべてのノードの位置は固定される。次の段階は、どのくらいまで各々のわかりやすさを強化すべきかを決めることである。これは2つの要素によって決まる。

1 つながっている通りの機能的役割。デザインシート1.3で述べている。

2 隣接した建物での活動の公共性への関わりのレベル。

双方の要素のデザイン意図は、デザインシ

ート3.7で述べる。

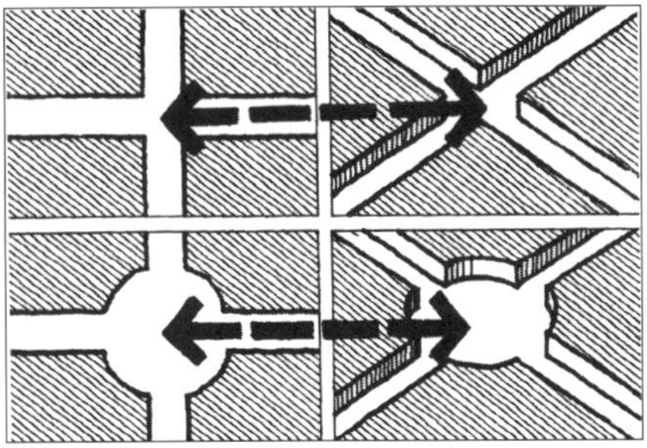

20 マーカー(目印)の連続性

ここまでに、パスは幅と囲みの違いによって互いにすでに区別されており、そしてノードは、パスシステムの範囲でマーカーとして強化されている。しかし、ときにはそのパスに沿ってそれぞれの位置を利用者に気づかせ、自分がどこにいるのかという感覚を与えるために、補足的な中間点のマーカーが必要とされる。計画のわかりやすさを強化するための最終的な空間要素はデザインシート3.8で述べる。

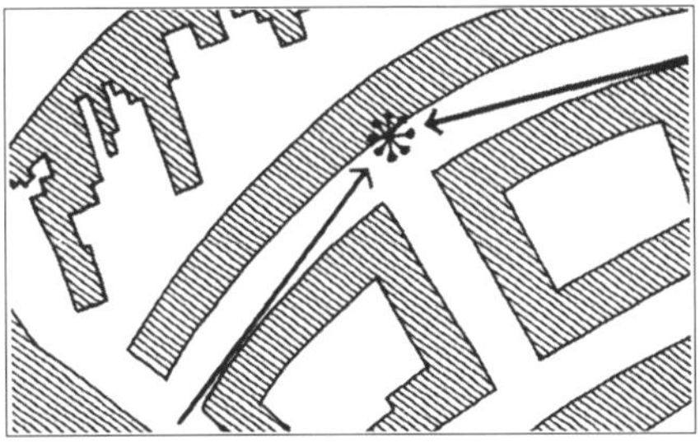

デザインの意図

「わかりやすさ」をどのようにして実現するか

1 **「わかりやすさ」を発展させるための出発点として、第1章と2章から、通りと街区のレイアウト、そして調整したスケジュールを取り上げる。**

2 **敷地とその周辺の既存の状態での「わかりやすさ」を評価する。**[→デザインシート3.1]

3 **幅広い公共的景観に対する(財源が許す限りの)「わかりやすさ」の評価をチェックする。**[→デザインシート3.2]

4 **敷地とその周辺の既存の空間要素を「わかりやすさ」のためにもっともうまく使えるように、プロジェクト内の通りと街区のレイアウトを調整する。**[→デザインシート3.3]

5 **計画の中のディストリクトの評価とそれに続くデザインの意図。**[→デザインシート3.4]

6 **プロジェクトのディストリクトが強いパスのテーマを持つ場合、新しいデザインのために、建物の高さと通りの幅について適切なボキャブラリーを開発する。**[→デザインシート3.5]

7 **パスの囲みが「わかりやすさ」のために十分であるかどうかをチェックする。**[→デザインシート3.6]

8 **スキーム内のノードの「わかりやすさ」を重要性に応じて強化する。**[→デザインシート3.7]

9 **必要な場合、パスシステムの中へ中間的なマーカーを導入する。**[→デザインシート3.8]

3.1 「わかりやすさ」の分析

総合的にはどこもわかりにくいところはない場合には、敷地とその周辺に存在する将来可能性を見つけることから始める。その敷地をわかりやすくしてきた「活動と形」を探すこと、そして、それが平面計画上でどのように使われているかを記録することである。

敷地から見ることのできる近くの地域を、敷地と同じように扱うこと。そうすれば、外から見える敷地のどの部分でも特別の注意を払うことでわかり

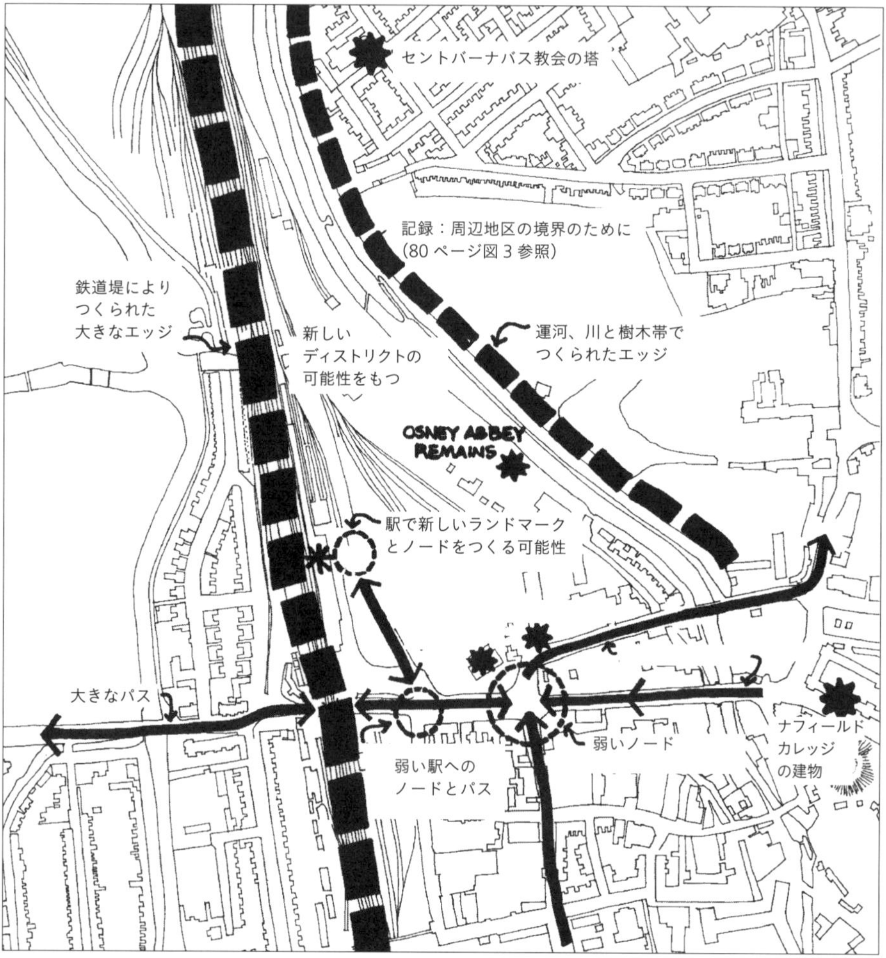

上の図はオックスフォード駅の敷地開発について、「わかりやすさ」を分析する方法を示している。
これは、一人のデザイナーの「実態と将来可能性」の両方について、「わかりやすさ」への考えを記録したものである。
次のステップは、分析の中で記録された空間要素が実際にその使用者にとってわかりやすい場所をつくるかどうか、財源をチェックする。これを行う方法は、デザインシート3.2で述べる

やすくなる。それと同じように、新しいデザインはその周辺のわかりやすさに寄与するように行うべきである。

リンチのチェックリスト：パス、ノード、ランドマーク、エッジとディストリクトは、この分析を進めるのに有効である。これらの分析すべき典型的な空間要素は以下である。

- パス：デザインシート1.3で触れた比較的強い用途を記述した敷地に接するか、またがる経路。
- ノード：パスが出会う場所を記録する。それぞれのパスが比較的重要なところ、建物が集まる公共的な場所。
- ランドマーク：建物と戸外スペースの公共に関係する活動。
- エッジ：用途あるいは視覚的に特徴のある異なるパターンの明確な境界地。
- ディストリクト：用途の異なるパターンの地域。視覚的な特徴が異なる地域を示し、そしてその違いをつくっているのは、建物の形、材料そしてディテールなどのうちの何かを判断する。

このリストを拘束衣にしてはいけない。また、要素の各タイプをすべての地域がもっていると推定することはよくない。

3.2 わかりやすさと利用者

財政が許す範囲で、広い公共的な観点に立った敷地の「わかりやすさ」についてのあなたの評価をチェックすることは重要である。どのようにチェックするか。

1 誰を調べるか

調査を有益なものにするためにはインタビューする人を慎重に選ぶべきである。

- 敷地とその周辺環境をいつも使う人を選ぶ。必要なことは細かい情報である。ここでは街全体への一般的視点はなるべく使わないで、その敷地に固有の情報を集めること。
- できる限り広い範囲の敷地の使用者にアプローチする。性別、年齢のバランスを考えて。
- 方法がどうあろうと、20〜30人は調査すること。

2 何を調査するか

調査の目的は、敷地の「わかりやすさ」について、デザインシート3.1のように、あなたの考えを検証し、修正することである。検証されたすべての考えについて、問題点と可能性を聞き取りから始めて、デザインシート3.1に回答を落とし込む。どの調査テクニックが必要な情報を十分に引き出すかを考えること。

3 地域の教育資源

心理地図作成の作業は、いまや第二の環境教育として一般的になっている。これは地域の学校や大学など、地域ですでに機能しており、そしてその敷地について細かい意見があることがわかるであろう。もしわからなければ、この作業は、これらのはたらきがそのカリキュラムに適合するかどうかを模索することになる。これはおそらくあなたが個人的に行うよりも正確な適用範囲を与えてくれるだろう。

4 地域の働く場所、コーヒーとパブ

休憩中に、あなたが人々に協力をお願いする。これは、人々に地図を描いてもらうもっともよい方法である。人々にとって重要な近隣の特徴を示す基準シートを提供するのに有効である。あなたは完全な回想を追うのではなく、正確さが答えでないことを強調すべきである。人々が地域をどのように見たのか、見ていないのか、最終的にできたものは下に示した例のようなものになるだろう。20から30の地図を集める狙いは、たびたび話に出た特徴や重なった境界線をまとめるためである。

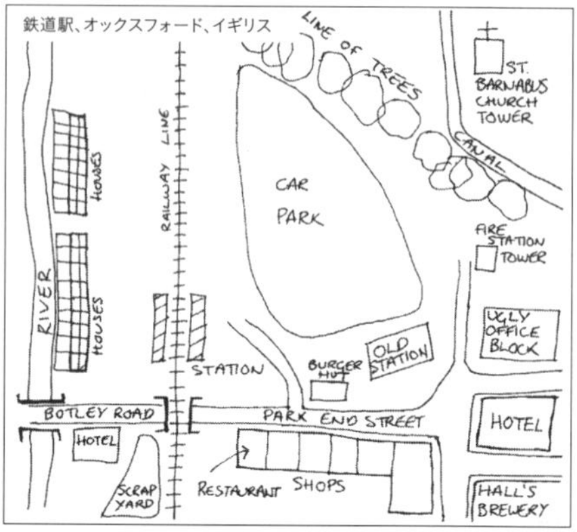

鉄道駅、オックスフォード、イギリス

5 戸口インタビュー

地域の居住者の考えを打診するのに有効である。質問を掲載した地図よりも、特に「あなたは、その建物が建ったときのことを覚えていますか」と、写真を用いて議論を刺激することがさらによい。あなたが敷地についての仮定を満足させるために会話をリードしても、答えをリードしないように注意すること。人々はその立場では専門家であることを忘れないように。

6 街角

会話を刺激するために、1〜2枚の写真で場所について質問をする。10人の中から1人以上の答えが得られるなら幸運である。ある状況では、これは通常の敷地利用者に接する唯一の方法になるだろう。しかし、警官は人々に公開のインタビューを行うのをうさんくさく思っていることを覚えておくこと。もし街角アプローチを使おうとするなら、その地域の警察署にあらかじめあなたが行うことを話しておくと、気まずさが抑えられるかもしれない。いずれにせよ警官はしばしば有効な情報を埋もれさせている。

この段階までに、敷地の「わかりやすさ」に関して、その可能性と問題点についてはっきりとした考えを持つべきである。デザインシートはあなたのデザインをさらに詳細に発展させるために、この情報の使い方を示している。

3.3 新と旧の空間要素の結合

2つの図は、敷地の既存の空間要素、またはそれから見えるわかりやすさの可能性に焦点を当てている。今は、第1章と2章でつくり出した試験的なレイアウトを開発した際の情報を使い、地域のわかりやすさに寄与する「わかりやすいスキーム」をつくる。

「わかりやすさ」は、その空間要素自体のデザインよりも、空間要素間の関係によっている。わかりやすさの分析の中で、既存の空間要素の形と位置は固定している。そこで、できるだけ「新しいスキームのレイアウトをつなぐことによって場所のわかりやすさを発展させること」が唯一の方法である。

最初のステップは、このわかりやすい関係を実現するために、2つの章で開発した通り、街区そして用途について試験的なレイアウトを採用することであり、デザインシート3.1でのわかりやすさの分析と重ね合わせる。

実用的な街区の大きさと形(デザインシート1.4で開発)を失うことなく、すでにある空間要素間にもっともわかりやすい関係をつくりあげるために、通り／街区の位置とその用途の調整を行う。この段階では、もっともわかりやすい方法で、計画の全体的な骨組みの把握に集中することが大切である。個々のスキームのデザインについて悩むことはない。

次に記すように既存の要素により機能する。

1 既存のパスとノード

街区のエッジによってすべてが区切られているかどうかを確認する。

2 既存のランドマーク

ランドマークの建物に公共的な用途を配置する。そして積極的に利用されるように通りに接して配置する。多様なアプローチが可能である。

- 通りに向ける。
- いくつかの通りの中心となるようにランドマークを用い、それらに接して新しいノードを配置する。
- 中間の目印として通りの中に含み込む。

これらのアイデアは以下の図で説明する。

3 既存のエッジとディストリクト

これらはまだ考えるべきでない。この実施はこの段階でははっきりさせるには詳細すぎる。直線的な障害物の場合には、それらは望むか否かにかかわらずデザインへ強要することになろう。

このプロセスによる作業の際に、計画のレイアウトは、敷地の中と周りで、既存の空間要素のわかりやすさの可能性をもっともうまく使用するように調整されてきた。次のステップは新しい空間要素のわかりやすさを発展させることである。これは次のデザインシートで議論される。

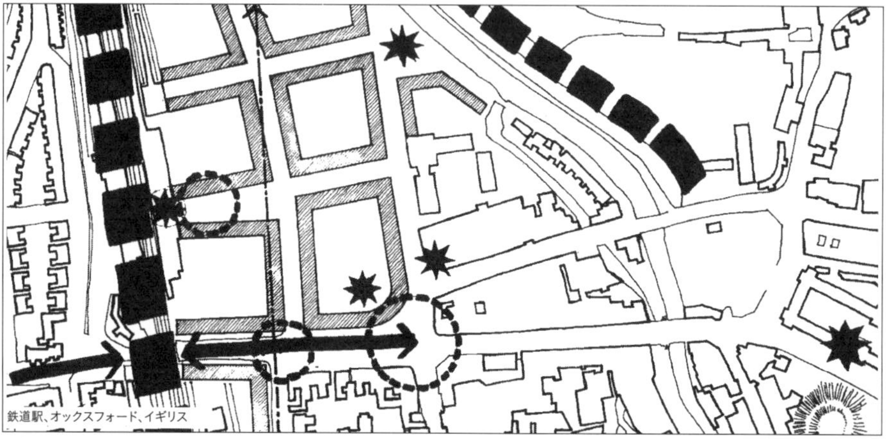

1.新旧エレメントの結合前のレイアウト

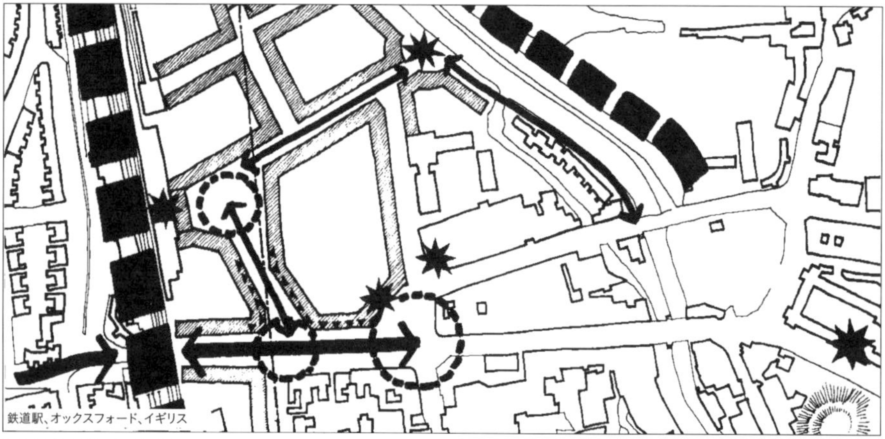

2.新旧結合後のレイアウト

3.4
ディストリクトの配置

デザインシート3.1と3.2は、敷地と環境のわかりやすさの可能性がディストリクトに組み込まれた地域内にあるかどうかを記録している。この分析は、次の段階で行わねばならない。

始めに、まだ明白でないなら、敷地がどのディストリクトに属しているかを決めることに続いて、新しいスキームのデザインのために設定しているディストリクトの意味を調査すべきである。

計画はどのディストリクトに属しているか

これははっきりとしているかもしれない(図1)。しかし、敷地は地区の境目にあるかもしれない。他とつながる可能性もある(図2)。あるいは大きな敷地は新しいディストリクトと見なされるかもしれない(図3)。

もし、計画のディストリクトへの所属がはっきりとしないならば、以下のことを考慮すべきである。

- ディストリクトの性格は用途のパターンによることが多い。その計画が関係するディストリクトはどれか？　スキームの中の用途はあるディストリクトを他の用途よりも統合しやすくしているか。
- ディストリクトの性格は典型的な建築用語——高さ、正面、材料、詳細その他の繰り返しによることが多い。あるディストリクトが他のものよりも容易に適合するデザインの決定ができないか。
- 多様な可能性のあるディストリクトも経済的には違っているかもしれない。あるものは下り坂になり、他のものは停滞あるいは上昇する。これは、デザインシート2.1で調べた用途の多様性を惹きつけるために、どのディストリクトを計画の一部と見るべきかを意味している。

1
レディング、イギリス

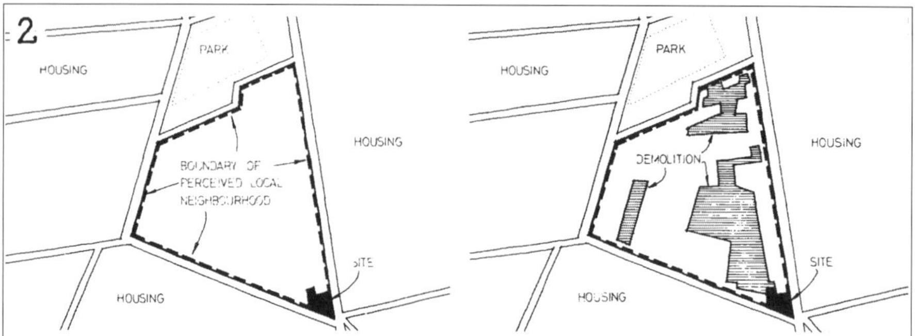

ディストリクトＡの敷地の一部（左）ではあるが、取り壊しは地区のイメージを根本的に変える（右）

ハル、イングランド

適切なデザインで敷地はディストリクトＢの一部になる。

計画を含めるディストリクトを決めたなら、次のステップは、その計画がデザインによって関連づけられて、マス（量感）のデザイン、通りのレイアウト、そして公共スペースの囲みを意味しているかどうか判断することである。これはこれらの空間要素がディストリクトの性格にとって重要かどうかに関わっている。デザインシート3.5はそれに対しての議論を示している。必要なければ、3.6に進むこと。

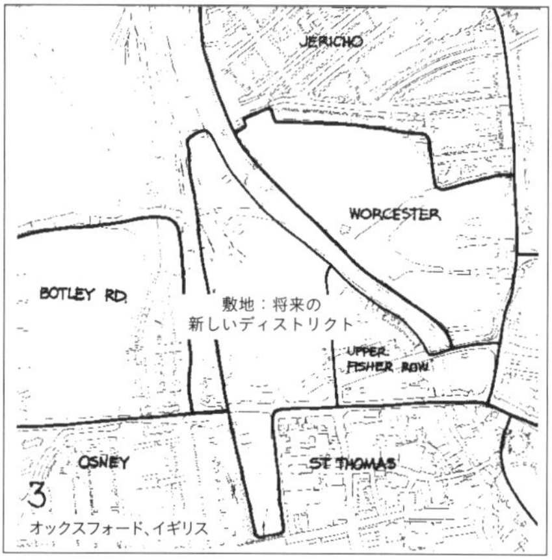

オックスフォード、イギリス

3.5
強いパスの課題を持つディストリクト

もし、通りとそれに面する建物のマスによる囲み空間がディストリクトの個性にとって重要ならば、それをもっと詳細に調査すべきである。計画内のディストリクトとその隣接地の空間要素を分析すること。ディストリクトの面積、および平面図と立面図の囲みを記録すること。この作業の目的は計画自身のディストリクトとしての典型地区の広がりの範囲に戻って、隣接地との違いをはっきりとさせること——このディストリクトと他のディストリクトとの違いを強調することである。

このプロセスは既存のディストリクトの個性を支援する通りの要素の表現手段を示唆している。全体として、都市のわかりやすさの維持と発展は、はっきり特徴を持っているディストリクトによって支えられている。その表現手段は次の項目が1つも当てはまらないならば、新しい計画の中で使うべきである。

- 非常に大きな特徴のある、同質的な性格を持つディストリクトは、都市的な広がりの「わかりやすさ」に寄与する。しかし、その同質性は内部的にはわかりにくい。この場合には、都市的な広がりでの「わかりやすさ」を著しく弱めないようにしながら、新たなデザインでディストリクトのテーマを無視することが、内部的な「わかりやすさ」を増加させるかもしれない。しかし、これはスキームの規模による。ディストリクトのテーマを無視する大きな都市レベルの計画は地区レベルの個性をすべて侵食してしまうかもしれない。
- 同質的なディストリクトの内部に特別な公共的性格があるスキームには、以下の事例のようにディストリクトのテーマを度外視して、もっと積極的にこの公共性を強調することが適切である。
- 最後に、ディストリクトのパスの表現形式は、デザインシート3.6にあるパスの囲みの基準にもとづいてチェックすべきである。これらは、ディストリクトの個性を十分に強調する方法がない場合には過剰になるだけである。そこで、第5章で議論するように、詳細なデザインでこの強調を行うべきかどうかを考慮すべきである。

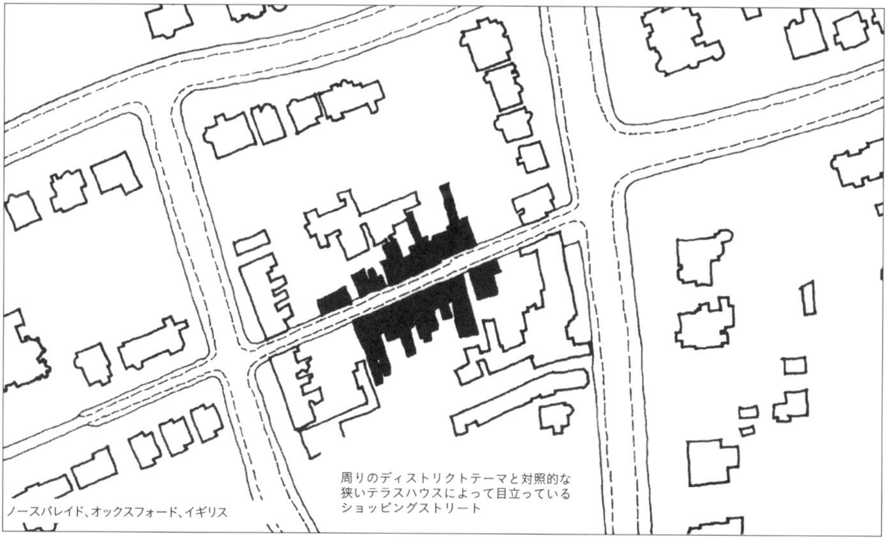
周りのディストリクトテーマと対照的な
狭いテラスハウスによって目立っている
ショッピングストリート

ノースパレイド、オックスフォード、イギリス

通りの断面

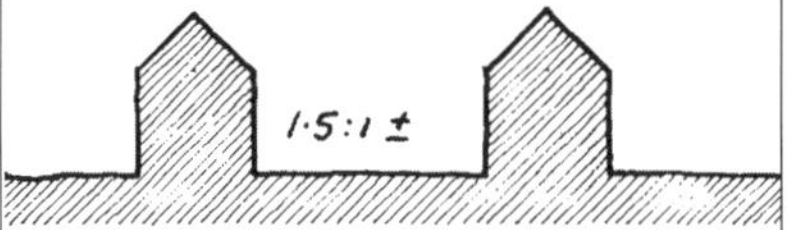

通りはこのディストリクトのものになる。
できるだけ用いる

好ましい断面

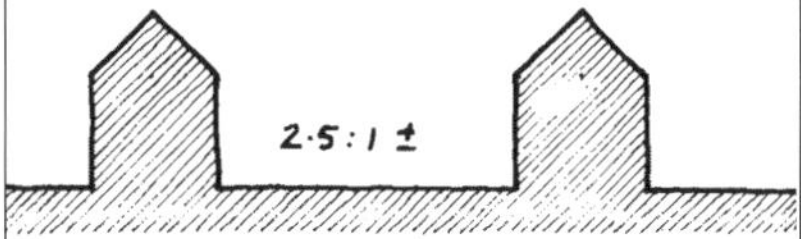

通りは両側のディストリクトに共有される。
できれば使用を避ける

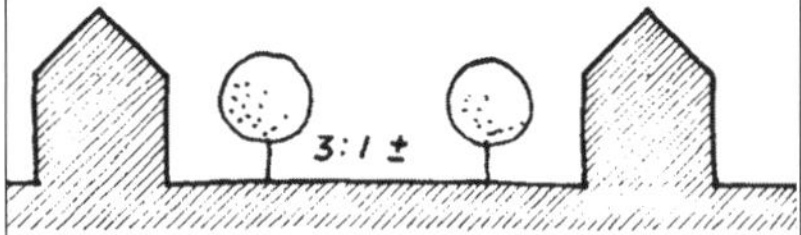

通りは隣りのディストリクトのものになる。
極力使用を避けること

避けたい断面

通りの平面形態

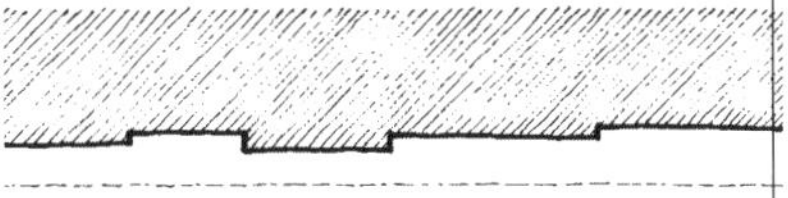

通りはこのディストリクトのものになる。
できるだけ用いる

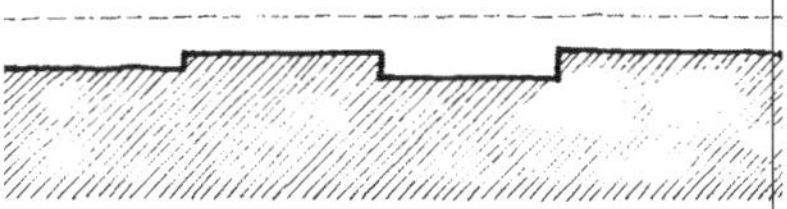

好ましい平面タイプ

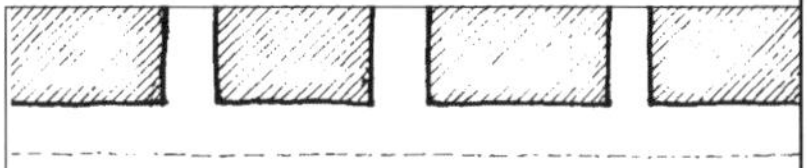

通りは両側のディストリクトに共有される。
できれば使用を避ける

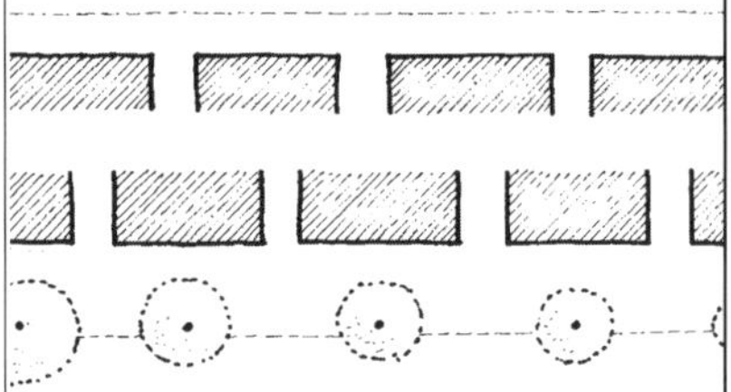

通りは隣りのディストリクトのものになる。
極力使用を避けること

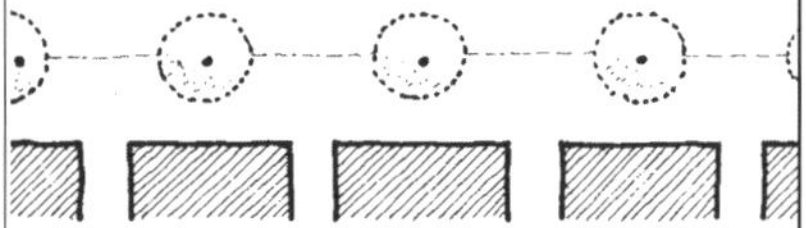

避けるべき平面タイプ

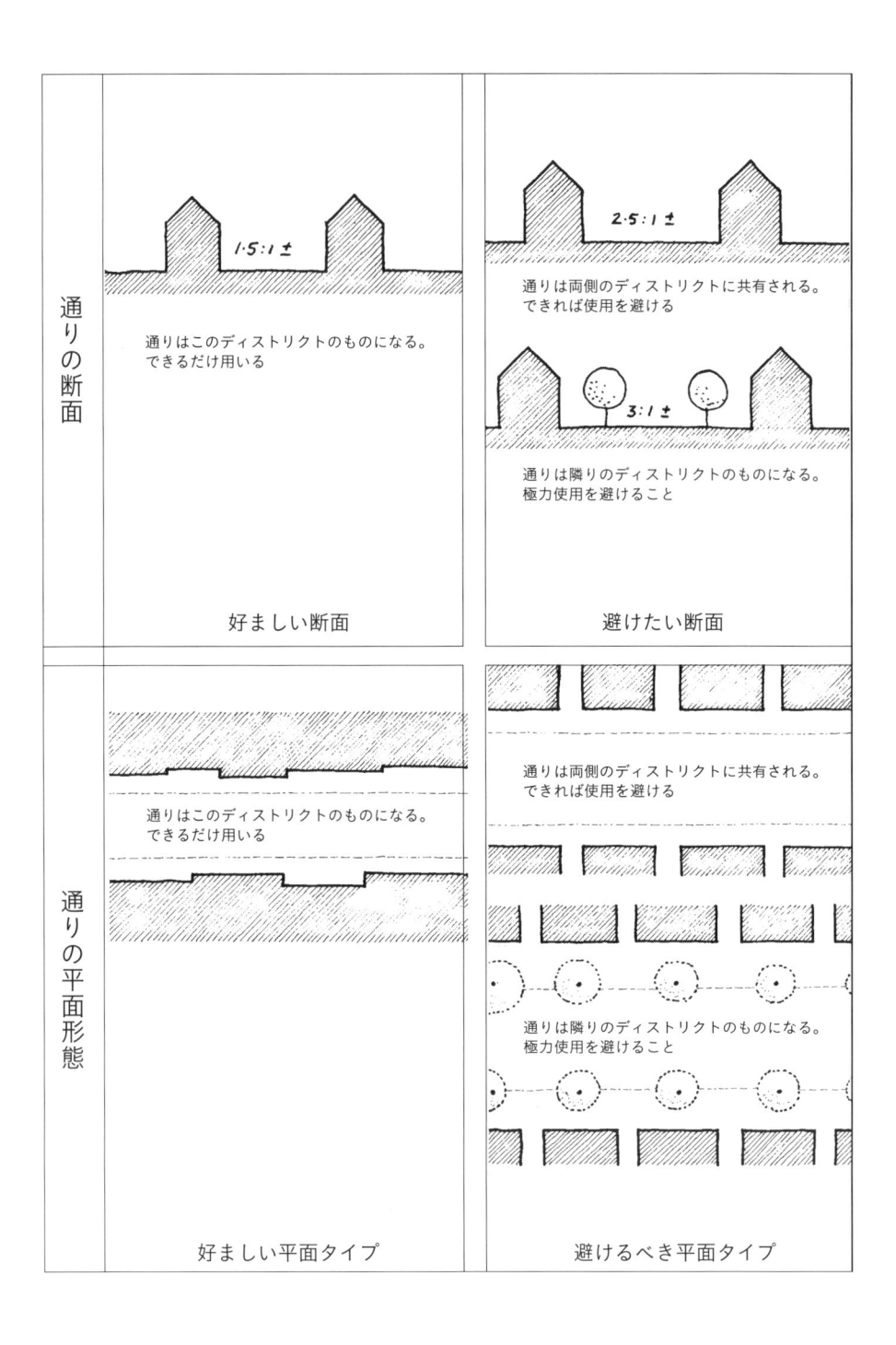

3.6
パスの囲み

パスの囲みのデザインでは、2つの課題がある。

・ユーザーにわかるように各々のパスに強い特性を与えること。

・デザインシート1.3で決めたように、各々のパスに大切な機能をもたらすこと。

パスのわかりやすさは、平面と断面の囲みにより決定的に影響される。高さ：幅の比率は1：3より少ないと囲みは弱くなるので（図1、2）、できるだけ避けるべきである。それが難しいところでは、樹木によって囲みを強めることができる（図3）。

囲みは囲みの要素（図4）の平面図の中の継続性により、そして全体としてはパスの形に影響される（図5、6）。

強い囲みは建物によりたやすく達成できる（図7）。しかし、これは街区のコーナーでは問題を起こす。特に住宅では隣接住戸の窓からの覗き見によってプライバシーが侵される（図8）。これは街区のコー

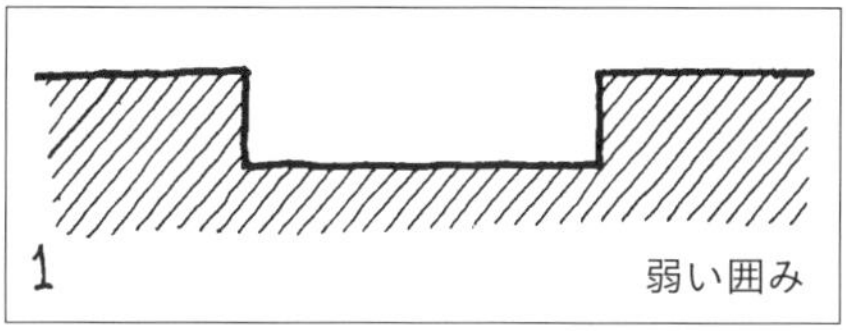

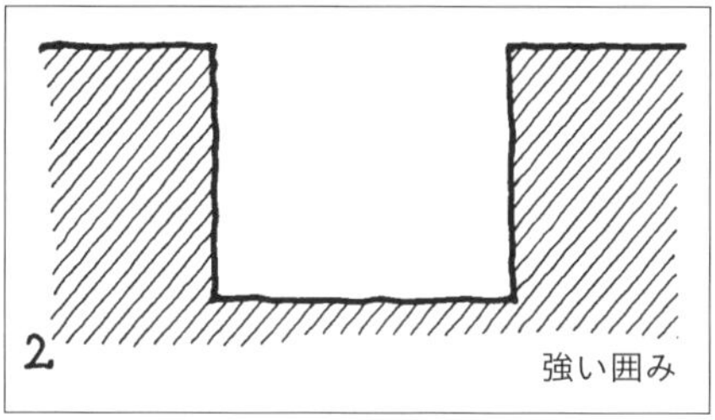

セントジャイルズ、オックスフォード、イギリス

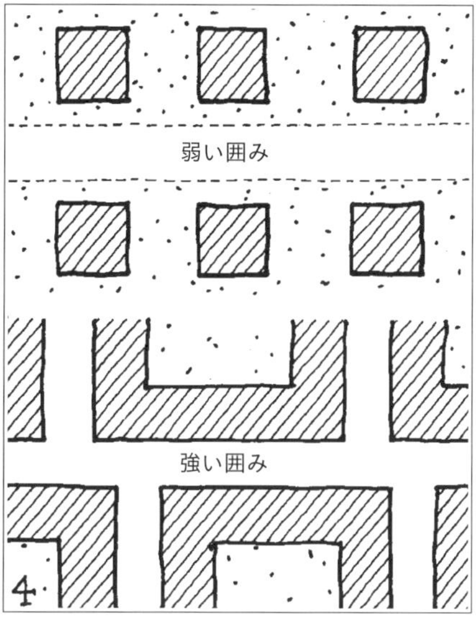

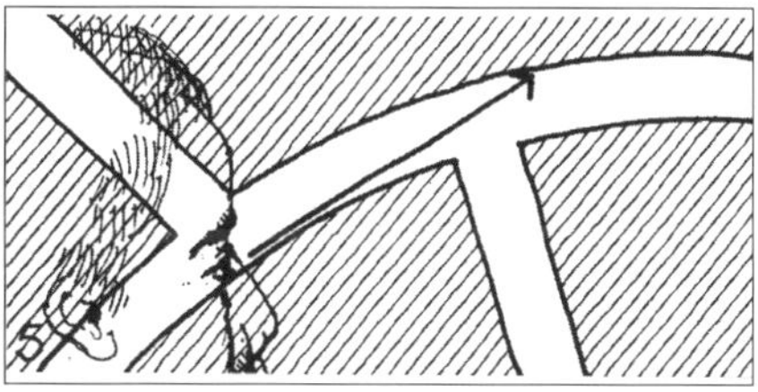

ナーに隙間をとることで、回避できることが多い。

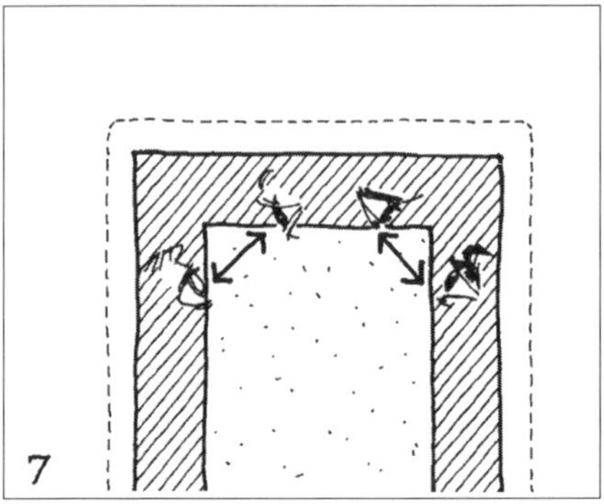

7

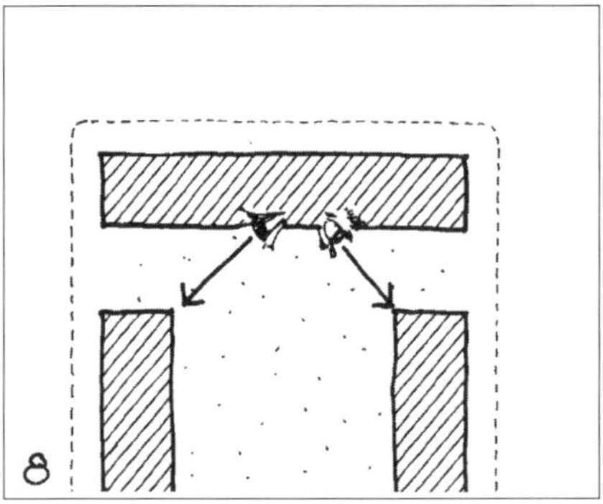

8

小さい街区では大量の隙間ができて、通りの囲みをつくらせなくする（図9）。この隙間は壁、テラス、あるいは樹木によって塞ぐことができる（図10）。しかしこの措置は通りの活動には寄与しない。各通りを類似させて覚えにくくしてしまうからである。L字型のコーナーハウスは、時には覗き見を避けるためにシングルアスペクト（一方向に向けた外観）にすることができる。

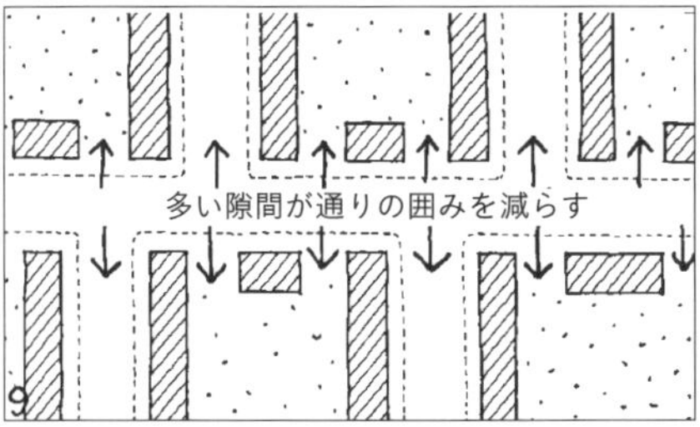

9

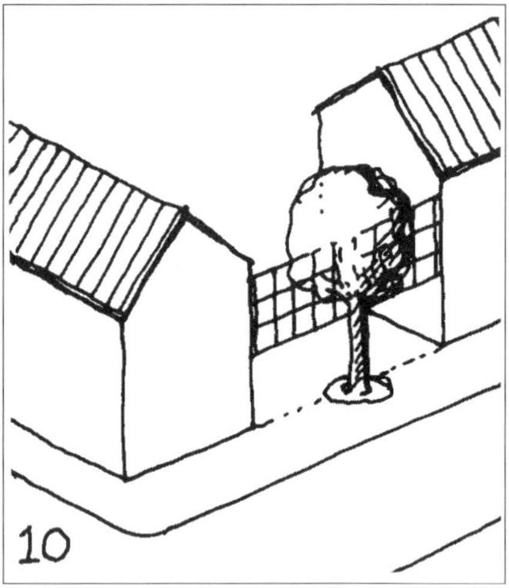

10

コーナーは、シングルアスペクトの共同住宅で囲まれる（図11、12）。隙間がある場所では、隙間の通りには無窓壁の長さを抑えて、コーナーハウスは脇に入口を設ける（図13）。最後のチェックは同じようなパスがないようにすることである。ここでの問題は建築の高さのディテールで救済される（第5章参照）、この救済は各部分で異なった目印をパスに与えることによる（デザインシート3.8）。

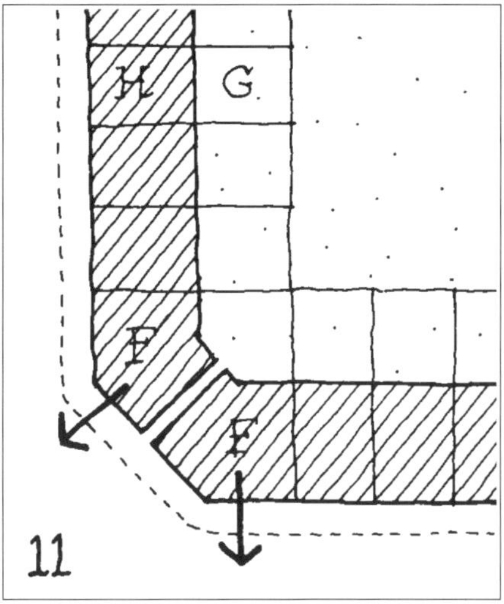

11

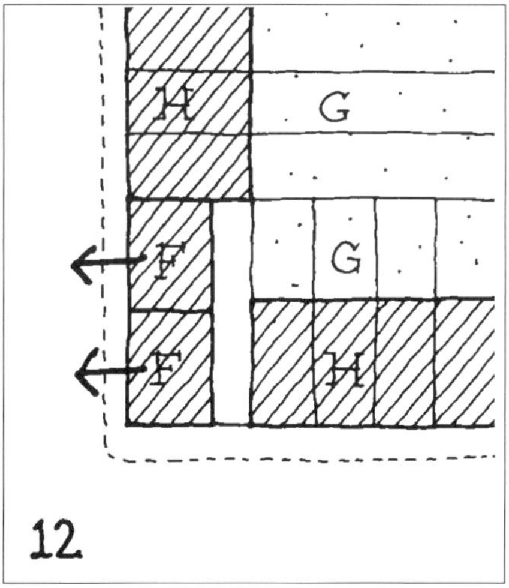

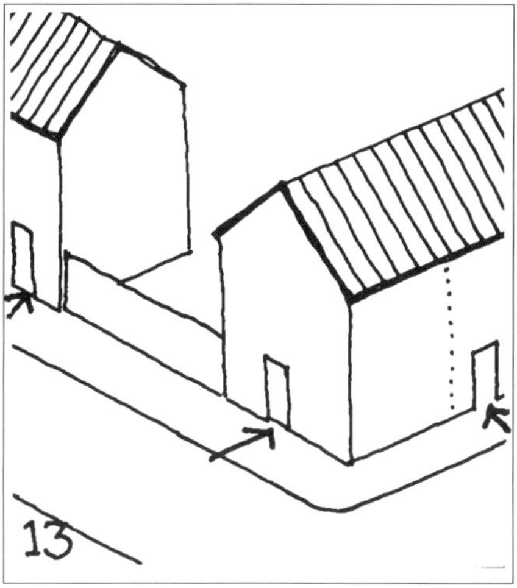

3.7

ノード

この段階までに、すべての交差点の位置と建物の用途は固められてきている。次のステップは交差点が必要とする特別の強化点を決めることと、これを実施する方法を決めることである。

すべての交差点はノードの可能性を持っているが、それらは同じ重要性を与えられているわけではない。各ノードを強調する適切さの程度は、3つの主要な条件によっている。

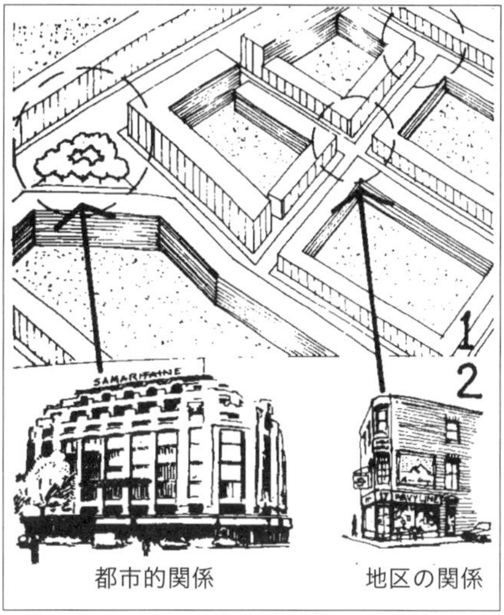

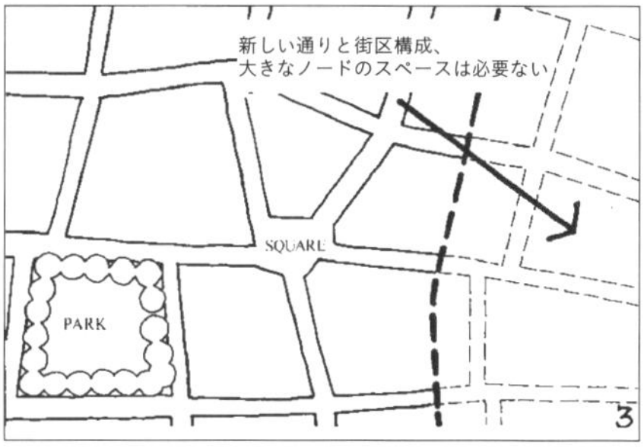

・交差点を形成する通りの機能的な役割(デザインシート1.3)——機能の役割が大切であればそれだけ、用途のわかりやすさと形のわかりやすさの調和を維持するように、空間を強調することが重要になる(図1)。
・接する建物内部の活動——同じ理由で公共性が明らかであるほど、空間を大きく強調することが求められる(図2)。
・関係地区内にある他のノードによって与えられる期待——これらは大きなノードから小さなノードへと表現形式を設定し、その中で利用者に新しいノードが必要と感じられるならば、それを設置する(図3)。

アメリカンホテル、アムステルダム、オランダ

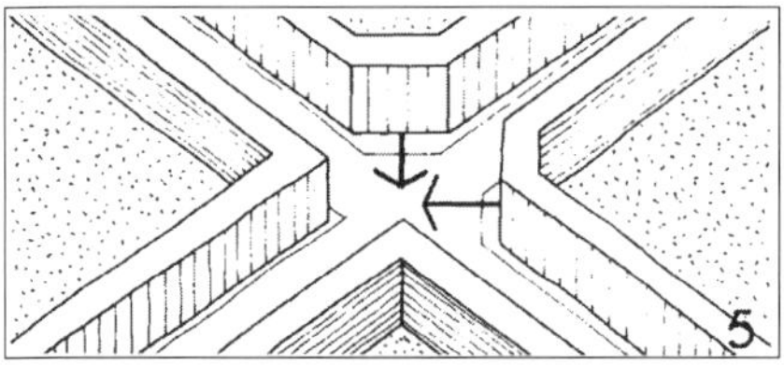

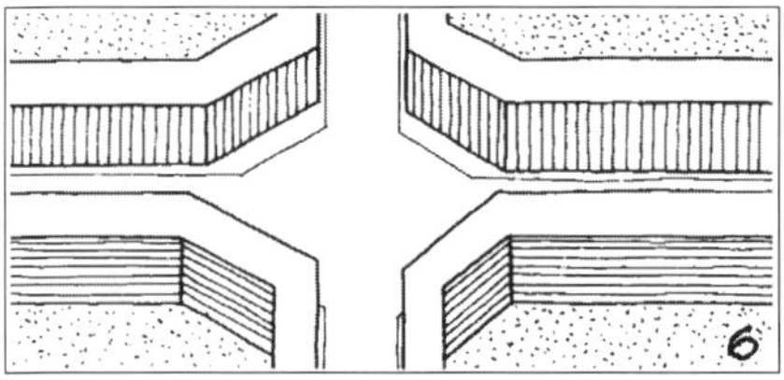

デザインシート3.1と3.2で認めた既存ノード、そして新しいノードを必要とする場所は、ほとんど大きな空間を強調することを必要としない。しかし、それらのわかりやすさはコーナーの建物を目立たせることによって増加させるべきである(図4)。交差する道路での隅切りは、ノード空間の中央に建物を向けさせるので役に立つ(図5)。また、隅切りは建物が凹型をつくるので、交差点に囲みの意味を強く与える(図6)。しかし、高さ／幅の比率は1：3を超えないように気をつけるべきである。

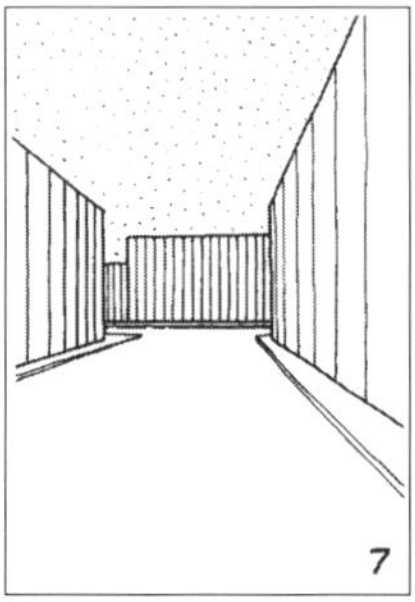

交差点をオフセット(片寄った配置)にすることは囲みの感覚を増加させる。ノードにアプローチするとき、すぐ前方の視界を遮る建物がある(図7)。しかし、これは視覚的な行きやすさを減少させる危険性がある。そこで、できるだけ片寄り配置を小さく保っていく(図8)。隅切りとセットバックは、隅切りのスペースの凹みをさらに増やすとともに、目をパスの方にそらさせることに役立つ(図9)。

アラス、フランス 10

バース、イギリス 11

エクス・アン・プロバンス、フランス 12

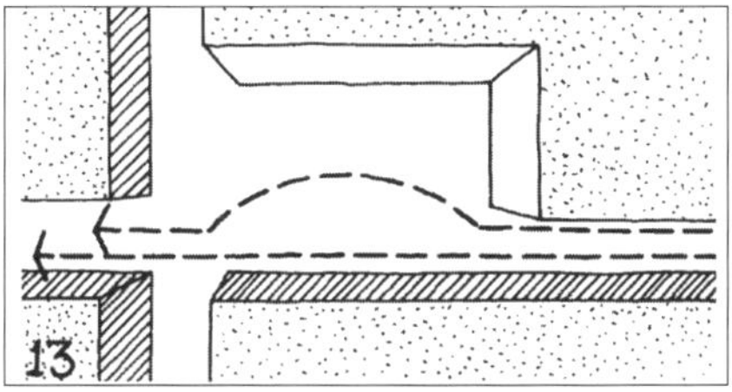
13

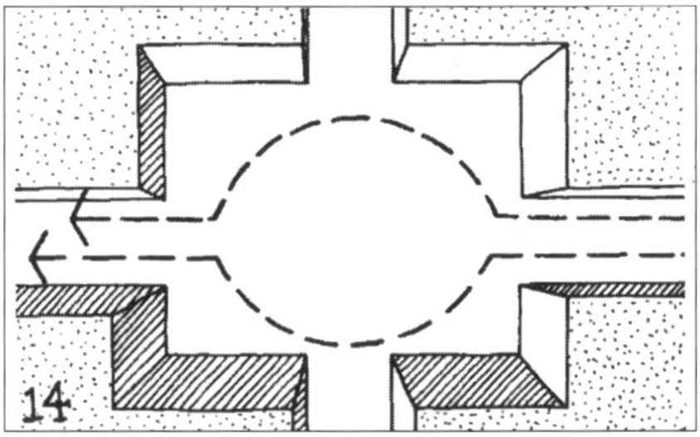
14

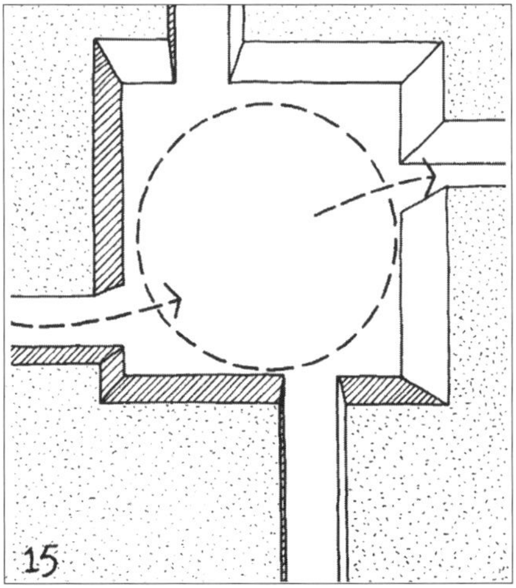
15

凹型のノード空間をつくることは、交差点をわかりやすくするもっとも際立った方法である。アーバンスクエア（方形広場）やサーカス（円形広場）はこのもっとも強力な例である。これはさまざまなスケールで使われる（図10、11、12）。

ノードが大きいところでは、広い入口をとることができる。ノードの壁をつくるために、入口のパスを定めている壁が連続するならば、そのノード自体は、単純にパスの広がりと見られるであろう(図13)。その角から離れた位置に入口があると、ノードはそれに導いてくるパスとは違うもののように見える(図14)。入口から出口までまっすぐに見えないならば、この効果は強化される(図15)。

しかし、ここで空間を強く限定すれば、視覚上の透過性が失われることを考慮しなければならない。大きなノードは、通常は平面上で開いている通りを囲んでいる壁の割合が高い。しかし断面では囲むことが難しい。大きな平面の囲みでは、囲みが弱いと感じるまでには、高さと幅の割合は、1：4まで広げることができる。囲みのための有効な幅は樹木や壁で減らすことができる(図17)。そして有効な高さは、屋根の勾配、欄干、あるいは地上の位置(グランドライン)の変更によって増加させることができる(図18)。

対照的であるが、これら両方の例はわれわれが概説した考えを用いている。

・断面と平面の強い囲みで平面形態をコンパクトにする。
・その周辺環境と区分される空間要素としてノードを強調するための入口の配置。
・ノードの囲まれた正面立面を最小限に分断するための入口デザイン。

右図で示された両方の場所では、デザイナーはわかりやすい都市的な場所の必要性から決まる建物と樹木の形を受け入れている。

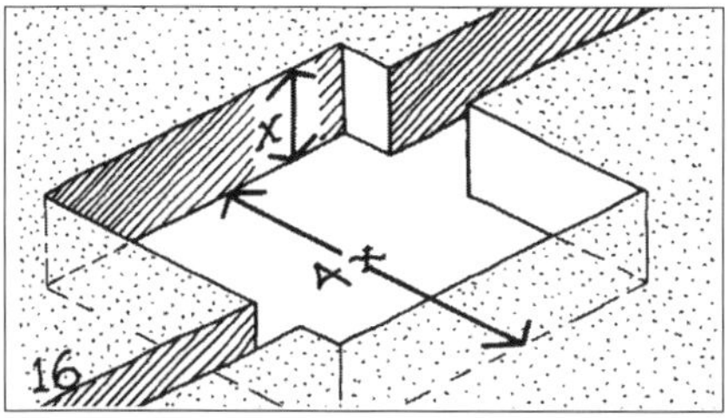

16

17

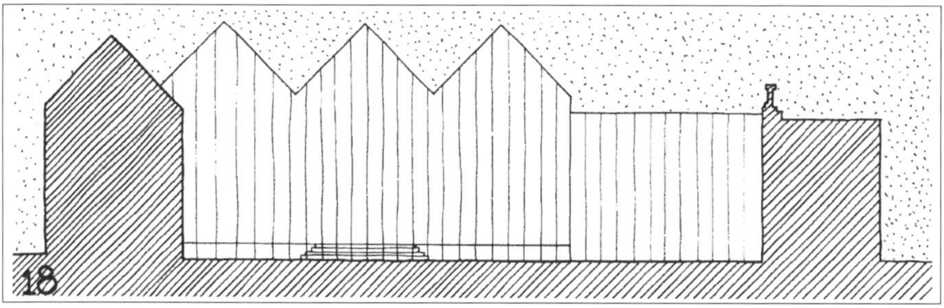
18

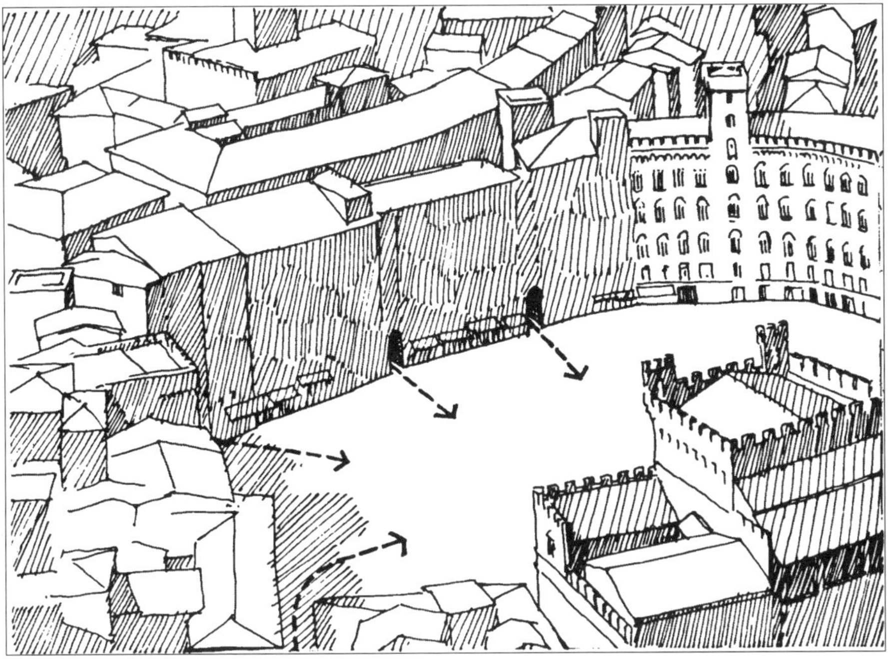

カンポ広場、シエナ

デイヴィッド・ウォーカー、円弧状の囲みによる周回道路、ランドスケープ・コンペティション、1977

3.8
目印の連続性

デザインシート3.6は、幅と囲みの違いによってパス相互を区別し、デザインシート3.7ではノードを説明した。そしてこれらはユーザーが全体としてパスシステムの中で認識するのに役立つ目印のはたらきをする。しかし、ある状況では、さらに中間の目印により、それがそのパスのどこにあるのかをユーザーに示し、どこに到着するかという意識を与える必要がある。通りがまっすぐであり、交差点が頻繁にあるとき、パスをわかりやすくするために、他の目印を必要とするかどうかは判断が難しい。

しかし、パスは公共的な用途を含む場合がある。その場合、パスの役割をわかりやすくさせ、それによって別の通りの目印となるようなランドマークとして扱われる。もし、交差点に配置されるのならば、それらは視覚的に表出することによりいくつかの経路のために役立ち、さらに視覚上での行きやすさをサポートして、交差点のわかりやすさに貢献する。

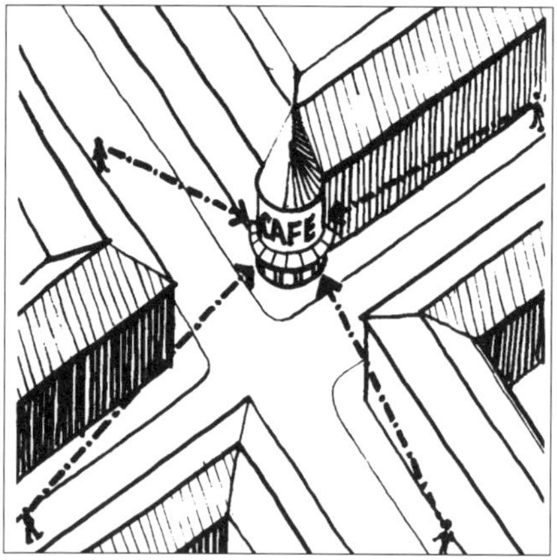

カムニク、スロベニア

もし、そのようなランドマークの建物が交差点に配置されなかった場合、交差点は相互に見えにくくなるので、それらは遠くからでも目に付きやすいような位置に置かれるべきである。そして、接する通りの前方に近接させ、立面では上方または下方に、平面では前へ突出させる必要がある。目印が曲がっている通りに配置された場合は、少しばかり異なったものでは適用効果が弱い。交差点が互いから見ることができないなら、それらはわかりやすい通りにするための別の目印によって補う必要がある。これらの目印のもっとも大きな間隔は、次頁に描き示しているもので決めることができる。

- 交差点1から出発し、それがAから建築線にぶつかるまで交差点2に向かって最長の視覚線を描く。
- 目印が1とAの間でどこに必要かを示すために1に向かってAから後ろへ指す矢印を描く。
- Aから、Bでそれが再び建築線にぶつかるまで、第2の交差点に向かって前に最長の視覚線を描く。目印がAとBの間に必要なことを示すためにAに向かって後ろに矢印を描く。
- 第2の交差点(上から2番目の図stage2)に達するまで、視覚線と矢印を引きつづける。
- それから、最初に向かって第2の交差点(2)から逆に向かって同じ手順を繰り返す。X点(2に向かう後ろの矢印)とY点(Xに向かう後ろの矢印)を結ぶ。

もし矢印が互いの方を指し示す各々の区域をどこかへ配置させたなら、目印の連続的な視覚の連鎖は、目印の使用数を最小限にして、形成することができる(たとえばY→←A,X→←Bのように)。

ここで、配置されたすべての目印は、その個々のデザインをよく考えなければならない。用途の「わかりやすさ」と形の「わかりやすさ」の両方の一致を維持するために、目印の特徴と公的な活動を結びつけるようにすべきである。これが可能であるか否かにかかわらず、目印がそれらの環境から視覚的に目立つのは確実である。この達成の方法は、デザインシート5.3で説明する。

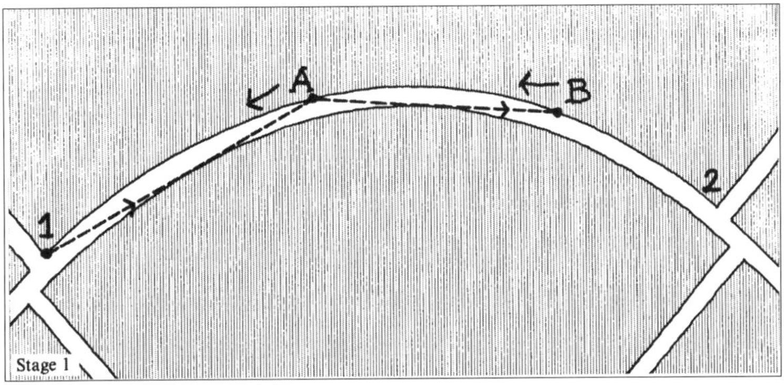

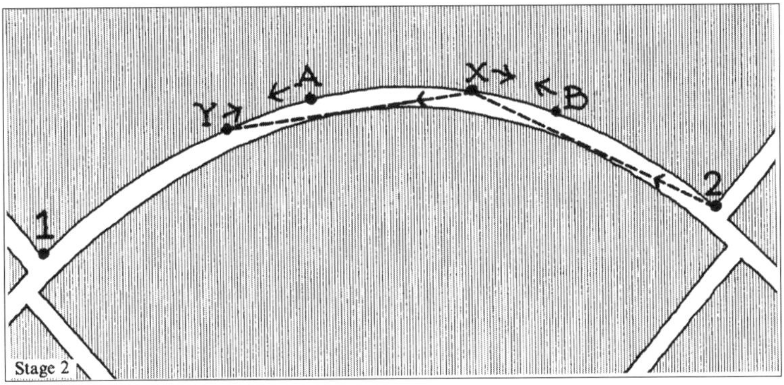

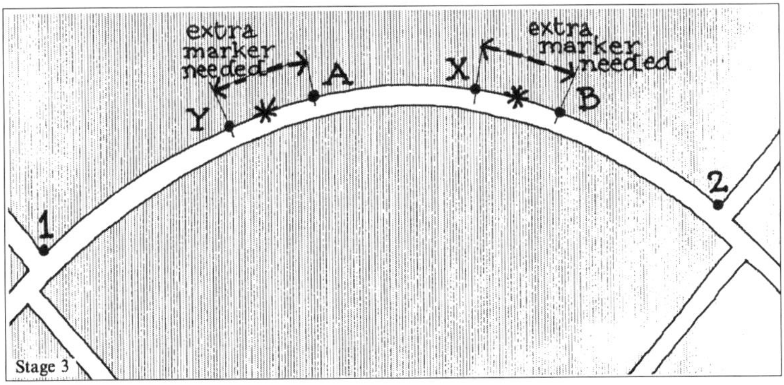

第 4 章

融通性

Robustness

序

多様な目的に利用できる場所は、使用目的が限られた場所よりも多くの使い道がある。この使い道を選べる環境は、Robustness（融通性）とも言うべき性質を持っている。

1 なぜ「融通性」が必要か？

好むと好まざるとにかかわらず、場所のデザインを最終的に決定する権限は、そこの支払いをする人間、すなわち事業主の手中にある。事業主の権限は、その場所の直接の利用者にほとんど侵されない。したがって、事業主以外はだれもそのデザインに言及しない。

事業主が、つねに利用者の選択の広がりに関心を持つとは限らない。彼らは、賃貸料支払者、オフィスの労働者、運転者などの利用者の、特定の生活領域の広がりに関心を持つだけである。事業主が規定する特定の活動がデザイナーの注目を集めるがゆえに、プロジェクトはつねに柔軟性のない、決まりきったデザインの空間パターンになる。その結果、事業主が望むデザインの活動パターンは、活動相互に関連性がない効率第一のものとなる可能性がある[注1]。

2 建物内部の問題

建物の内部は、デザイナーがいろいろな活動に特化した空間にする傾向がある。事業主の意図に従うこの特化は他の活動を起こしにくくすることが多く、事業主に利用者の選択肢への関心が欠如していることが、建築の融通性を狭めている。

3 屋外の公共空間の問題

屋外の公共空間では、デザイナーはよく似たアプローチをとる傾向がある。つまり、いろいろな他の活動から切り離して特定の空間にすることを考えている。しかし、人々の公共空間での活動は、多様でパブリックな活動であり、人々はたまには私的活動によって公共空間から離れることもあるが、公共空間での活動はパブリックな活動で支えられている。すなわち、人は他の人々の活動を体験するためにそこへ来るのである。したがって、もし公共空間が個々の活動のために個々の用途に切り分けられるなら、その融通性の多くが取り去られてしまうのである。

トレビソ、イタリア

4 デザイナーができること

デザイナーが事業主のやり方を変更することはできない。しかし、デザインの方法によって問題をさらに悪くしないで済むだろう。事業主は権限を持ち、一義的には自分の利益にそれを使うことを考えれば、事業主が自分の利益以外のものに支出するつもりがないときでも、融通性のあるデザインにする巧みな戦略のためには、つねにいくらかの余地が残されている。

5 融通性と通常コスト

融通性は、そこに含ませるべきものを慎重にデザインすることにより、通常コストの範囲で高めることができる。

ある決まった額以上費用をかけられないので、融通性へのこのアプローチを、つねにできる限り推進すべきである。

イギリス・ロンドン・ベドフォード広場。
築150年の民家が建ち並び、今はオフィスや大使館、建築学校もある

6 どこからデザインを始めるべきか?

融通性は、屋内でも屋外でも大切であるが、建物のデザインの意味するものは屋外と屋内では違ってくる。特に都市の中では、屋外での活動はそのエッジの周囲の建物の中のものに強く影響される。そこでデザインの出発点としては、屋外空間に接してそこにはたらきかけている建物を取り上げたい。

建物のコンテクストの中で、大きなスケールと小さなスケールの融通性を区別することが有益である。

7 大きなスケールの融通性

大きなスケールの融通性は、建物全体またはそこで一番広い部分の機能に深く関わっており、使っているうちに変化していく。

大きなスケールにおける融通性の利点は、通常、一般の人々には容易に利用することができない資源を持っていることである。しかし、間接的には大きなスケールの融通性は、長い目で見れば、一般の利用者にさまざまな選択肢を提供することができる。第2章で見てきたように、建物の老朽化に伴いその市場価値が下がってくると、用途が広範囲に及ぶものでも、一般の人々がそれらを利用することが財政的に可能になる。大きなスケールの融通性は、これを物理的にも可能にし、地域の中に用途の多様性を生むことも容易になる。

8 小さなスケールの融通性

小さなスケールの融通性は、建物の内部の特定の空間が幅広い目的に使われる可能性に関係している。これは大多数の通常の利用者に最適なスケールの融通性である。これは、ほとんどの人が行う毎日の選択に直接影響を及ぼすので重要である。

9 異なるレベルでのデザイン意図

大きなスケールの融通性は、用途の大きな変化に関係するので、建物全体のデザインに関連しており、早くから考慮すべきである。小さなスケールの融通性には、より詳細なデザインの決定が含まれる。それらの決定は利用者にとって極めて重要であるが、後まで残しておいても差し支えない。したがって、大きなスケールのデザインから始めるべきである。

10 大きなスケールの融通性のためのデザイン

建物の寿命がある間に生ずる用途変化を予測することはできない。それが短い期間であっても、この種の予測は非常に不確実である。変化する用途にうまく対応してきた建物から学ぶことがより実践的である[注2]。しかし、学ばねばならないのは、家族用住宅は他の建物タイプと違っていることである。

・家族用住宅

住宅のデザインが大きなスケールの融通性にもっとも大きく影響する要素は、各住戸のスペースである。そこでの融通性は、全体として建物を広く使う機会を得てサポートされる。このことは多くのデザインに関わっており、デザインシート4.1で説明される。

・他のタイプの建物

3つの主要な条件により、長期的な融通性はサポートされることを経験が示唆している[注3]。建物の奥行き、アクセス、建物の高さの3条件である。

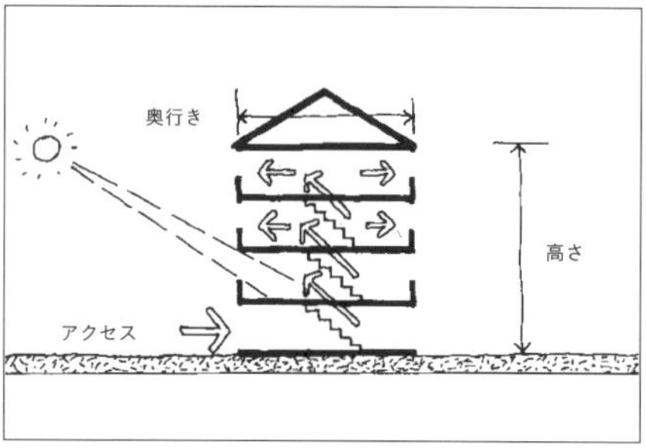

i　建物の奥行き

ほとんどの建物用途は自然光と換気を必要とする。このため奥行きの深い建物では容易に用途を変えることはできない。

ii　アクセス

すべての建物は、外界とのつながりを必要とする。したがって、アクセスポイント数がその建物の多様性を決める鍵を握っている。

iii　建物の高さ

アクセスは建物の高さにも影響を与えるので重要である。高層建築の上階は外部とのつながりが限られている(アクセス方法は上下階からの上り下りしかない)。そのため、広範囲の用途には適さない。

11 好ましい形態

大きなスケールの融通性を成し遂げるために好ましい建物の形態に3つの条件を設定する。

1 平面プランの奥行きが浅いこと
2 アクセスポイントの数が多いこと
3 限定された高さであること

もちろん、すべての建物がこの形をとることができるというわけではない。たとえば、国際的な水泳プールは、そのような形態では機能しない。しかし、わずかな割合の建物だけは、その設定条件を満たした構成をしている。その設定条件を満たしている建物は、われわれ一般人にとって使いやすいものとなる。その内容は、デザインシート4.2に表す。

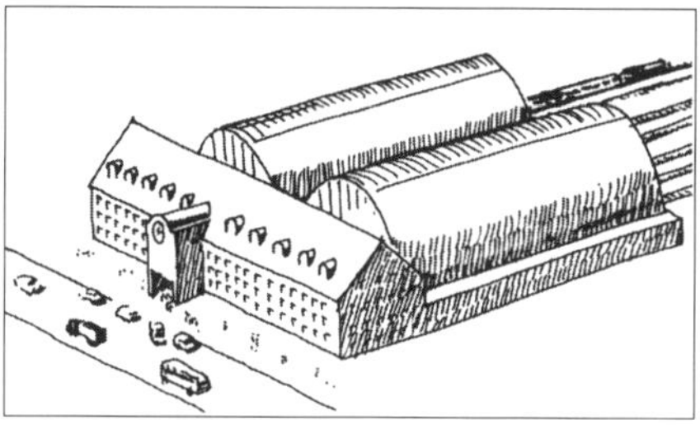

12 内部の組織化

内部の構成をデザインするための出発点として、建物の利用の仕方について事業主の意見を受け入れなければならない。われわれは活動(すなわち用途)を配置するが、その活動目的を果たすために、事業主が十分受け入れられる方法で、それらに「囲み空間」を与えなければならない。われわれは、これをどのように行うかの議論はしない。それはすでに現在デザインの慣習になっている。しかし、通常、効果的な平面を達成するためにはいく通りかのデザイン方法があるので、ここにはまだ若干の自由度が残っている。われわれはその自由度を使い、できるだけ融通性を高めるために、その他の条件を考慮しなければならない。

ほとんどの建物では、さまざまな部分に融通性を持たせるための潜在能力がある。下記の2種類の区域には特別な配慮を必要とする。

・ハード／ソフト
・活動的／受動的

i ハードエリアとソフトエリア

ほとんどの建物は、共用施設(たとえば階段やエレベーター、設備用ダクトなど)を収容する空間がある。これらの空間が「ハード」である。建物寿命がある間は、その機能が変わる可能性はまずない。このハード空間は、残りの空間の利用を妨げない場所に配置されなければならない。その方法はデザインシート4.4に示す。

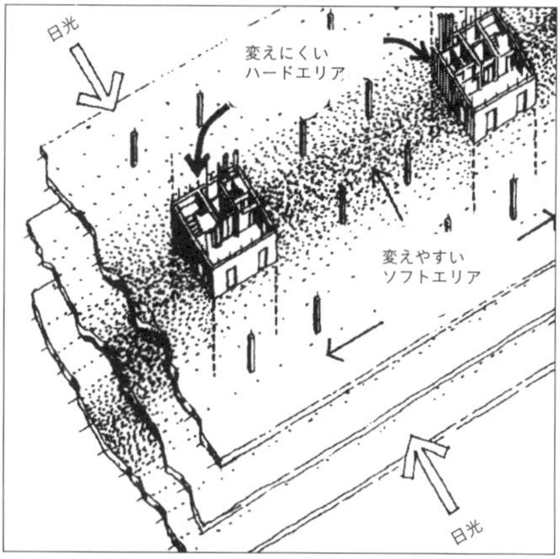

ii 活動的なエリアと受動的なエリア

屋外空間の融通性の能力は、隣接する建物と接する部分にかなり左右される。これは建物自体を計画するときに考慮しなければならない。

建物内の活動は隣接した屋外の公共空間に広がることで利益を受けることがある。これが起こる場合、それらは公共空間の活動に貢献する。

他の屋内活動は、屋外活動のレベルに寄与することがある。屋内活動を見せることで、見る人にその場所に興味を持たせることができる。このような方法で屋外活動へ寄与する屋内の場所は、アクティブ・エリアと呼ばれている。

この段階で、われわれはスキームのどの条件がこの活動に高い質を与えているかを決めなければならない。

公共空間に接している建物の地上階が、これらのアクティブ・エリアで占められるように、われわれはできる限り確保しなければならない。

13 小さなスケールの融通性のためのデザイン

小さなスケールの融通性のためのデザインは2つのレベルの機能を持っている。

1 すでに決定した空間レイアウトの内部での部屋の大きさと形の調整
2 詳細な各部屋のデザイン

i 部屋の大きさ

非常に小さい部屋はいろいろな活動を受け入れることがほとんどできない。一方で、非常に大きい部屋は広い範囲の活動を受け入れることができる。しかし下の図で示すように、一定以上の大きさになると、それ以上大きくなってもどんな活動を行うのにも適さなくなっていく[注4]。

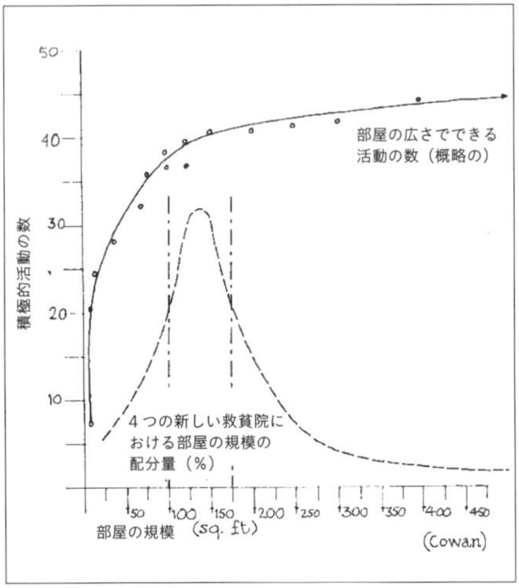

これは部屋には最適な大きさがあることを意味している。ある支出に対して床面積当たりで、より多くの選択肢を提供することができるものが「一番のお買い得品」である。

ii 部屋の形

部屋の形は与えられたエリアで起こるさまざまな活動の数に影響を与える。したがって、密度の高い部屋は長細い部屋より望ましく、提供する選択肢次第で費用対効果が大きい。

iii 部屋のデザインの詳細

部屋の大きさや形と同様に詳細部のデザインもさまざまな活動の数に重要な影響を与える。ドア、窓、コンセント、ラジエーターの位置などのような要素は、よく考えれば追加料金なしで融通性を著しく増加させることができる。融通性のある部屋の大きさ、形、および詳細は、デザインシート4.5に示す。

14 取り替えやすいデザイン

結局、建物に寿命のある間は、内部のレイアウトをできるだけ簡単に数多く変更できるようにすることが大切である。取り替えやすいことは主に建物の構造デザインの問題である。

i 屋外空間

われわれが建物内部の空間をアレンジし終えたら、隣接する屋外空間の公共的性格と私的性格へ目を向けることができる。

ii 私的な庭の空間

ペリメーターブロックの内部にある私的な屋外空間は、特にこの中に住宅がある場合には、周辺の建物の融通性を大きく増加させる。庭の詳細なデザインは使用者に任せるべきであるが、庭の融通性はデザインシート4.6で説明されるように、さまざまな事物に影響される。

iii 公共的な屋外空間

公共的な屋外空間のデザインには複雑な問題がある。われわれは、空間の端部(エッジ)を考えることから始める必要がある。それは、ほとんどの活動がここで起こるからである。大半の人々にとって多くの場所で空間のエッジがまさに空間そのものなのである[注5]。

サン・マルコ広場
ヴェネツィア、イタリア

iv エッジのデザイン

われわれは、周囲の建物の地上階に位置する活動の要素を重視することから始める。屋外空間に接するエッジを活気づけるようにする方法は、デザインシート4.7で説明する。

ここでは、エッジでの活動を考慮して、空間の本体をデザインすることに注意を向ける。

ヴュルヌ、ベルギー

v 空間内部のデザイン

融通性を支える原則は、公共領域の中に共存している異質で多様な活動を相互に抑制することなく、できるだけ高めるデザインを設定することである。これは特に車両と歩行者の活動を扱う方法に影響する。

・車両の活動

通常、公共空間の中心的で主要な移動方法は車である。車が空間の利用者を妨げないようなデザイン方法は、デザインシート4.8と4.9で述べる。

トゥーン、スイス

ユトレヒト、オランダ

・歩行者の活動

ほとんどの公共空間はエッジから遊離されている。幅が広くて、車の往来が少なく、エッジからもっとも離れたところは、ほとんど好まれないだろう。このような中央の空間を活気づける工夫が必要である。その例をデザインシート4.10で探ってみる。

コルマール、フランス

vi 微気候の大切さ

最終的に戸外の活動は適切な微気候の設定を必要とする。これらはデザインシート4.11で示している。

ドーフィンヌ広場、パリ

町の広場では、太陽の光と影が同じ時間、同じ場所で見られる

デザインの意図

どのようにして融通性をつくるか

1 **スキームの中では家族用住宅にとってもっとも融通性のある形態を選ぶこと。**［→デザインシート4.1］

2 **他の建物では、以下の制約の中で機能する平面と断面を調整させるためのすべての条件（要素）を配する。**

- **好ましい建物の形態へとできるだけ多くの調整を行い適合させること**［→デザインシート4.2］
- **公共的な屋外空間に隣接する地上階のエリアができるだけ活気のあるエリアで占められるようにすること**［→デザインシート4.3］
- **残った空間の利用を制限しないところにハードエリアを置くこと**［→デザインシート4.4］

3 **小さなスケールの融通性を最大にするために、隣接する部屋の大きさとディテールを調節すること。**［→デザインシート4.5］

4 **住宅のための私的な屋外空間をデザインすること。**［→デザインシート4.6］

5 **建物と公共空間の間のエッジを、できるだけ幅広い用途にするようにデザインすること。**［→デザインシート4.7］

6 **公共空間の詳細について以下のようにデザインすること。**

- **車の通行量の多い通り**［→デザインシート4.8］
- **共有の通りの空間**［→デザインシート4.9］
- **歩道の空間**［→デザインシート4.10］

7 **微気候に対するデザインをチェックすること。**［→デザインシート4.11］

4.1 融通性のある家族用住宅

多くの地域において開発のもっとも一般的なタイプは、庭付きの家族用住宅である。これは特に融通性を持つように、詳細部をデザインしなければならない。

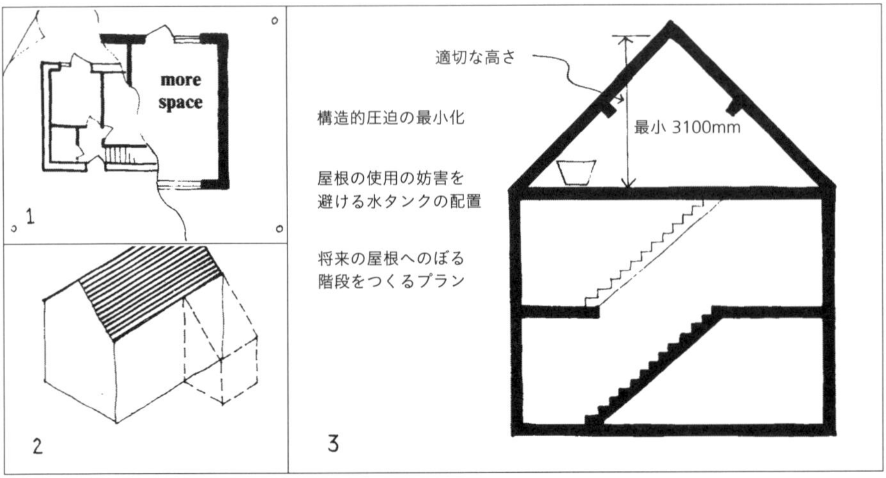

住宅デザインの融通性に影響する重要な条件は、それを供給する空間エリアにある(図1)。融通性は建物が安く無理のない構造で、あるコスト内でより多くの空間を提供できること、そして、住宅の拡張が許容される余地があることで成り立っている(図2)。そしてすべての住宅タイプに、融通性は屋根のデザインが密接に関係している。それは確実に構造と幾何学的外形が使用に適した空間へ容易に転換できるようにし、そして、元の内部レイアウトを屋根へのアクセスが簡単にできるように計画しておく(図3)。

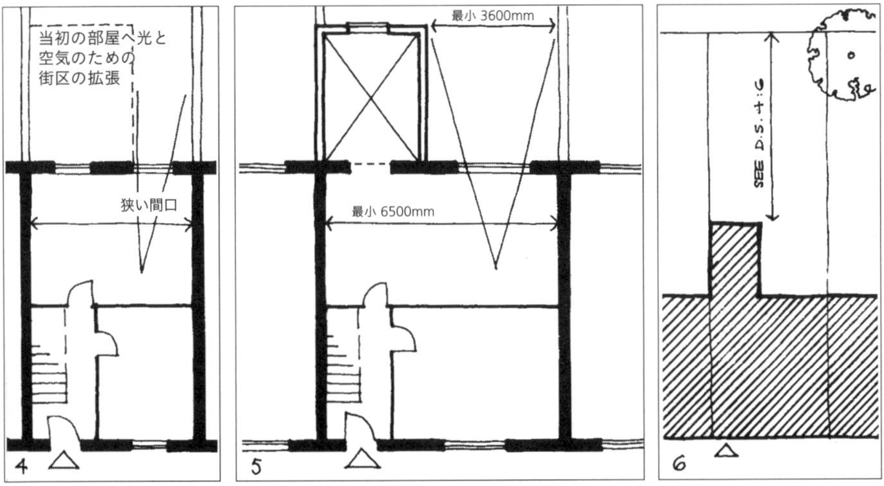

テラスハウスは、前面および背面にしか増築ができないので、水平方向への増築がしにくい。約6.5メートル以下の狭い開口では(図4)、前面または背面の増築は元の部屋の採光、空気の流れが妨げられる。簡単な屋根の変換は特にここで重要である。前面に余裕がある場合は、元のデザインがアクセスを許す場合にのみ水平方向への増築を可能とする(図5)。庭の大きさによって平面的増築が許される(図6)。

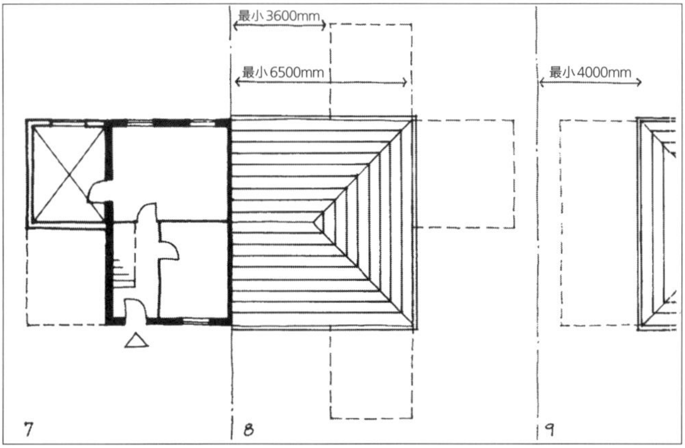

セミ・デタッチドハウス(2戸建住宅)はひとつの側で増築が許され(図7)、前面、または背面で6.5メートル以上の敷地間口幅があるなら増築が認められる(図8)。側面で少なくとも4メートルの自由になる空間は、平均的な規模の部屋を増築しても歩行者の通り抜けができることが求められている(図9)。

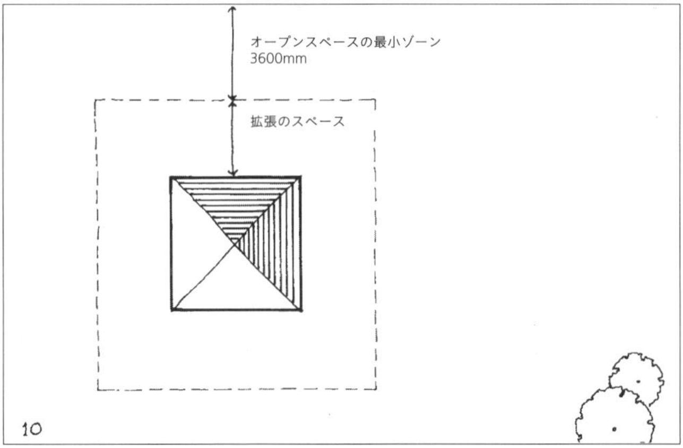

デタッチドハウス(1戸建住宅)は、他のタイプより増築の可能性が高い。住宅を囲む自由になる空間が少なくとも6.5メートル幅あるなら、あらゆる側に増築することができる(図10)。しかし、すべての使用者が住宅を拡張できるわけではないので、最優先すべきは始めから良好な空間基準を提供することを忘れないようにすべきである。

4.2
好ましい建物の形態

建物の大きなスケールでの融通性は、3つの要素による。

- アクセス
- 窓から窓への奥行き
- 高さ

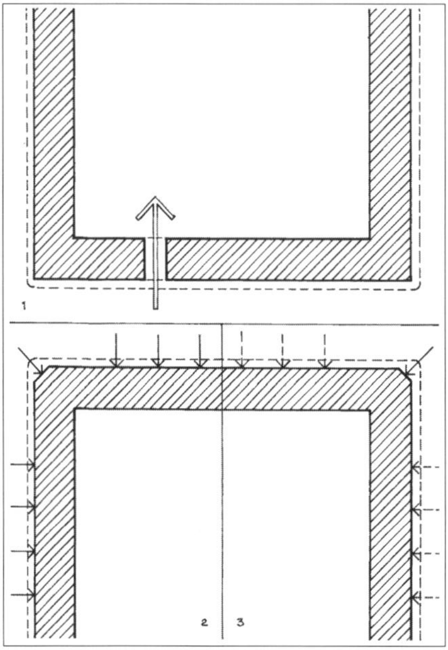

地上階へできるだけ多く外部からのアクセスをとれるように、確実に建物を配置すべきである[注6]。ペリメーターブロックの内部から後部へのアクセスがなかったら、公道から敷地の後ろへ直接、あるいは建物の外側、または下を通り抜ける車のためのアクセスをとるべきである(図1)。これが短期間に求められないなら、全面取り壊しせずに後で追加できるようにしなければならない。公共の空間に面する建物正面を最大にして、できるだけ数多く独立した正面ドアを設置すべきである。繰り返しになるが、もしこれが短期的には必要とされないなら、後でつくりやすくすべきである(図2、3)。

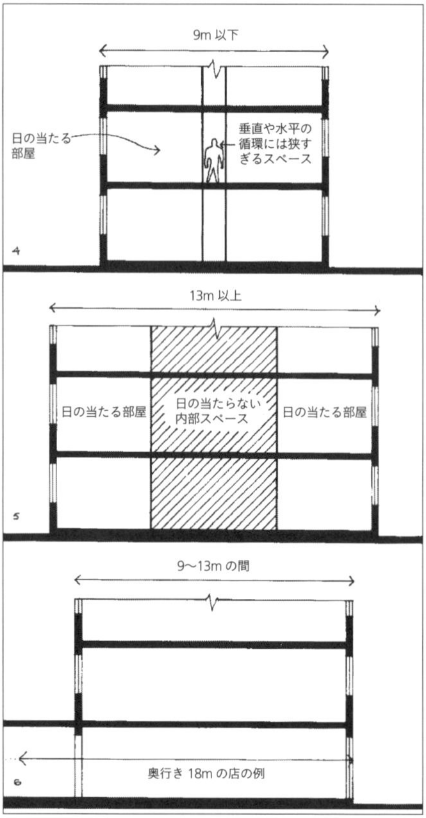

屋内空間は自然な採光と換気ができるとき、もっとも融通性がある。したがって融通性のある建物は奥行きの浅い平面である。もっとも融通性のある奥行きは9〜13メートルの間である。9メートル以下では、建物は中央通路をとるにはあまりに浅く、内部の扱いを限定してしまう(図4)。13メートル以上では空間が深すぎるので、中でいくつか区切られた部屋をつくらない限り、小部屋に区切ることができない(図5)。9〜13メートルの奥行きになるように多くの建物を構成し、合わない用途はできるだけ離すようにする。このようにして建

物の大部分が大きなスケールでの融通性が高いレベルにあるようにする(図6)。

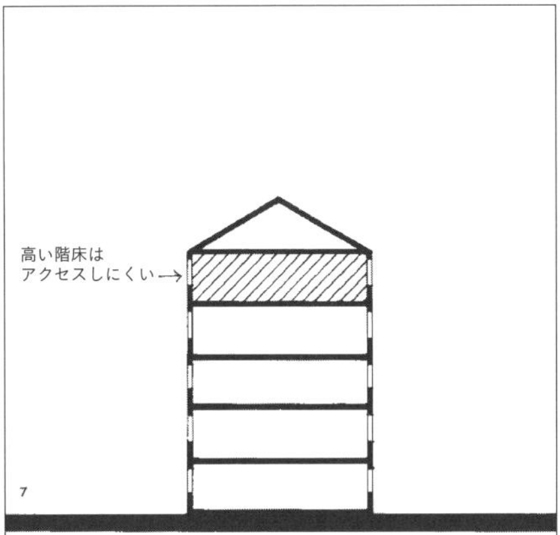
高い階床は
アクセスしにくい→
7

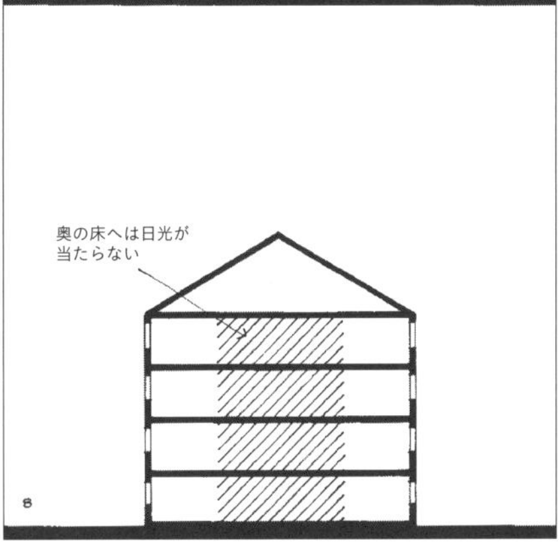
奥の床へは日光が
当たらない
8

次のチェックは、建物が融通性を必要とする部分の高さについてである。融通性は4階以上になると減少する[注7]。もし過多な居住施設をこの高さに収めようとする場合には、2つの方法がある。建物を高くするか、奥行きをとるかである(図7、8)。もし、当初に考えた奥行きが13メートルより浅ければ、それを長くすることができる。しかし、もし敷地が小さいなら建物の奥行きを深くするよりも高くするほうがよい。高い建物では4階以上の階だけは融通性が低くなる。奥行きの深い建物では全部の階の融通性が減少する。

4.3

活動的な建物の正面

建物内で一般に公開されているエッジは、公共的領域との相互交流から便益を得られ、そして公共空間自体に寄与するような活動の場とすべきである。

第一段階として、たくさんの出入口を公共空間から出入りが直接見える位置にできるだけ配置することである(図1)。

1 コーテナリスクエア、ロンドン、イギリス

南モルトン・ストリート、ロンドン、イギリス

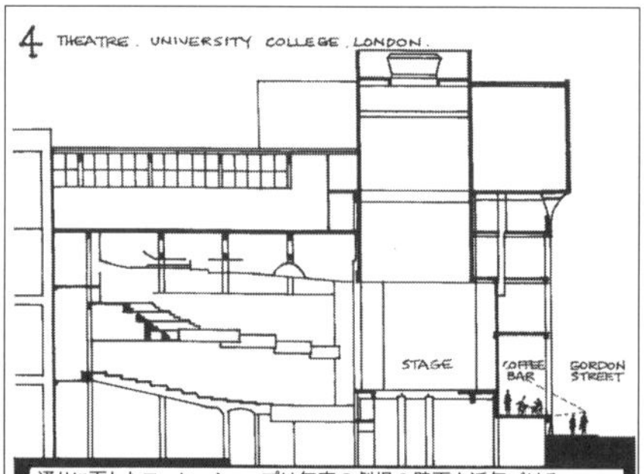

通りに面したコーヒーショップは無窓の劇場の壁面を活気づける。
ゴードン・ストリート。3、4ともロンドン、イギリス

次の段階は、公共空間へあふれ出すものから、便益のある用途を含むかどうかを知るために、居住施設の計画表を分析することである(図2)。もしそのような用途があるなら、これを建物正面の1階に配置する。もしそれらの用途が配置で適用されるよりも多くの空間を要求するなら、正面2階に追加する(図3)。

公共空間とつながりからみて営利的用途でない建物でも、ほとんどの場合が公共空間に活気を与える機能を持っている(図4、5)。

それらの用途は倉庫やトイレより正面の1階に配置すべきである。

デザインシート4.7は、この活動が、必要に応じて公共のエッジに活気を与える一方で覗き見を防ぐ方法について説明している。

6a
オールドチャーチ、アムステルダム、オランダ。外構と配置

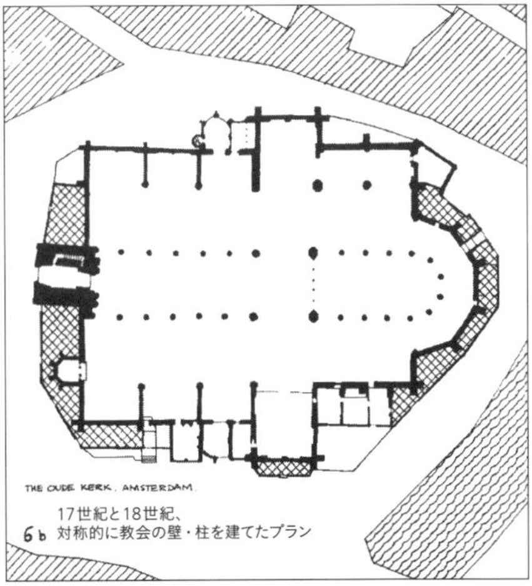

6b 17世紀と18世紀、
対称的に教会の壁・柱を建てたプラン

7 マンチェスター王立取引所劇場。
通りにある小さな店の周辺に巨大な劇場がそびえたっている

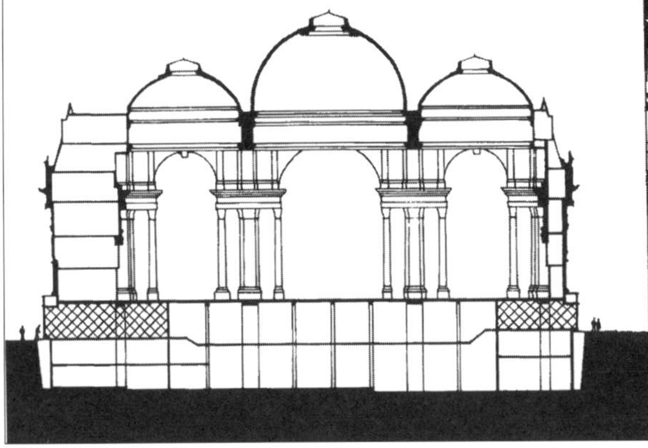

小さな店は活気あるエッジを供給している

もし、建物が公共空間エッジを活気づける用途を含まない場合や、機能的な理由で壁を取り払わねばならない場合は、所有者が当初考えた居住施設の計画を拡大し、エッジの用途を活発にすることに挑戦すべきである（図6、7、8）。これは、所有者との協力で、何らかの方法で建物を他の便益の得られる用途に変換することを求めている。都心にあるほとんどの無窓の建物、スーパーマーケット、立体駐車場、劇場、これらは、正面が公開されていることに価値があり、驚くほど利益が得られる。もしこれを達成できたとしても、たまには無窓の壁が残るかもしれない。デザインシート4.7では、どのようにしたらこれをよいアクセントに変えられるかについて論じる。

立体駐車場の前を活気づける正面を向いた共同住宅。
バーミンガム、イギリス
8

4.4

インテリア——大きなスケールの融通性

ほとんどの建物は、階段、エレベーター、および大きな垂直方向の設備用ダクトがある。通常これらの空間は固定されており、建物の寿命がある間は機能を変えることはない。これらの固定ゾーン(ハードゾーン)は、残りの空間の使用を制限しないところに配置されなければならない。

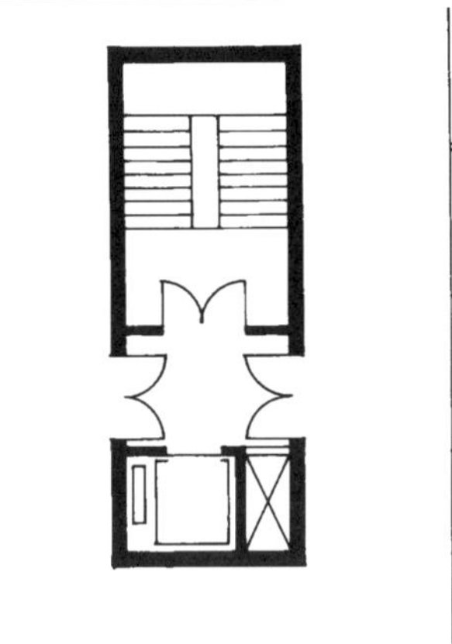

1

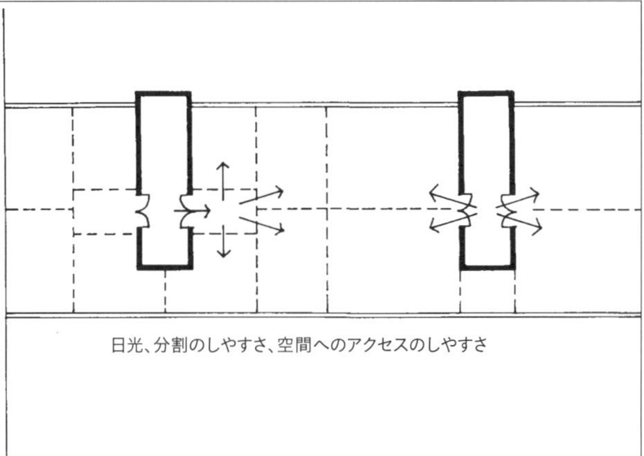

2

正面が15メートルよりも小さい建物ではハードゾーンを集中させる(図1)。残りの空間の邪魔にならないようにして多くのさまざまな方法でそれを細分化する(図2)。あるいは、共同住宅や小さなオフィスの組み合わせのようなユニットに分割することは容易である(図3)。

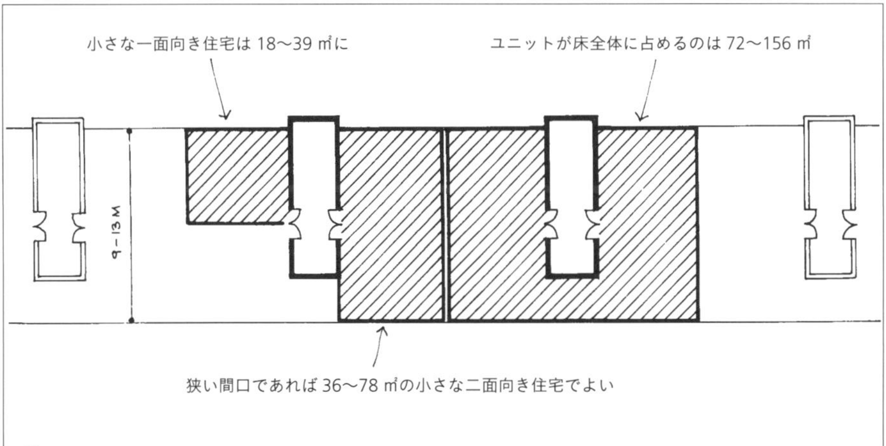

3

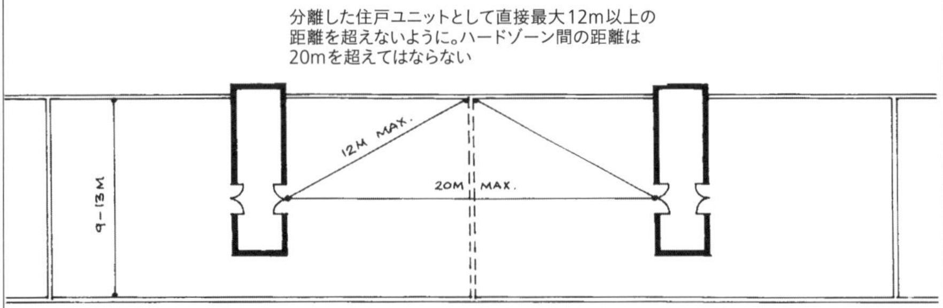
分離した住戸ユニットとして直接最大12m以上の
距離を超えないように。ハードゾーン間の距離は
20mを超えてはならない
12M MAX.
20M MAX.
9－13M

4

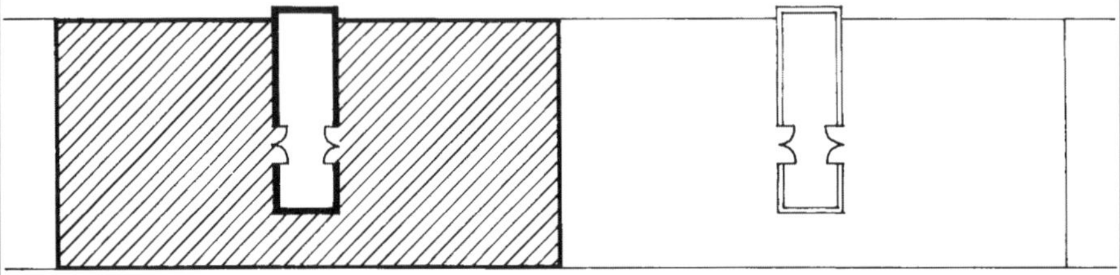

5　建物が4階なら、広さは720～1,040㎡とする

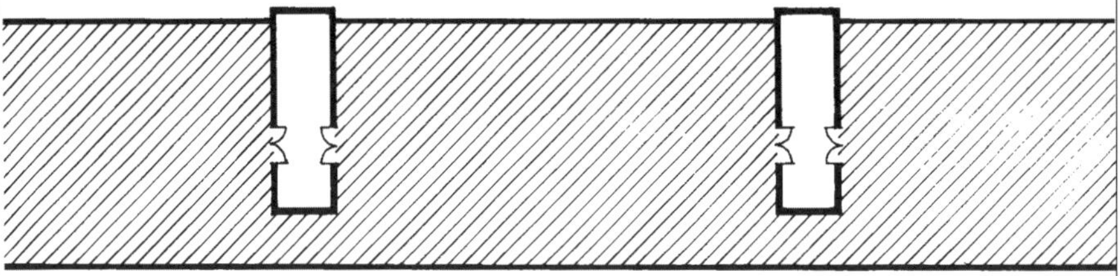

6

建物の正面が15メートルを超えるとき、20メートル（図4）より間隔をあけるハードゾーンを繰り返してはいけない[注8]。この間隔までスキームは十分なサービス、アクセス、それに防火施設を持つたくさんの分かれた建物として用いることができ（図5）、また、1つのユニットとしてうまく機能できる（図6）。そして図5、6のどちらの扱いでも、短期間要求されたなら、あとで別の扱い（図6、5）へ順応して戻すことができる。

4.5
内部空間——小さなスケールの融通性

これまで建物の基本的な構成を開発してきたが、次の段階は、当初の目的に適していると同時に、変わる用途にもっとも広い範囲で対応することができるように個々の空間をデザインすることである。

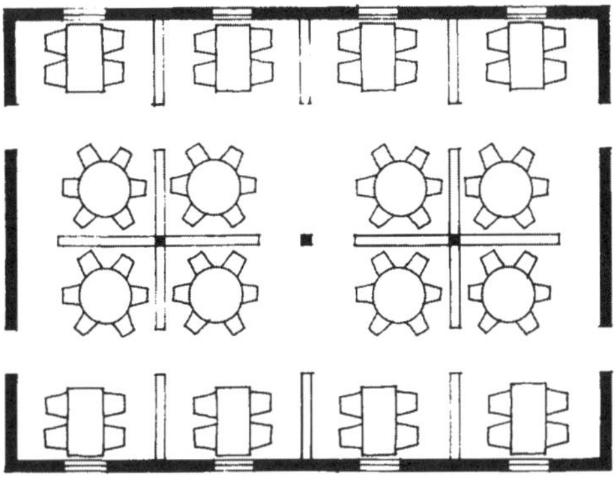

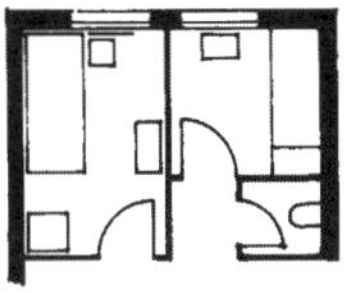

例　7㎡の単身用寝室、浴室及びトイレは平均的大きさの部屋1つの空間を占める。

1　例　112㎡の社員食堂　平均的な大きさの部屋

非常に高い比率で共通の活動ができる部屋は、14㎡／1エリア（1部屋の平均の大きさ）である[注9]。多くの部屋がこの大きさになるようにして、自由な用途に使えるようにする。自由に使用できるように別図の通り、できるだけ多くの部屋をこの大きさにする（図1）。

グラスゴー芸術学校、C.R.マッキントッシュ

2

3

循環できる空間の面積（寸法）は、融通性の確保のために重要である。最小の循環空間の範囲を小さく増やして、基本的な連結機能を果たしつつ、それらをさらに広い範囲の活動に適用できるようにする（図2、3）。

長方形の部屋の比率が、1：1と1：2の間で与えられるなら、もっとも広い範囲の活動を受け入れることができる。

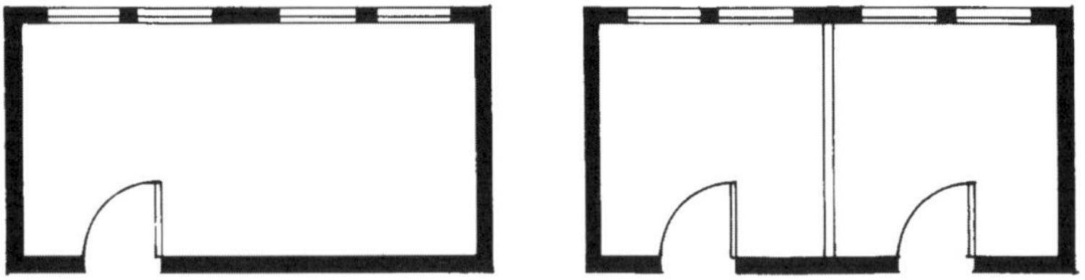

奥行きの浅い大きな部屋…… ……2つの平均サイズの部屋に細分される

4

奥行きの深い小さな部屋　平均サイズの部屋に結合される

5

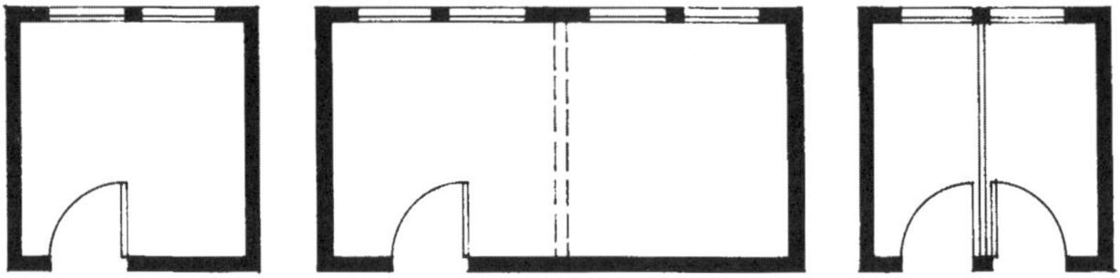

正方形の平均サイズの部屋　結合される　または細分される

6

奥行きの浅い部屋では長い側面の窓から自然光を取り入れ、有効なプロポーションで空間を容易に細分することができる。一方、奥行きの深い部屋では有効な形の大きい空間に容易に結合できる。14㎡を超える奥行きの浅い形態の部屋を与えれば、より小さいものに細分できる（図4）。小さい部屋だけ奥行きを深くし、構造壁でそれらを分けることを避けておけば、必要なときに簡単に平均的大きさの部屋に結合することができる（図5）。平均的大きさの部屋自体のもっともよい形は正方形である。この形に従って結合されるかまたは細分することができる（図6）。

7　サンファンキャピストラーノ図書館　カリフォルニア

8　ルティエンスホール：リトル・セイカム、イギリス

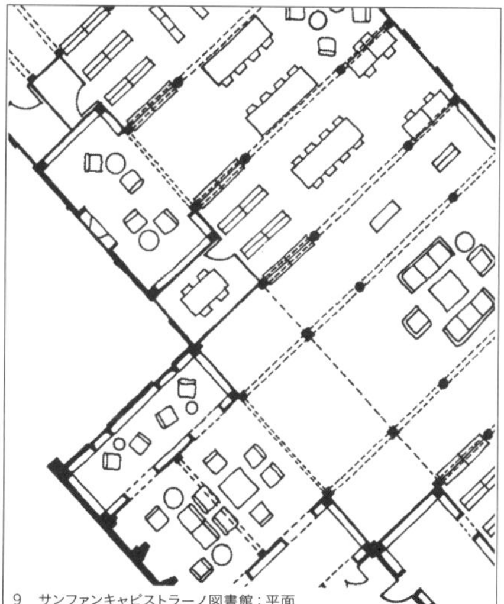

9　サンファンキャピストラーノ図書館：平面

　大きい空間はたくさんの平均的大きさの空間からつくられていると読み取ることができるなら、広い範囲の用途に適しているとみなせる(図7)。そのような空間は、より大きな集会のために有用であると同様に、個別に、あるいは小さいグループに適切な規模設定を提供できる(図8)。またこの種の部屋は必要ならば物理的に分割して、一時的にあるいは恒久的に賃貸もできる(図9)。

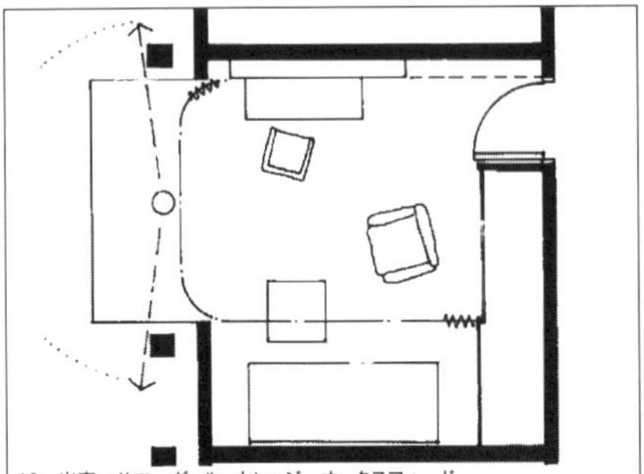

10 出窓 サマーヴィル・カレッジ オックスフォード

11 ヴォイセイの暖炉：イギリス コーリーウッド

12 マッキントッシュの窓ぎわの腰かけ：スコットランド ヘレンスバーグ

13 セントラール・ビヘーア、
アペルドールン、オランダ、ヘルマン・ヘルツベルハー

与えられた部屋や循環スペースの中の取り替えが利く範囲、すなわちスペース内の融通性は、出窓、暖炉、そして窓ぎわの腰かけのような性格が異質な二次的スペースを加えることによって増加することができる（図10、11、12）。

これらは使用者がスペースの中の主要な活動——参加、観察、引きこもることのために広く取り込まれられるようにする。このサブ・スペースはかなり小さくなる場合もある（図13）。

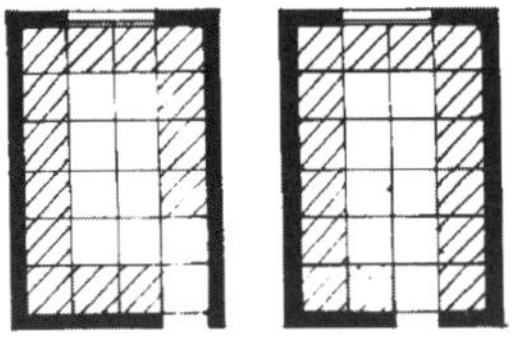

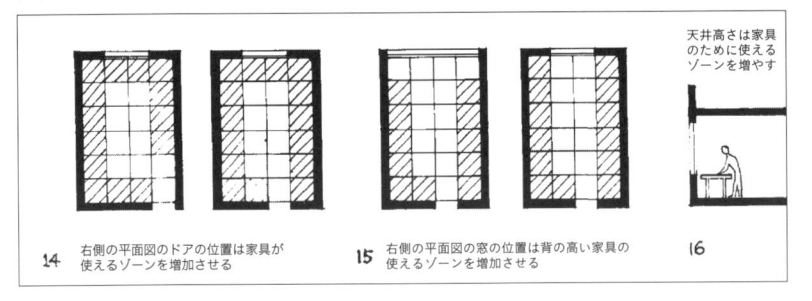

14 右側の平面図のドアの位置は家具が使えるゾーンを増加させる

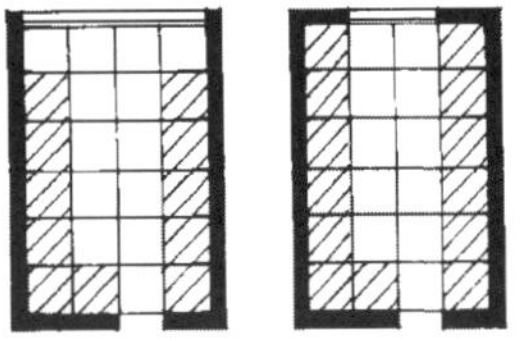

15 右側の平面図の窓の位置は背の高い家具の使えるゾーンを増加させる

天井高さは家具のために使えるゾーンを増やす

16

部屋のデザインの代わりになる家具を配置できる機会を最大にすることは重要である。家具が一番使えるゾーンは部屋の隅の辺りにある。したがってこのゾーンへのドアの取り付けは最小にする（図14）。同じ理由で、このことは窓にも適用すべきである（図15、16）。結局、つくり付けの家具は部屋のレイアウトを凍結してしまい、使用できる範囲を減らすことを忘れないでほしい。できるだけそれを避けること。

4.6

住宅——
プライベートガーデン

ペリメーターブロック内でのプライベートな屋外スペースは住宅の融通性を大きく増加させる。詳細な庭のデザインは個々の利用者に任せるべきであるが、庭の融通性はより幅広いデザイン課題に影響を受ける。

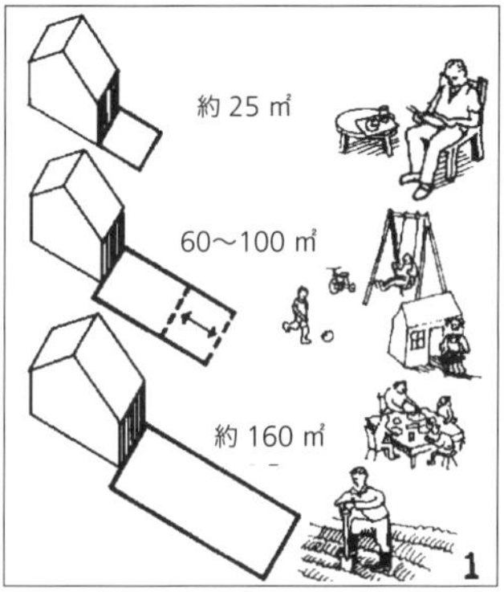

1

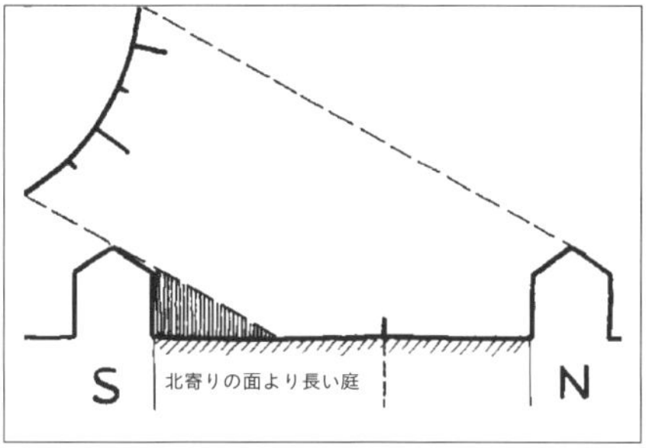

25㎡の面積では、受け身の活動だけなら十分であるが、60～100㎡の面積があれば戸外で座ることや子供の遊びにも十分である。4人家族では160㎡の面積があれば野菜を自給することも可能である(図1)[注10]。もっとも良い庭の形はこれらの条件が日照に影響するので住居の高さや向きに左右される。一般に住居の背面が北向きになるほど庭は長くなければ十分な日光を得ることができない(図2)。射光のダイアグラムのついた各事例を点検すること。デザインシート4.11を参照。

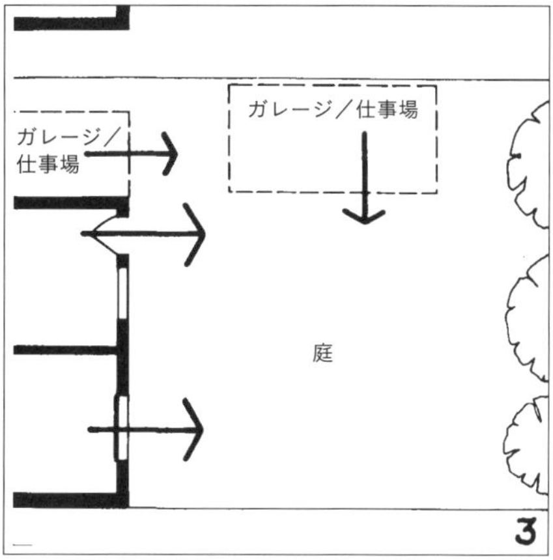

3

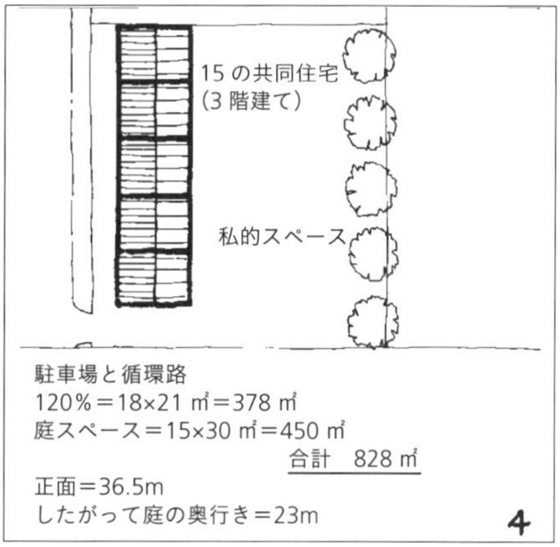

4

家族用住宅では、庭は多くの部屋から容易に直接アクセスできるように住宅の後背部に隣接すべきである(図3)。共同住宅の地上階のユニットは、プライベートな庭を保有しやすくするように扱う。地上階以外の共同住宅は住戸から分離した庭を持つことになる。少なくとも25㎡のスペースが各上部階の住戸に割り当てられるならば、そのスペースが個別に分離された庭か共同庭かを使用者は選ぶことができる。その他にアクセス用の通路と子供が遊べる場所を別途設ける必要がある(図4)。

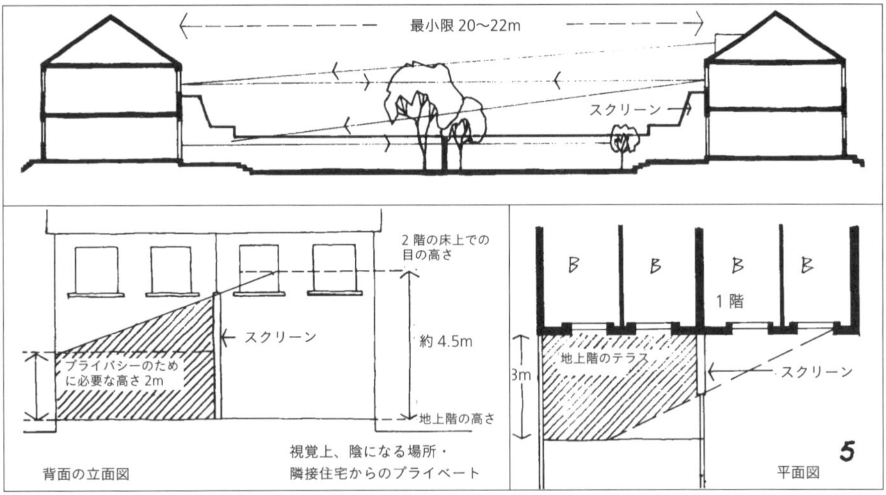

庭の融通性はプライバシーに左右される。したがって、確実にスペースの少なくとも一部が隣戸、反対側または上部から見られないようにする。塀、壁、パーゴラ、植栽、覆いおよびガレージの位置と高さを決定するために、つねに街区の断面図を正しく描いてチェックしなければならない(図5)。

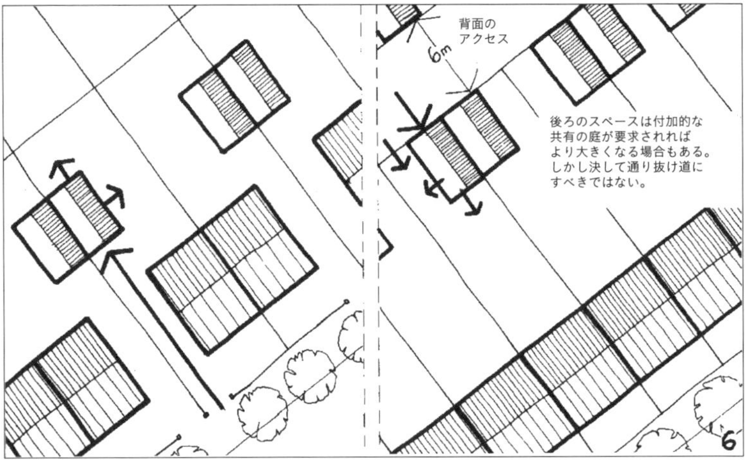

2戸建て住宅の背面や側面のアクセスは園芸家から船大工へと活動範囲を広げるように庭の役割を高める。それは大きくてやっかいな荷物が住宅を通り抜けないで出し入れができるようにするためである。後ろのガレージまたは後でガレージにできる駐車スペースは、庭に直接出入りできる。それらは広範なその他の活動のために庭とつなげて使用できる(図6)。しかしプライバシー問題、すなわち、背面のアクセスが公共的な通り抜けの道になるならば、背面の融通性はなくなる。そこで車両用の入口は小さくし、私的な性格を明らかに示すことが重要になる。

4.7

スペースのエッジ

融通性を増加するために、建物と公共的空間との間のエッジは、屋内の私的な活動と屋外の公共的な活動を物理的に近づけることができるようにデザインする。これは建物内での活動と公共的空間での活動の特性の両方により、デザインに多様性を持たせるものである。

アムステルダム　オランダ　1

リクヴィール　フランス　2

パリ　フランス　3

まず、建物内の活動自体が公共的空間と隣接することの利点を考慮して、エッジのデザインにそれを取り入れること。共通する事例としては、住宅のバルコニー(図1)、パブやレストランのテラス(図2)、そして店のディスプレイエリア(図3)が含まれている。

オックスフォード　イギリス　4

アムステルダム　オランダ　5

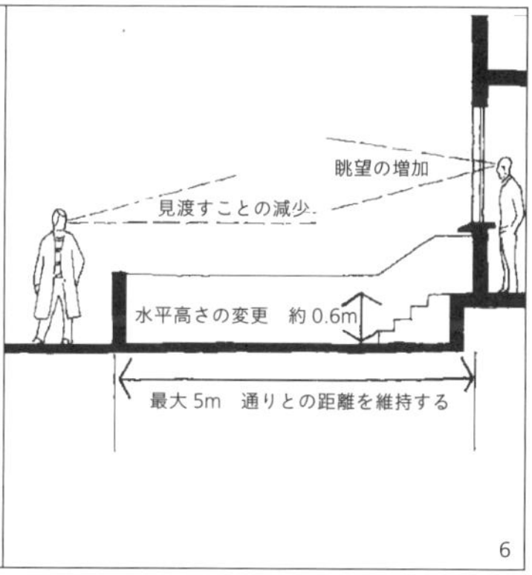

6

他方でエッジの重要な機能は屋内活動のプライバシーを保護することであるけれども、ユーザーはこのようにエッジがスペースへ与えてきた効果を否定し、公共的空間から全体的には活動を隠す必要性を感じていない。このプライバシーは、壁や窓までの水平距離(図4)や高さの変化(図5)または両方の組み合わせ(図6)によって達成することができる。

パリ、フランス 7

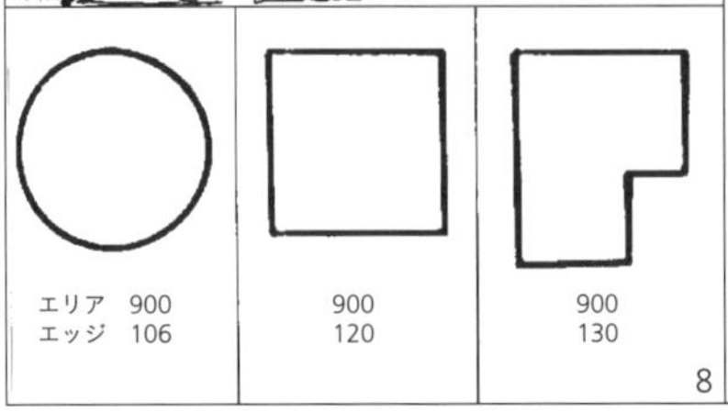

8

オックスフォード イギリス 9

公共的な活動が十分に起こっているところでは、他の人を見ること自体が共通の活動の1つになる。これはスペースのエッジでもっとも多く起こっており、何が進行しているかを観察する一方で、観察されることを避けようとする意識をはぐくむ（図7）［注11］。公共的スペースの面積に対するエッジの比率が大きくなるほど、その機会は大きくなる（図8）。観察を避けようとする意識はジグザグした形の建物ラインで増加される（図9）。しかし深すぎる凹みをつくることにより、見通しを減らさないように注意すべきである。

10

11

マンチェスター市立図書館 イギリス 12

人々の観察をサポートするエッジの効果は座る場所の供給によって非常に高められる。これらはつねに1人用の席である必要性はない。適切な寸法であれば、ニッチ（図10）、ストリングコース（図11）、およびコラムベース（円柱の基礎）（図12）は腰かけとしてとてもよく機能し、使用しない場合もさびれたようには見えない。

市庁舎　シェフィールド、イギリス　13

エギスアイム、フランス　14

もし座席がスペースよりもわずかでも高い位置にあれば見通しは高められる(図13、14)。

インターラーケン、スイス　15

これはエッジを必要する建物への商業的利益になる(図15)。

16
ヴュルヌ、ベルギー

エッジの潜在能力は、その一部を天候から保護することができれば、さらにいっそう増進される（図16）。

トレビソ、イタリア 17

バクストン、イギリス 18

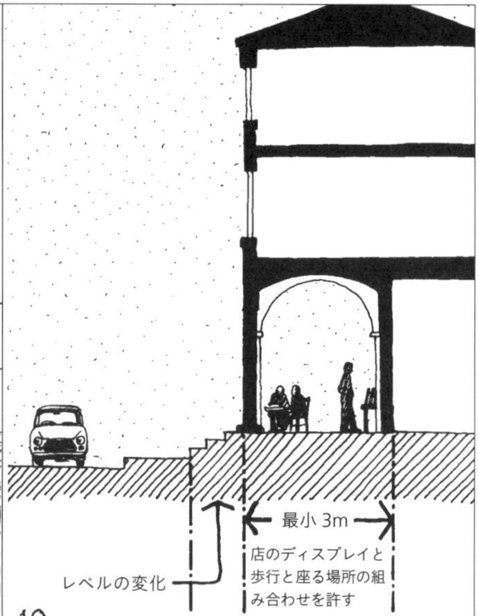

19

アーケードはその点で理想的である（図17、18）。最高なのは、眺望を広げるために隣接したスペースのレベルより高く上げるアーケードである（図19）。

4.8
車両交通量が多い通り

歩道には車両交通を抑制する効果をもつ一方で、歩行者の使用を支援するという複合した役割がある。デザインシート4.7で議論されたエッジゾーンに加えて、それらはさらに2つのゾーンを必要とする。歩行者の行動のために中央に1つのゾーン、そして歩道と車スペースの間の緩衝ゾーンである(図1)[注12]。

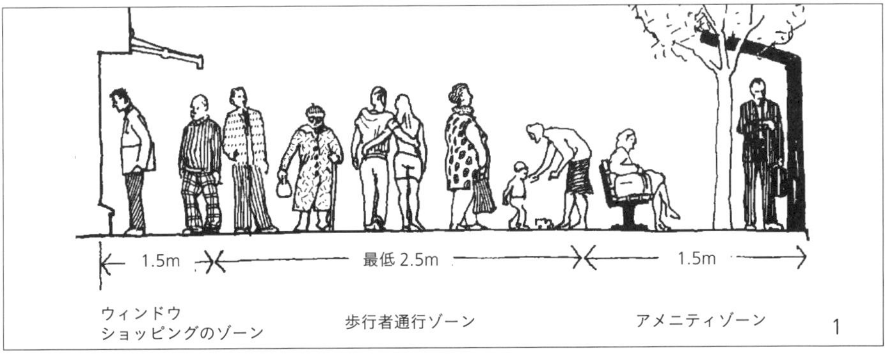

1

歩行者が行動するゾーンの幅はそこに含まれる歩行者交通のレベルに対して適切でなければならない。歩行者行動のゾーンと車のスペースとの間には、並木、座る場所、バスの停留所、公衆電話ボックスおよび自転車置き場のようなアメニティゾーンをとるべきである。これらのすべてでいっぱいになっているのではなく、後で他のものを追加できるようにスペースを空けておくのがよいだろう。

2
パリ　フランス

3
パリ　フランス

駐車した車自体が歩行者と走行中の車との間にもっとも影響を与える障壁物の1つであることを覚えておくこと(図2)。デザインシート1.3で議論したようにスキームの道路タイプは路上駐車が可能かどうかを決める。それが難しいならば、駐車のための中央緑地帯を余分につくる価値があるかもしれない(図3)。しかしこれがデザインシート3.6の通りの囲みの決定と矛盾しないようにすべきである。

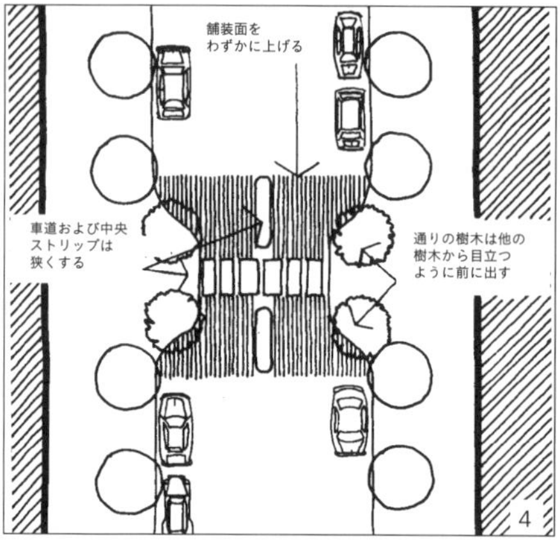

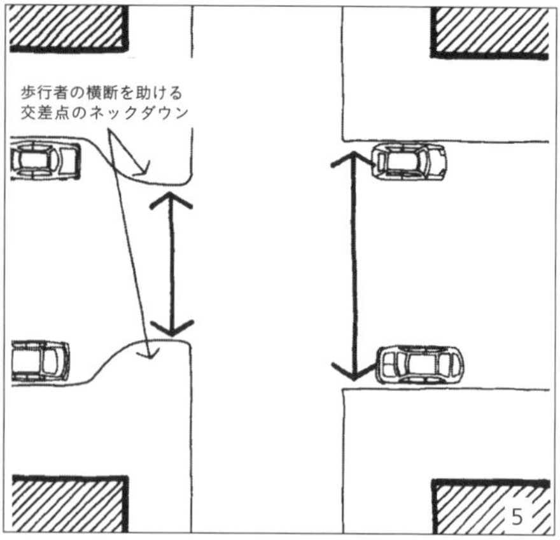

歩行者が車両交通がある通りを使うように奨励するために、歩行者が道路を横切りやすくしなければならない。ほとんどの人々は地下道や歩道橋よりも地上で横断することを好む。安全に横断する地点を提供し、それをできるだけ視覚的に目立つようにし、この地点の道路幅員を最小にすべきである。すべての横断地点は障害者に注意すべきであり、信号があるところでは信号は歩行者のためにできる限り残り時間を表示すべきである。

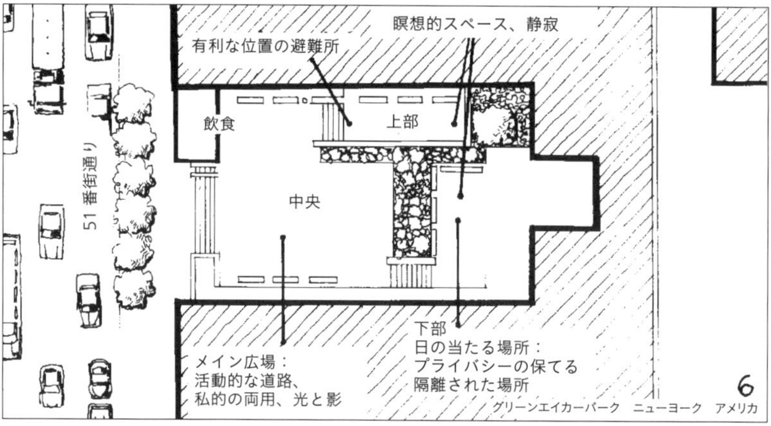

車の騒がしい通りでは、騒音の遮断と静寂は建物のラインからセットバックした小さいスペースによって得ることができる。できるだけ多くの人々に利益があるように、これらのスペースは歩行者の活動が活発な地域に配置するのがもっともよい。夜間に危険なことや落書き行為を減らすためには街灯で明るくすべきである。そして昼間と同様に夜間も使えるように建物で囲むか、安全で堅固な管理をすべきである。交通の影響を減らすためには、スペースの建物の開放的な正面が、通りの見通しを適切に維持するのに最低限必要である。これはスペースを通りのレベルより高くすればさらに増進される(図6)。

4.9

共有される通りスペース

ほとんどの住宅地で、慎重にデザインされたディテールを持つという状況下では、通りスペースは、車と歩行者が共有するスペースのために十分な融通性を持つようにつくられている。

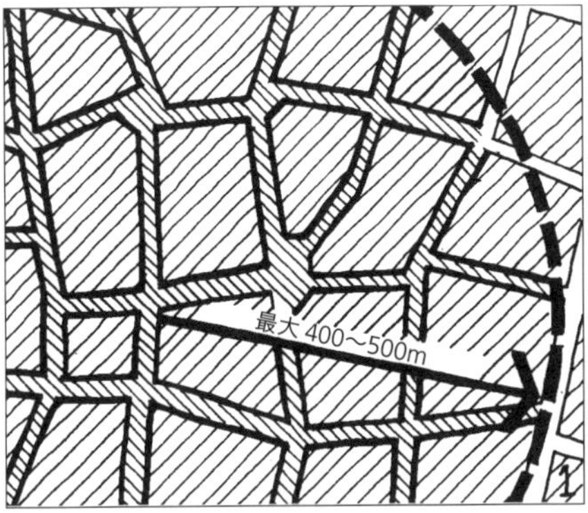

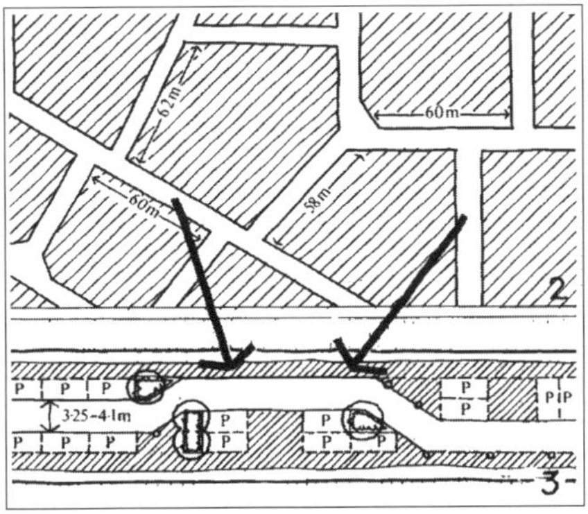

共同所有の通りスペースは、車両交通量が1時間当たり250台より少なく、大多数の交通の行き先が区域内にあるところだけに可能である。共有の通りスペースの原則にのっとってデザインされる通りのエリアは正規の車道から500メートル以上離れるべきではない(図1)。区域内の各通りは50〜60メートルごとに車が方向転換できるように備えるべきである。第1章で主張した小さい街区構造(図2)は理想的である。しかし車の方向転換が追加できることは必要かもしれない(図3)。対面交通は地区内の車の速度を減らすために奨励すべきである。

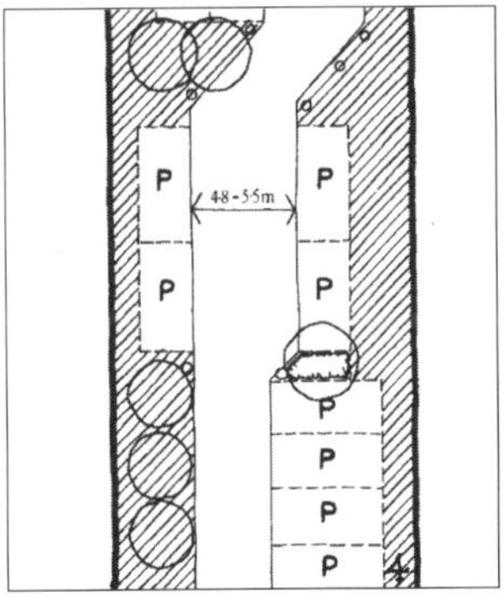

ユトレヒト　オランダ

道路の幅員は狭さを保持すべきである(図4)。車が方向転換することよりもその場を通り抜けるためにところどころ広げ、居住者と訪問者のための十分な駐車場が提供されなければならない。また、通りへの駐車は直角形態であるべきである。これにより運転者に注意を強く求め、車が空いているときはよい遊び場になる(図5)。

デルフト　オランダ

歩行者と車を分離することに重点をおく縁石による区切りは除去すべきであり、スペースの直線的性質を減らす舗装に取り替えられるべきである。車の速度を落とす多くの要素が必要であるが、恣意的な方法よりもむしろ樹木、子供が遊ぶための装置、または駐車する車などのように、区域内の他のユーザーに有益なものとして運転者に認識されることが重要である（図6）。また、運転者が子供を見つけやすくすることは重要である。盛り上がった妨害物は地盤面から750mmより低くするべきである（図7）。

ユトレヒト　オランダ

上に描かれているアイデアはすべてオランダの公有地のボンエルフで実際に使用されている。これらは他のところの交通規制と対立するかもしれないが、規制が緩やかなところでは何が機能上実効的であるかを説明している（図8）［注13］。

4.10
歩行者のスペース

次の状態のときは公共スペースから車を除くべきである。

- 車が歩行者の行動を制約する（稀な場合であり、活気のある商業通りは除く）
- 近くに代わりとなる車のルートがある

バーンスレイ　イギリス　1

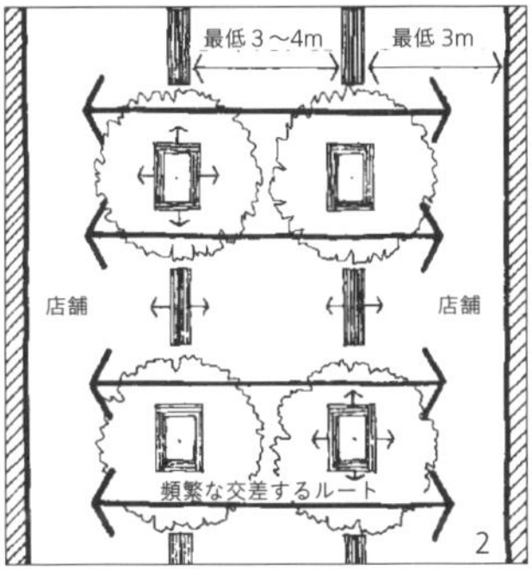

歩行者の通りが7メートルより小さい幅のところではデザインシート4.7で記述したようにエッジをデザインすること。広い通りや歩行者用広場は、人がその広場の中心に近寄りたくなるように、さらなるサポートが必要である。これらには座る場所を組み込むべきである（図1）。歩行者の流れに平行した座る場所を配置すること。より広い活動のある通りでは両側を使用し、スペースの中心に座れるように配列すること（図2）。

リエージュ　ベルギー　3

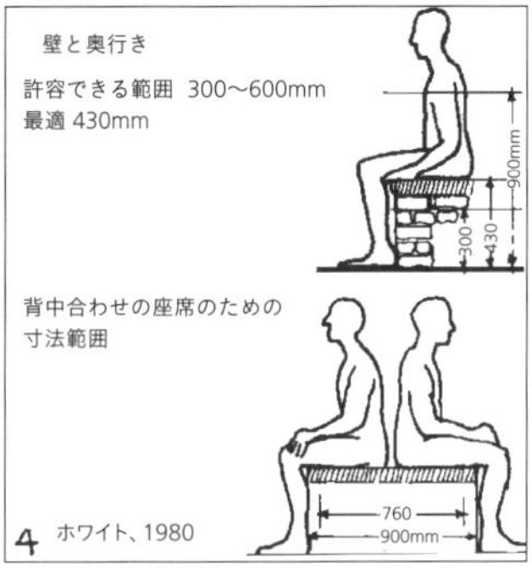

4　ホワイト、1980

広場で歩行者交通のために望ましいラインを設定し、次に歩行者を眺めることができる有利さを利用して座る場所を配列すること。人々が好んで同じようなところで立ったり、寄りかかったりすることを覚えておくこと（図3）。座ることのできる椅子またはベンチ（第一次座席と呼ばれる）、階段、壁またはプランターのような第二次座席を取ることができる。同様に多くの第一次座席を10％より少なくならないよう提供し、オープンスペースに各3㎡、少なくとも長さで3メートルの座る場所を確保する（図4）。舗装された区域の地盤面をできるだけ小さく盛り上げ、座る場所としての地形を選択できるようにすることは重要である。著しく見通しを妨げてしまわないような、周囲より低く座る場所を配置することは避けるべきである。管理できるところはどこでも移動可能な座席やテーブルを置くこと。さまざまな座席の扱いに関する意味は次頁の図表5で探求される。

選ばれた座席の形態

- まっすぐな平板

集団でなく一人のためのもので、前の出来事を直接観察する。

カップルは会話するために向きを変えることができる。しかし多分膝があたってしまう。

グループの相互交流のためには不都合。歩行者のルートを立っている人々が頻繁に妨害する。

- 単一の区画

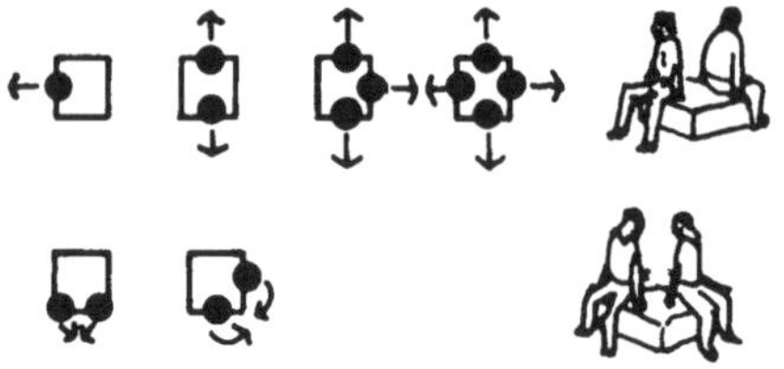

1 人の占有者または（サイズによって）背中合わせに座る 2～4 人の集団でない個人のためのものになる。使用者は向きを変えることもできるかもしれない。

サイズが限定されるためにカップルの相互交流には良くない。そして回転が難しい。グループの相互交流のためにはもっとも悪い。

- 単一のコーナーのユニット

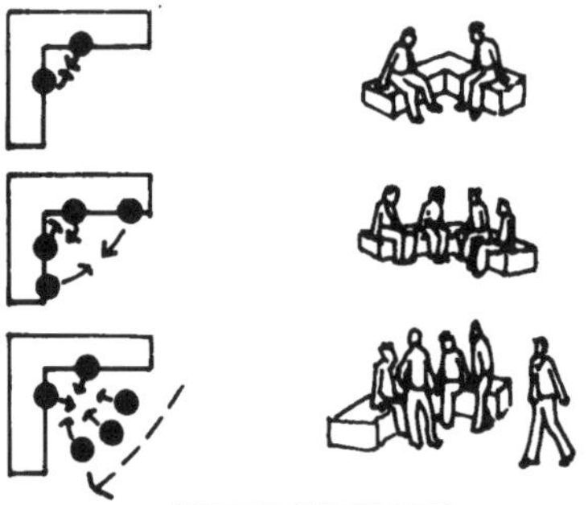

端にいる人との会話は容易でない。しかし 4 人の間の相互交流のためには機能する。

何人かの人が立たなければならないとき、小さいグループの相互交流のために真っ直ぐな平板や単一の区画よりもよい。彼らが立ってもおそらく隣接したルートを妨げない。

- 多数のコーナーをもつユニット

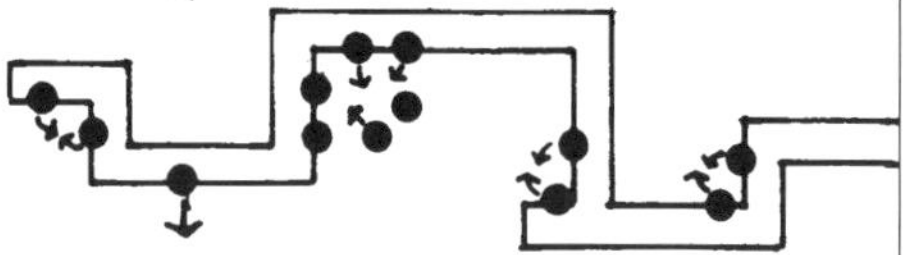

もっともよい：いろいろな要求を受け入れる。

ユーザーを互いにわずかに斜めに座らせて、向きを変えることを助ける。

- 円

集団でない個人が複数いる時によい。カーブは隣接したカップルとの会話ができる。しかし彼らが形に対して回転しなければならないので、真っ直ぐな平板より快適な会話はできない。より都合が悪いのは 3 人いる場合は誰か 1 人が尻を浮かせてバランスを取らなければならないことである（半径が小さいほど問題が大きくなる）。グループの相互交流のためには真っ直ぐな平板同様に不都合。

図表 5

座席の配列

• 完全な直線性

独立した眺めるための対象からの距離を保ち、見られることを回避できる座席。

端の人々は会話のために容易に回転できる。

端の人はすぐ隣りの人に振り返ることができる。隣りのベンチにいる人にも目で合図することなしで。

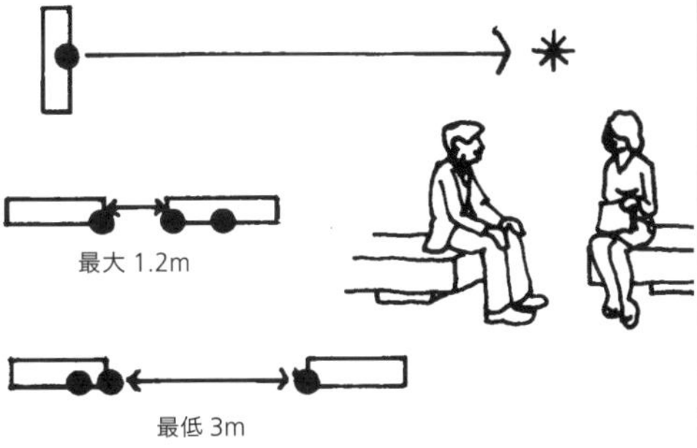

ユーザー間の相互行為を可能にするために最大でも1.2m に。

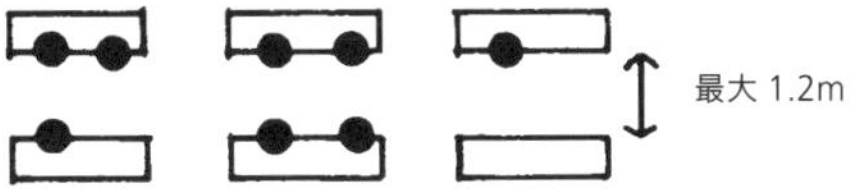

ベンチの列が通路の側面にある場合、それらを少なくとも 3m 離して置きなさい。反対の列に座っている人たちとの相互行為が通路を利用する他の人に使いにくくさせないように。

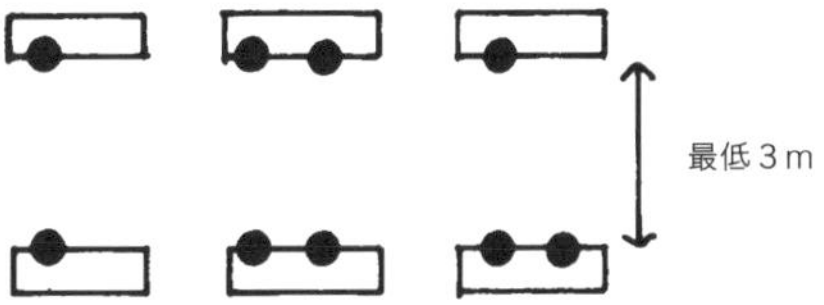

• 直角

煩雑な重複を避けなさい。同じような距離は完全な直線性と同じく作用する。

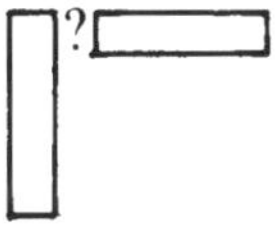

• クラスター

個人への需要も含み、距離や方位とのさまざまな組み合わせに適応するためにできるだけ多くの変化に富ませること。

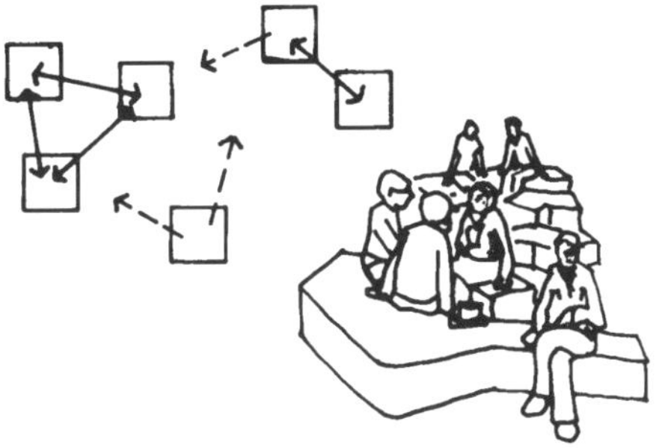

オリジナル：Rutledge 1980 年

図表 5 続き

リエージュ　ベルギー　6

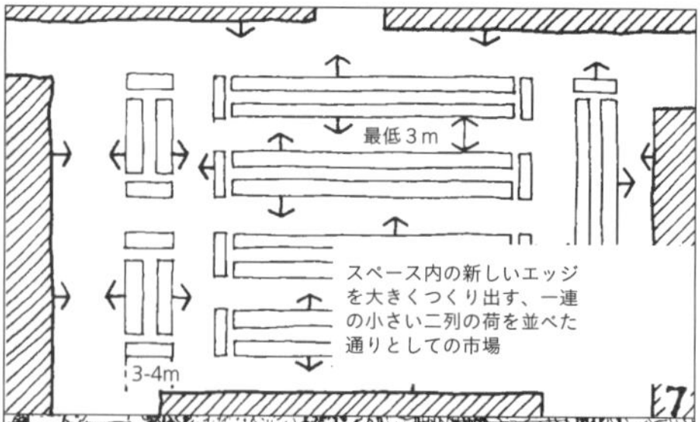

7

シェフィールド　イギリス　8

座席だけがスペースの中心を人々が取り囲むことを奨励するための方法でない。公共的用途のパビリオンやモニュメント(図6)もそれに必要な支援を提供できる。小規模に、特に座席やシェルターを組み込めば市場の特別席や情報用のキオスクは中心地に人々を惹きつけることができる(図7、8)。

モンマルトル　パリ　フランス　9

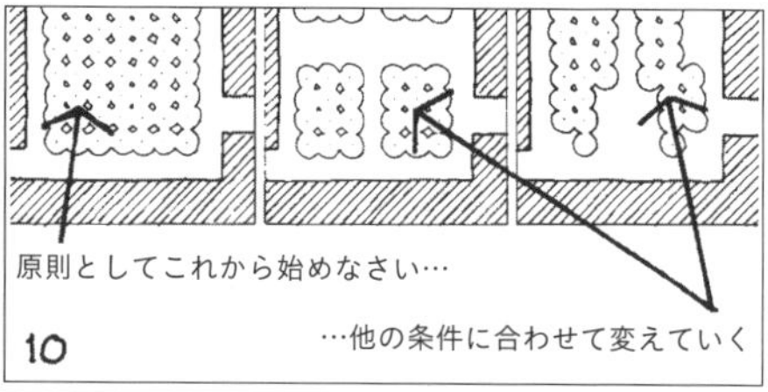

10

11

樹木は主要なスペース内に小さい囲みを形づくることができる。それはエッジのように、人々の空間的要求を促進する観察とそれを避ける組み合わせを提供する。樹木の覆いの下部は少なくとも地上2.5メートルでなければならない(図9)。樹木間に融通性のあるまとまりをつくるためには大体5メートル四方の格子状にそれらを植えること。これはデザインシート4.5で説明した平均規模の部屋と同程度の屋外を形成するものである。これは、歩行者の行動を妨げないで活動の広い範囲を支えることができる。格子パターンが単調であることを心配してはいけない。平面はシンプルなものであるが、眺望は複雑である(図10、11)。

4.11
微気候

戸外での広い活動、そこからくる融通性はミクロな微気候に一部は依存している——特に風と日光に。敷地にもっとも近い地方の気象庁に風の強さと方向についてたずねることから始める。

状態	風速m／s	効果
無風ないしは穏やかな軽風	0－1.5	無風状態、顕著な風なし
ごく軽い微風	1.6－3.3	風を肌で感じる
軽い微風	3.4－5.4	風は軽い旗をなびかせ、髪を乱し、服をはためかす
適度な微風	5.5－7.9	塵、乾燥した土、紙切れが舞い上がる、髪はかき乱される
かなり強い微風	8.0－10.7	体に風の力を感じ、吹きだまった雪は飛ばされる。快い風の限界になる
強い微風	10.8－13.8	傘を使うのが難しい、髪は逆立ち、普通に歩くことが困難、耳ざわりな風の音、風で運ばれた雪が頭上に舞う（猛吹雪）
ほぼ疾強風	13.9－17.1	歩く時不便に感じる
疾強風	17.2－20.7	一般に前進を邪魔する。突風でバランスをとるのが難しい
強い疾強風	20.8－24.4	突風で人が吹き飛ばされる

1

風速は温度に影響を与えるので、ある面で重要である。例えば、50km／hの風は摂氏1℃下げ、静かなそよ風は6時間で摂氏12℃下げる冷却効果がある。したがって図1はごくわずかのスペースの融通性と人々の活動への風速の効果を概述する。ここで明らかになったのは毎秒5メートル以下に風速を保つように設計すべきということである［注14］。

風速における建物の形態の典型的効果を図2は示す。第1～4章で主唱したように、通りや街区の形態の中にある4階建ての著しい利点に注意しておくこと。

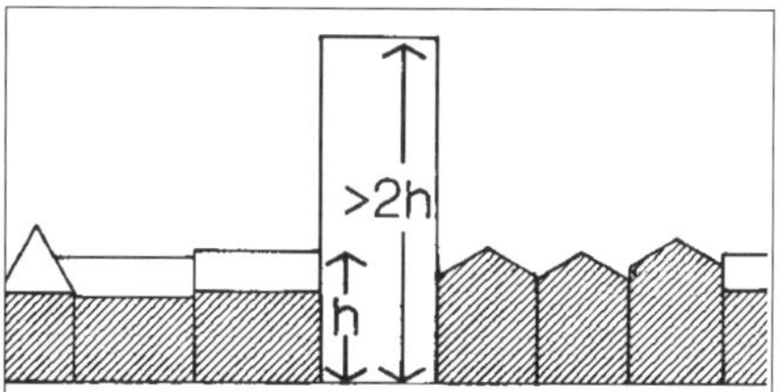

有害な地上の風はその周辺より高い建物に集まる。

2

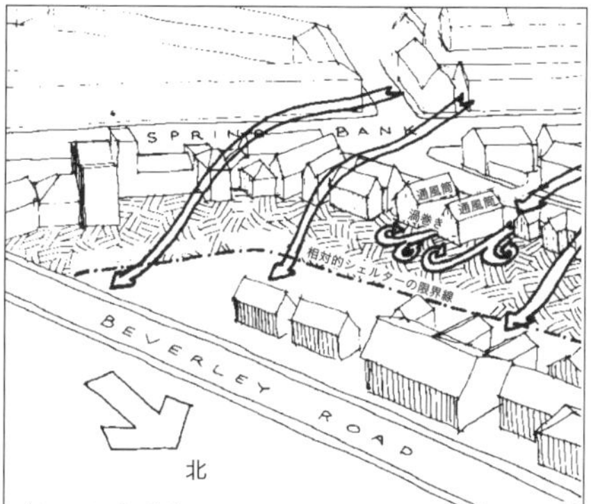

ブルーベルの角の敷地

3

風速の問題を最小限にするために、風のトンネルを使って、できる限りの改善を試みる。これは1：200のスケールで、少なくとも100メートルの規模の半径を、カバーする場所および環境のモデルを要求する。図3は、このようなテストが寄与できる情報のタイプを示している。

これらの図表は異なった経度で利用でき、影の投射が計算されるようにする。

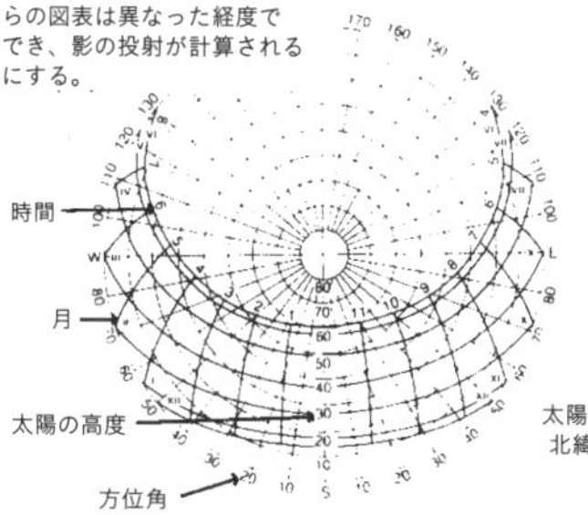

太陽の軌道図
北緯 52°

4a

人々は空間を横切る太陽に従う傾向がある。それを気候に従って追求するか、または避けるか、どちらにせよ、空間の日照量そして位置は緯度に左右される(4a、b、c)。

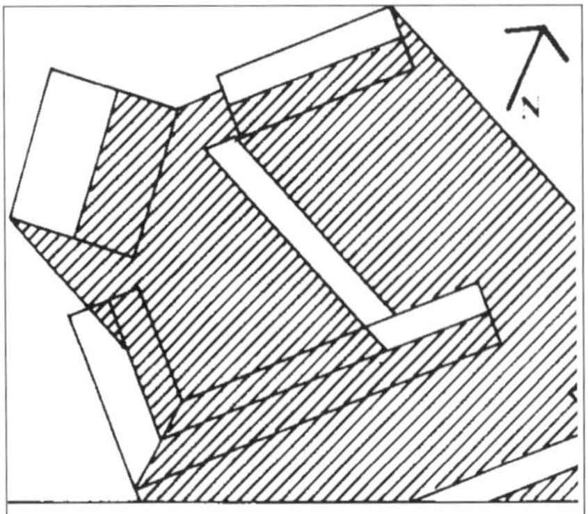

7 月 1 日 19 時北緯 52°
方位 120°　高度 8°

4b

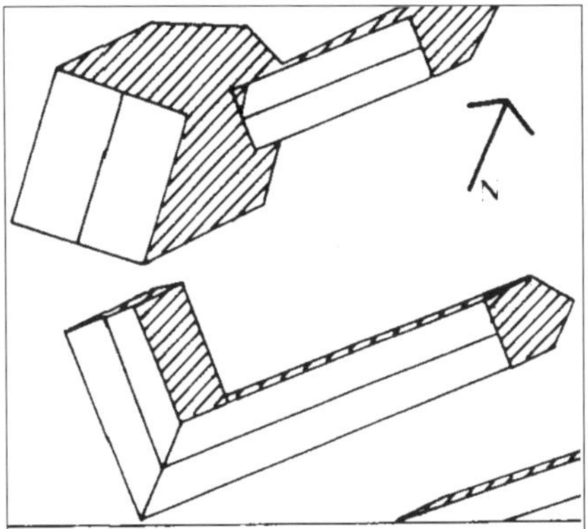

3 月 21 日 14 時北緯 52°
方位 40°　高度 38°

4c

日照と影の範囲は、スケールを適用するデザインで変化する。建物の大きさ、オープンスペースの幅、レベルの変化、スペース内の樹木や他の物体などである。

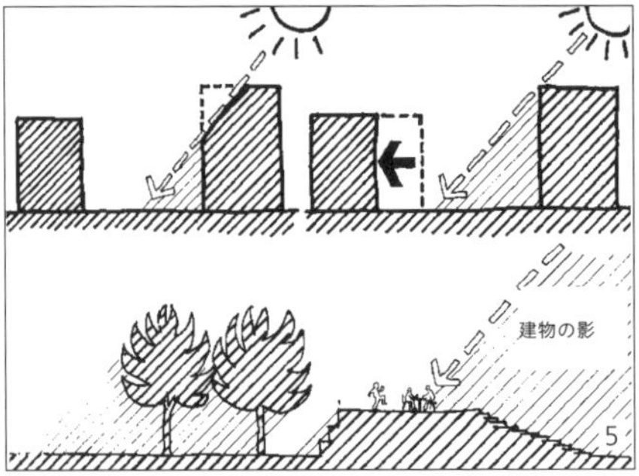

5

第 5 章

視覚上の適切性

Visual appropriateness

序

平面計画と建物全体についての初期の決定は、「デザインが全般的にどのように見えるべきか」を決定してきた。今のこの段階では、われわれは個々の建物の外観についてさらに詳細に焦点を当てなければならない。

このことは、人々が場所を解釈するうえで強い影響を与えるので重要である。デザイナーが望むか否かにかかわらず、人々は場所が意味を持つものとして解釈する[注1]。これらの意味が感応性を支援するとき、場所は「視覚上の適切性(ふさわしい見え方)」と呼ぶ性質を持つ。

1 どんなときに大切か?

「ふさわしい見え方」は、さまざまな経歴を持つ人々が訪れる可能性が高い場所で、その場所の外観が利用者自身によって変更できないときに、特に大切である。したがって、屋内および屋外の両方で、「ふさわしい見え方」は、スキームの公共的な空間の中であるほど重要になる。特に屋外の公共空間では、それは公共領域を区切る建物の外部に関係してくる。

2 何が「ふさわしい見え方」をつくるか?

人の場所に対する解釈は、下記の3つのレベルで場所の感応性を強化する。

1 形と用途で、わかりやすさを支援すること。
2 多様性の支援により。
3 大きなスケールと小さなスケールの双方で、その融通性の支援により。

3 形の「わかりやすさ」

第3章では、われわれは建物全体を、それが配置された地域の「わかりやすさ」を強化するためにデザインした。ここでは、この目的「わかりやすさ」を補強するために、詳細な外観をデザインしなければならない。たとえば、もし建物が視覚上その環境に溶けこむようにすべきならば、利用者がその詳細デザインと建物の周辺との間に類似性があると解釈できることが重要である。

しかし、ここには問題がある。異なる利用者のグループが2つの建物が同じ性格かどうかについて異なった意見を持つかもしれない。あるグループはプロポーションや全体の視覚構成に大きな興味をいだき、もう1つのグループはたとえば、窓やドアについての共通性など細かい手がかりに関心を持つかもしれない。

この場所はなんて単調なんだ！
なんて素敵！　全部の住宅が違って見える

4 用途の「わかりやすさ」

第3章で、「わかりやすさ」を向上させるために、どのように用途を配置するかを検討した。場所の外観は、そこに含まれる用途のパターンを利用者に読み解かせることができる。たとえば、できるだけ多くの利用者にとって、市庁舎は市庁舎のように見え、住宅は住宅のように見えるべきである。しかし、ここにもまた問題がある。あるグループには市庁舎と見えるものが、他のグループには工場に見えるかもしれない。

あるいは、人々は市庁舎と解釈するかもしれないが、市庁舎にふさわしくなく、民主的というよりも官僚主義的であると考える人がいるかもしれない。ある場所が否定的にとらえられる場合、その利用者は、それに対して活動的で、探求的な態度を取らなくなる傾向がある。感応性への可能性はそれに呼応して減少する。

5 多様性

第2章では、ある区域で広範な用途を共存させる可能性について検討した。建物の詳細な外観は、それぞれの用途を設定し、その区域のイメージにふさわしいものにすることによって、この共存を助長しなければならない。

ここに同様の問題がある。人々は、通りの向こうに市庁舎があることを気にしないかもしれない。しかし、もしそれを工場とみなしたら、それほど関心がなくなるかもしれない。

6 大きなスケールの融通性

第4章では、広範な用途に適応させるため、建物をどのようにデザインしたらよいかについて検討した。その詳細な外観が、すべての用途にふさわしく見えるようにすることによって、この可能性を補強しなければならない。

ここにもう1つの問題がある。建物は、どうしたら一度に複数の用途が見えるようにデザインできるのか。そして、いつの時代でもそこが実際に入れるものを明確に表すことができるか。

Couldn't someone start a vogue, asks Eric de Maré, for transforming these riverside **Lincolnshire warehouses** *into modest latter-day northern versions of those Venetian palazzi?*

7 小さなスケールの融通性

小さなスケールに関しても、第４章で屋内の特殊な空間をデザインする方法を検討し、屋外では、それらの特殊空間をさまざまな方法で活用させた。たとえばこのような住宅は、広範な異なるライフスタイルの人々が使用することができた。しかしこれもまた問題を引き起こす。すなわち、さまざまな背景を持つ人々がそれぞれ、それをふさわしい住宅とみなすためには、どのようにその建物をデザインしたらよいかという問題である。

出窓が本当に家らしく
見せているわ。
私は好きよ……
非常に印象的ね。

8 詳細な外観の役割

そろそろ、これらの問題を克服することにより、スキームの詳細な外観が感応性を支援するのに大切な「果たすべき役割」を持つことを明らかにすべきである。それは単に平面の副産物でもなく、芸術的な気まぐれでもない。

立面が特殊な役割を演じるというこの考えは、ほとんどのデザイナーになじみのないコンセプトである。

それを忘れないために、各スキームの公共的性格を見せるという外観が果たす目的のために、詳細な性能仕様を書く必要がある。これはデザインシート5.1で説明する。

9 人は場所をどのように解釈するか？

これらの解釈を推奨するために、われわれは人々が場所をどのように解釈するか理解すべきである。

人々は視覚に入るキュー（手がかり）を特定の意味に解釈する。なぜならば、そうするように学んできたからである[注2]。しかし、人々は社会的に孤立して学んだわけではない。学んだ大部分は、公式にせよ非公式にせよ、人々のグループによって共有されている。その構成員はその場所を同様に解釈をする傾向がある[注3]。

しかし、異なるグループの構成員は同じ場所に違う解釈をすることもある。これは2つの理由で起こる。

・彼らの環境的経験が他のグループと違っている[注4]。
・彼らの目的が他のグループと違っている[注5]。

たとえば、多くのイギリス人は、次ページの左のスケッチのような通りで育っている。

これは、一般の人々が暮らしてきたよくある種類の住宅である。したがって、右のスケッチと同じような視覚的なキューを含む新しい建物は、おそらく住宅として解釈されるであろう。

しかし、このように見える建物が住宅としてふさわしいと解釈されるかどうか決めるのは人々次第である。たとえば、あるグループは自分たちの社会的な地位を変えることに強い関心を抱き、伝統的な通りでそのキューを採り入れた住宅を労働者階級にふさわしくないとみなすかもしれない。その他のグループは、それを気持ちが安らぎ、親しみやすいと思うかもしれない。

つまり、利用者のさまざまなグループがわかりやすさ、多様性、そして融通性を支援するものとして解釈するキューを用いて、視覚的に適切な場所をデザインしなければならない場合、われわれは各利用者グループに関係する視覚的なキューを探しながら、その場所の利用者に多く蓄積されそうな経験と目的を調査しなければならない。

ハウジング計画
スウィンドン、イギリス

10 われわれが必要なのは どのキューか？

「わかりやすさ」を支援するために、われわれは、そのコンテクストに関係する建物についてどのように解釈するかというキューを必要とする。つまり、「関係するパス、ノード、ランドマーク、エッジまたはディストリクト」を補強するか、あるいは目立たせることである。

われわれはこれらをコンテクスチュアル・キュー（文脈的キュー）と呼ぶ。多様性と融通性は、一方ではスキームに用いられる方法に関係する。これらの性質を支援するために、「関係する多様な用途に適しているように解釈できる」キューを必要としている。われわれは、これをユース・キュー（用途キュー）と呼ぶ。2種類のキューは、デザイシート5.2で説明する。

11 デザインにキューを使う

一連のキューが見つかったなら、最終段階はデザインシート5.1で概述する目的を達成するためにこれらを使うことである。コンテクスチュアル・キューを用いてわかりやすさを達成し、ユース・キューで多様性と融通性を支援する。

コンテクスチュアル・キューを用いる方法は、デザインシート5.3と5.4に、ユース・キューは5.5で検討する。すべてのキューを詳細デザインに持ち込む最終プロセスは5.6で説明する。

デ ザ イ ン の 意 図

視覚上の適切さ（ふさわしい見え方）をどのように実現するか？

1 「ふさわしい見え方」をつくり出すために、出発点として第4章からデザインを採用する。

2 関係利用者グループに伝える感応性はどれかを特定して、スキームの中に、だれにでも公共的に見える外観のための詳細な目的を設定する。［→デザインシート5.1］

3 これらの目的を達成するため、コンテクスチュアル・キューとユース・キューの必要な表現形式を見つける。［→デザインシート5.2］

4 わかりやすさについての目的を達成するために、コンテクスチュアル・キューの意味を考える。［→デザインシート5.3、5.4］

5 多様性と融通性の目的を達成するために、ユース・キューの意味を考える。［→デザインシート5.5］

6 各外観の最終的なデザインにコンテクスチュアル・キュー とユース・キューを活用する。［→デザインシート5.6］

5.1

詳細な外観――仕様

われわれは、感応性を支えるプロジェクトの多様な配置や建物の主要部分はすでにデザインしている。次の段階は、多くの人が見るその外観からプロジェクトの多様性、「わかりやすさ」、そして融通性を幅広いユーザーに伝えることである。

立面、屋根そして床の平面など、この段階で考慮すべきデザインをすべての詳細な外観で示すように描くことから始めよう。アクソメは、1つの図面上でこれらのすべての外観を表現するのに手早く、有効である。

次に、それぞれの外観が人々に伝えるべき特質を決めるために、1つずつ人々に見える外観すべてを考える。下に概説するように、各外観は一度に1つの特質を通して機能しているので、すべての特質が必ずしもすべての外観に関係しないことを覚えておくこと。

1 多様性

- ある提案の用途のイメージが、その近隣にふさわしくないものとして見られないように、デザインに注意しなければならないスキームにあるすべての外観を考えること。
- これらの外観のために、外すべき不適切な開発者を決めること。
- 次に表記するように、これらの条件により示されたデザイン上の目標を記録すること。

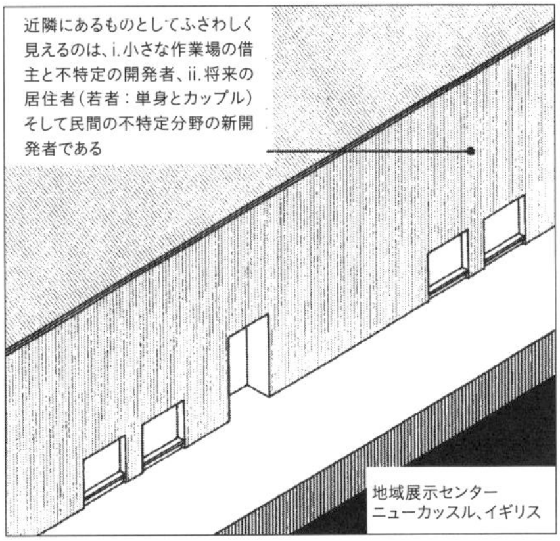
近隣にあるものとしてふさわしく見えるのは、i.小さな作業場の借主と不特定の開発者、ii.将来の居住者(若者：単身とカップル)そして民間の不特定分野の新開発者である

地域展示センター
ニューカッスル、イギリス

2 わかりやすさ

デザインシート3.5～3.8でつくられた形態のわかりやすさについての決定を思い出すことから始めること。そこから、スキームの中で、それぞれ目に見える外観を考えること、以下で例証されているように、それに関連する決定を記録しておくこと。

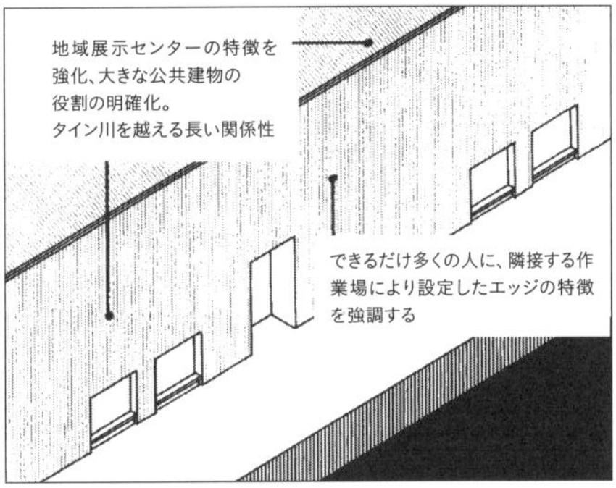
地域展示センターの特徴を強化、大きな公共建物の役割の明確化。タイン川を越える長い関係性
できるだけ多くの人に、隣接する作業場により設定したエッジの特徴を強調する

3 小さなスケールの融通性

- 各外観によって規定された屋内と屋外の空間の計画された用途を見直す。
- 建物や戸外の空間を使用するすべての関係グループを考慮する。ふさわしくないイメージにより思いとどまるかもしれないグループに対し、特別の注意を払うこと。
- 以下の図面に例証するようにこれらの要素で

示されたデザインの目標を記録すること。

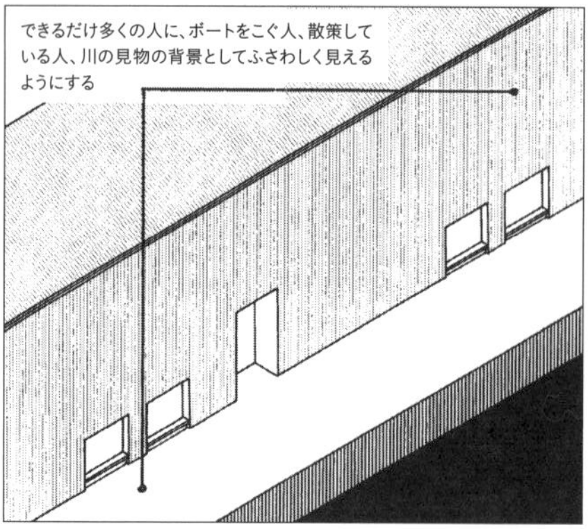
できるだけ多くの人に、ボートをこぐ人、散策している人、川の見物の背景としてふさわしく見えるようにする

4 大きなスケールの融通性

・視覚的に誰にも見ることのできる外観によって規定された内部空間と外部空間それぞれのために、第4章で説明されたように将来の用途を見直す。

・それらの用途にとっての場所の将来性の判断から、利益を得られる関係グループを考えること（これは当該用途に関心がある開発者、借主、購入者を含んでいる）。

・下記のように、これらの条件により示されたデザインの目標を記録すること。

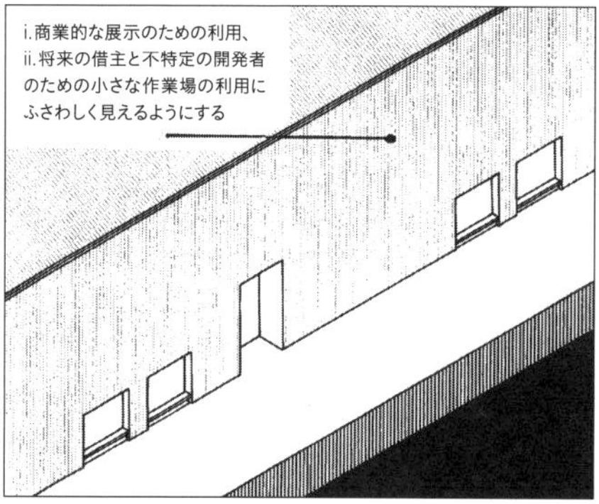
i.商業的な展示のための利用、
ii.将来の借主と不特定の開発者のための小さな作業場の利用にふさわしく見えるようにする

5 全体の仕様

屋根

できるだけ多くの人々に対して、ニューカッスルの地域展示センターの特徴を強調し、主要な公共建築としての役割を明らかにすること。

壁

(i)小さい作業部屋のテナントと任意の開発者、(ii)居住者となる人（若い単身者とカップル）のような身近な人々、および任意の民間の住宅開発業者に適切に見えるようにすること。できるだけ多くの人々にのために作業部屋に隣接して配置したエッジの視覚的特徴を強化すること。散歩と川見物をボート遊びの背景となるように、できるだけ多くの人々に適しているように見えるようにすること。(i)展示利用の多くは商業的、および(ii)テナントや任意の分野の開発者の作業部屋の使用のために適切であるように見えること。

床面

散歩と川見物とボート遊びのための背景とし、できるだけ多くの人々に適切に見えるようにする。

この段階までに、人々に見える各々の外観は、設定された目標をもつことになろう。次のステップは、デザインシート5.2で述べるように、これらの目標を達成するための視覚的キューを探すことである。

5.2
視覚上のキューを探す

デザインシート5.1は、われわれはさまざまな利害関係グループについて、スキームをどのように解釈すべきかを描いている。次のステップは、この解釈を支援するキューを探し出すことである。これらのキューは2種類ある。

1. 特別の場所に集約されているキュー――わかりやすさという目的を充足する。これをコンテクスチュアル(文脈的)・キューと呼ぶ。
2. 特別の用途に集約されたキュー――多様性と融通性という目的を充足する。これをユース(用途)・キューと呼ぶ。

1 コンテクスチュアル・キュー

デザインシート5.1でスキームの中の視覚上公開された外観を考えてきた。そして、どのパスやノード、エッジ、ランドマークそしてディストリクトを外観のために集約するかを決定した。

これから、あるコンテクストを集約するための視覚的なキューを探さなければならない。

まず、キューをどこで探すのかを決めることから始める。目標課題が、特定のパスやエッジ(デザインシート3.5、3.6で決定)が外観を強調したり、目立たせたりしているところでは、右上のスケッチのように見える範囲の外観のパスやエッジの断面からキューを探す。

目標課題がランドマークとなっているか、外観を強調しているところでは(デザインシート3.3と3.8で決定)右下のスケッチに見るように地域の中でキューを探す。

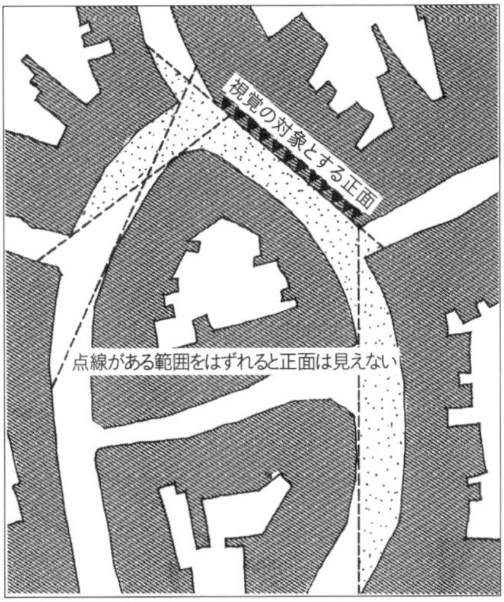
視覚の対象とする正面
点線がある範囲をはずれると正面は見えない

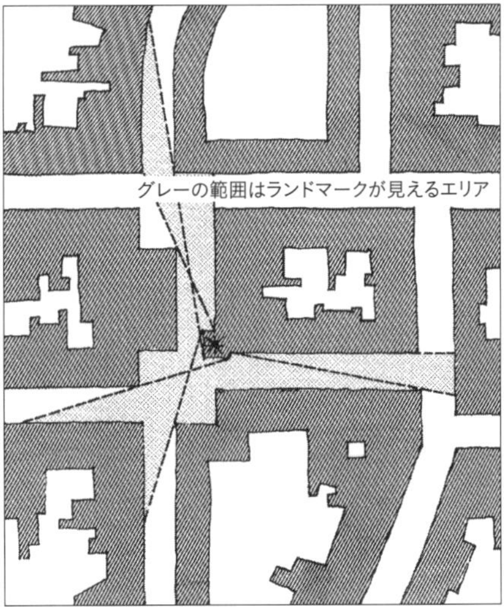
グレーの範囲はランドマークが見えるエリア

デザインシート3.4、3.5、3.7で決めたように、特定のノードやディストリクトから外観を強調したり、目立たせることを目標として使われるキューを、その地域の中か、隣接地域の中に見つけ出す。そこでは混乱を引き起こすキューは避けるべきである。

各々のケースで、平面プランに境界を引くこと、それから、人々が注目する見える範囲の目立つものとしてのキューを探して地域を歩きまわること。

多様な文化と背景をふまえたさまざまな調査により編集された次のリストは、注目される物体の有用なチェックリストである[注6]。

・垂直のリズム
・水平のリズム
・スカイライン
・壁面の詳細(材料、色、パターン化)
・窓
・ドア
・地盤面の詳細

既存のスケッチや写真にないリストの中の要素のすべてをはたらかせよう。きちんとしたやり方でこれらのキューを記録し、キューをデザインへ反映しやすくすることが重要である。

有効なフォーマットは、次のページで説明している。それは特定地域の性格を強調するために、あるキューは使われ、あるキューは避けられていることを示している。

どのグループがどのキューに注目するかを予測することは難しい。幅広いグループと関係しているキューを含むことは、デザイン表現形式のリストに挙げたさまざまな形のタイプをできるだけ多く含むことを目指すためである。結局は、あなたが見つけるキューが当該グループによって、特定の目標課題が消極的なものとして解釈されないような配慮が必要である。もしそうなら、デザインするときに、そのキューは避けること。

財源が許すところでは、当該グループの反応のあるこのような事項について、議論すべきである。

住宅、
ニューカッスル、イギリス

2 ユース・キュー

デザインシート5.1では、多様性と融通性の目的について作業した。これからわれわれは、これらを支援するユース・キューを見つけなければならない。

ほとんどの用途は建物の多様なイメージでつなげられており、その各々のイメージは視覚的なキューで結合されている。

デザインシート5.1で各目標を決めるために、当該グループのリストを通して、どの建物のイメージが各グループになじみやすく好まれているかを決めるためにチェックすること。それらは多分同じではない。繰り返しになるが、財政が許す限り、当該グループの代表者とこれについてのあなたの考えをチェックすること。

当該グループのために時間をとって、関連する用途のなじみやすく好ましいイメージについて多くの事例を見つけること。注目される建物のチェックリストを用いること。デザインで用いた一連のポテンシャル・キューを総合化する。そのプロセスは下の図表に描かれたとおりである。

この段階までに、われわれはデザインシート5.1で決定した目標課題に関する特別のコンテクストと用途で結合されたキューに注目してきた。これらのキューがさまざまな状態で用いられる多様な方法は、デザインシート5.3から5.6で述べられている。

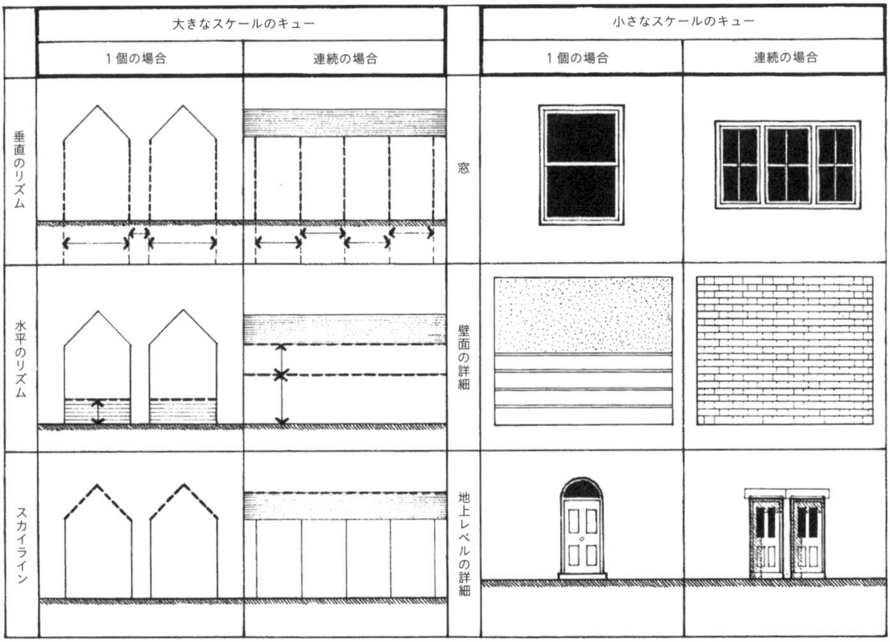

5.3

コンテクスチュアル・キュー
——周辺の場所

デザインシート5.1では新しい外観を、そのコンテクストの視覚的な特徴で強調するか、コントラストをつけるかを決定した。それをデザインシート5.2で追究した。ここからは、次の目標課題を達成するためにキューを使う方法を説明する。

デザインシート5.2で、コンテクストの視覚的な特徴を分析するときに見つけたキューは、2種類である。

1.「要素」(壁面の詳細、窓、そしてドアと地盤面の詳細)
2. 要素間の「関係」(水平と垂直のリズム、そしてスカイラインの関係)

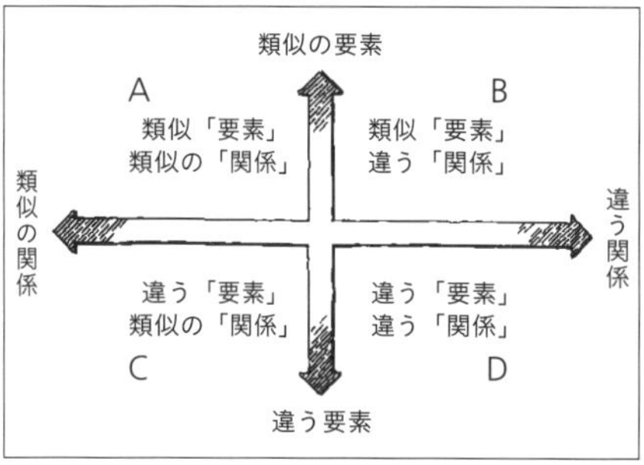

上図のように両方の「要素」と「関係」は、すべて同じであることからすべて違っていることまで多様である。

以下に説明した4つのキーとなる可能性を考えることが有効である。

A　類似「要素」・類似「関係」

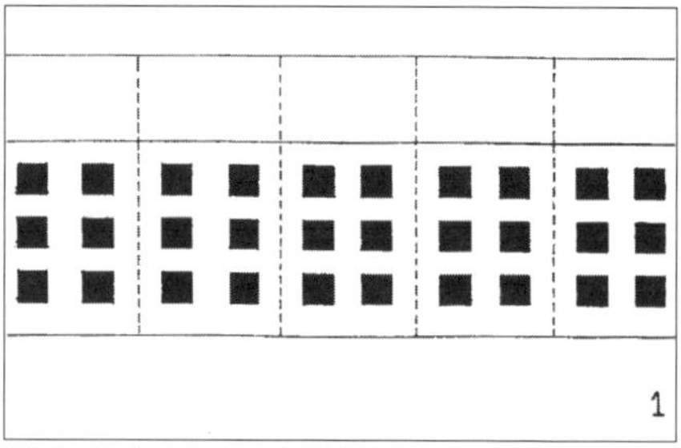

類似「要素」でつくられた視覚的特性は、
類似「関係」として並んでいる。

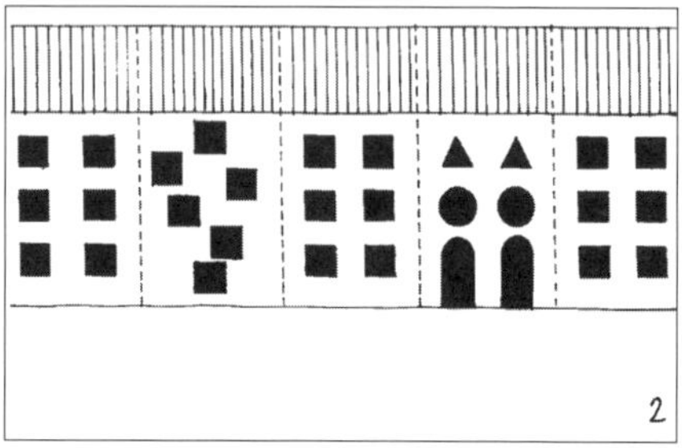

新しい「関係」または新しい「要素」の導入は、
そのコンテクストにより目立つ外観をつくる。

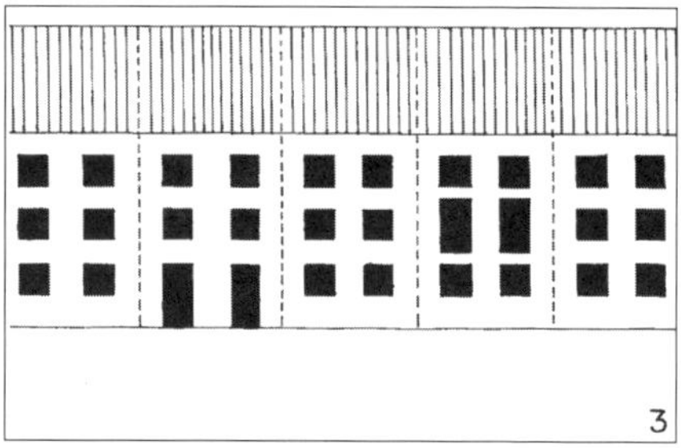

新しいデザインの中に多くの既存の
「要素」と「関係」を用いて、
既存の視覚的特性を強調する。

B　類似「要素」・違う「関係」

類似「要素」が異なった「関係」で並ぶことが、
視覚的特性をつくっている。

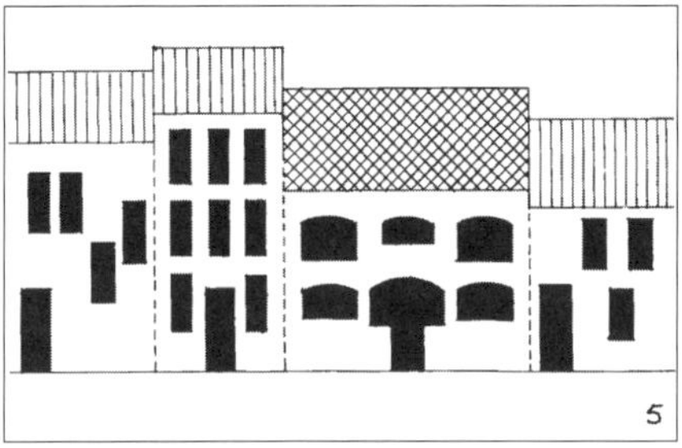

違う「要素」は違う「関係」よりも、
コンテクストから目立たせる新しいデザインを
つくるのに効果がある。

新しいデザインではできる限り既存の
「要素」キューを用いて既存の性格を強調する。
しかし、第6章で述べるように、
デザインをより豊かにするために、後に調整できるように、
その「関係」性は試験的に決めるだけである。

C　違う「要素」・類似「関係」

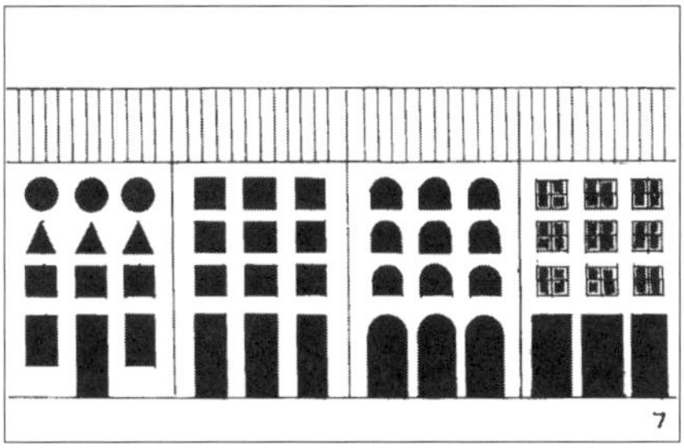

キューとしては多くの「関係」性があるが、
共通「要素」が少ないとき、類似の「関係」により
異なった「要素」により視覚的特性をつくっている。

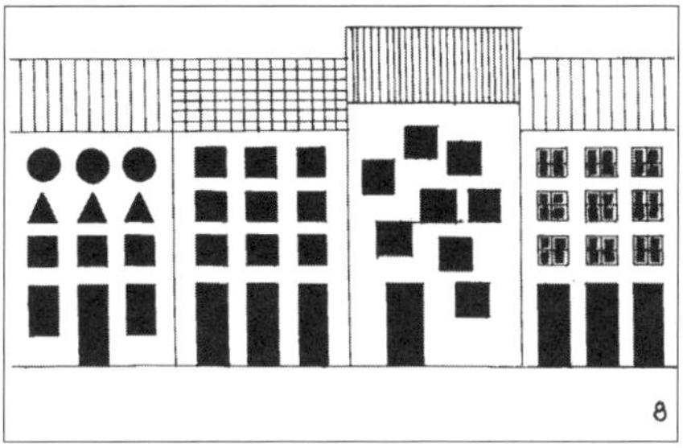

違う「関係」は違う「要素」によって、
新しいデザインを
そのコンテクトから目立たせる。

できるだけ多くの「関係」性のあるキューを用いて
既存の性格を強化する。
しかし「要素」は試験的に決めるだけで
豊かなデザインのために調整できる。

D　違う「要素」・違う「関係」

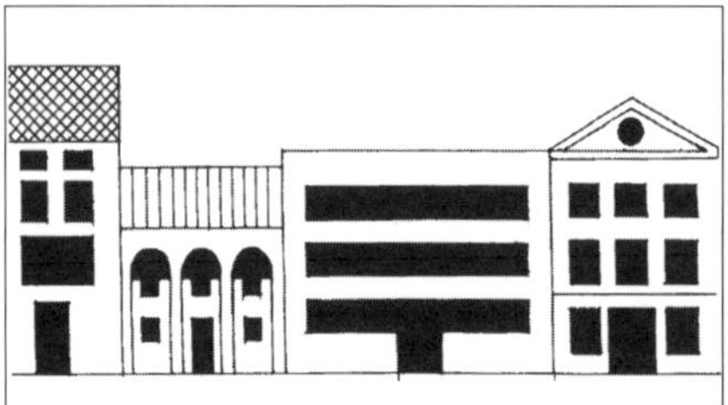

10

どちらのキューも乏しい場合は、
違う「関係」でつくった
違う「要素」で感覚的特性をつくる。

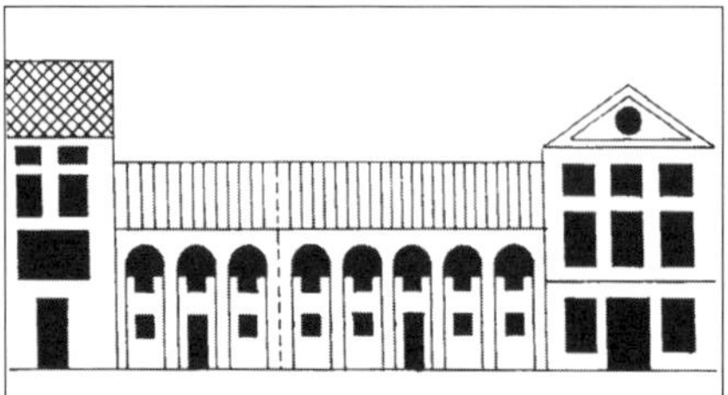

11

新しい「要素」あるいは
新しい「関係」によるデザインは
既存コンテクストと対照的である。

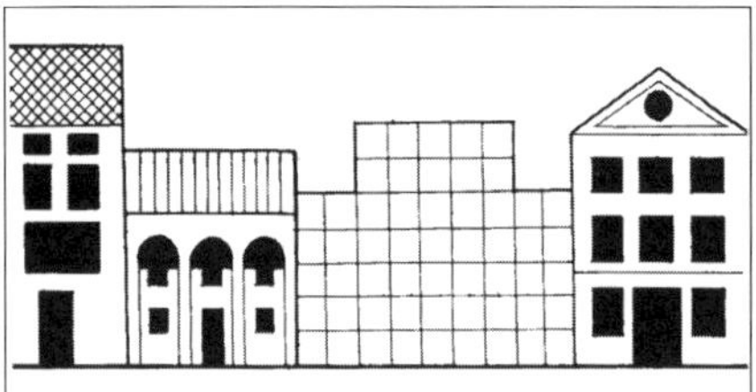

12

既存の性格を強化するためには、
新しいデザインの中に、
類似「関係」や類似「要素」を挿入することを
避けるのが大切である。

5.4

コンテクスチュアル・キュー——隣接する建物

このデザインシートは、共通点のない性格を持つ隣接する建物同士を結合するのに新しいデザインをどのように用いるかを示す。これはデザインシート5.3に目標として決められている。大切なキューは隣接建物からのキューである。それらは新しいデザインでもっとも直接的に視覚的な関係を持っている。

大きなスケールのキューからスタートする(図1)。もし片側の建物が共通のキューを持っているなら、出発点として使うこと(図1)、そうでないなら、片側から使うか、反対側から用いるかを見極めること(図2)。

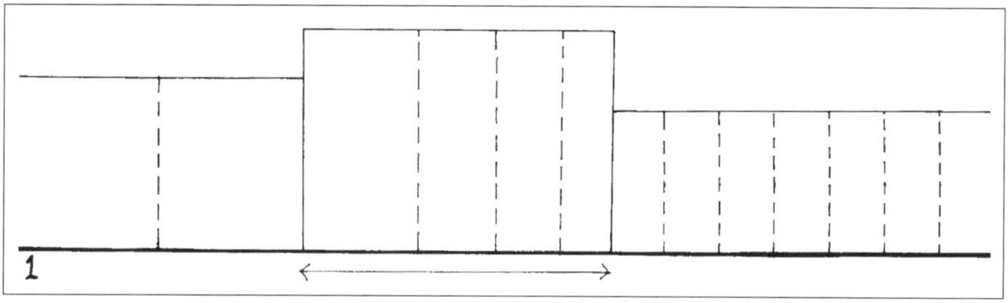

次のアプローチは、新しい建物の大きなスケールのキューを、一方の側の建物キューとつなげることである(図3)。

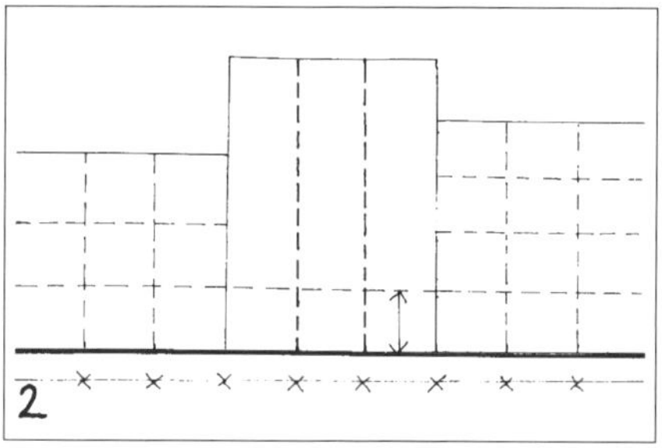

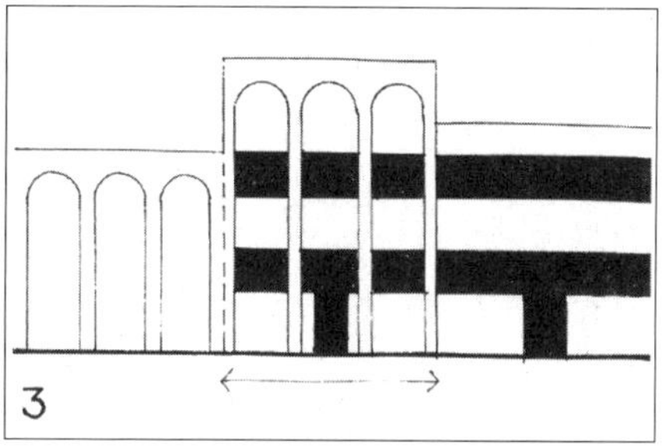

次に、小さめのスケールのキューを考える。ここには2つの可能性がある。

1.両側からキューをとり入れる。しかし特に大きなスケールのキューをとり入れた側から使う(図4)。

2.片側のキューを少しずつ転換する(図5)。

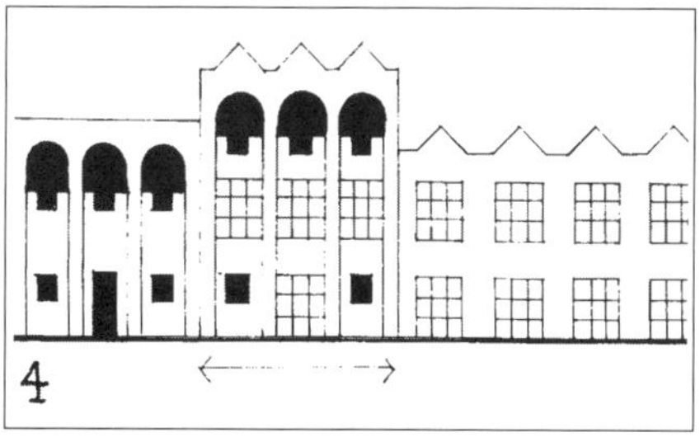

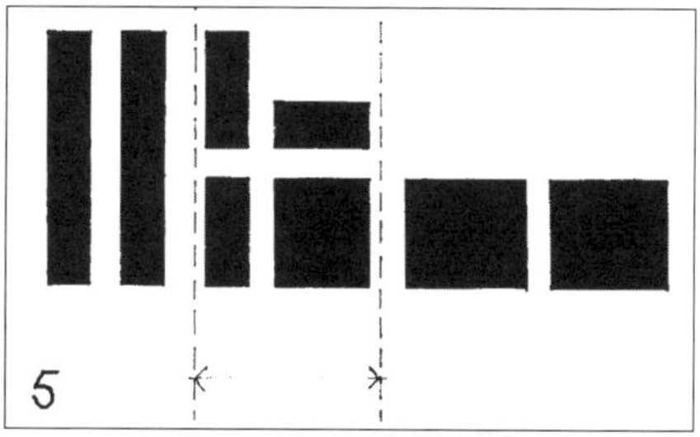

非常に異なった2つの例、他方の建物との視覚的な特徴を統合するために用いられる建物を示している（図6、7）。

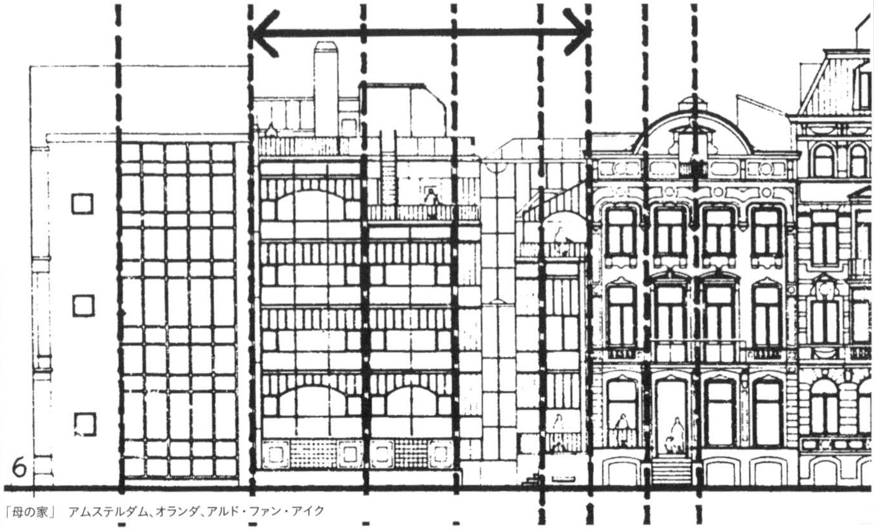

6

「母の家」 アムステルダム、オランダ、アルド・ファン・アイク

ブリュージュ、ベルギー

7

5.5

ユース(用途)・キュー――多様性と融通性の支援

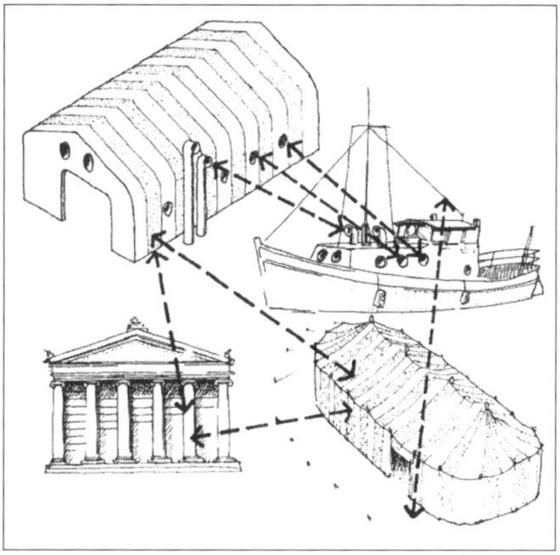

このデザインシートは、シート5.1で開発された多様性と融通性についての目標課題を実現するためにシート5.2からのユース・キューをつなぐ方法を示唆している。

1. 各々の用途について「スカイライン、水平と垂直との関係、その他」というキューのセットで

地域展示センター
ニューカッスル
イギリス

建物群の大きなスケールを分析することから始める。

それは、他のもののセットの中で、「スカイライン、水平と垂直との関係」で似たセットになっているキューで、デザインの視覚的構成をつくっているものを探すこと。この有効な類似性を認識する能力は科学というより芸術であり、実践によって発展する。

2. これまで、確立されてきたデザインの大きなスケールの骨組みは、小さなスケールのキュー、たとえば、窓、入口地盤面の詳細によってはたらいている。もう一度外観に関わる詳細デザインを開発するために、多様なユース・キューの中にある類似性を探すこと。
3. 最後に、特定の課題目標についてどの当該グループの見解についても、財源の許す限り、その結果となるデザインをチェックすること。

デザインシート5.1のニューカッスルで開発された実施設計に対応したプロセスを用いることは、このデザインシートの後の部分で説明されている。

5.6 コンテクスチュアル・キューとユース・キューの結合

このデザインシートは、デザインシート5.1で開発した実行仕様書を満たすために、コンテクスチュアル・キューとユース・キューを一緒に扱わなければならないときに生ずる複雑な状況を組みとめる。

デザインシート5.3、5.4、5.5で述べたように、潜在的キューを選択するプロセスの中で、ある目標課題が幅広いキューに適合する一方、他は非常に限られた範囲でしか達成できないことが明らかになる。デザインにキューを用いるときの失敗を避けるために、限られた範囲でのキューによってのみ達成できる目標を立てることから始めることが重要である。

最初は、2、3のキューによって達成されるもので始める。そして、もっとも幅広く充足することができるもので終わる。一度これを行ってから、もっとも限定された範囲の適切なキューを持つ目標を満たす大きなスケールのキューを選ぶことによってデザインを始めること。

それから、選ばれたキューが2番目の目標のために適切であるかどうか確認し、その後、できるだけ多くの目標に合わせるように、新しいデザインを修正する。それから小さなスケールのキューでこのプロセスを繰り返す。次ページからの例で説明するように、デザインを徐々に詳細にしていく。

目標 ／ キュー	できるだけ多くの集団に展示センターで形成される波止場地帯のエッジの適切な連続性として見えるように	1人と若いカップルのためにもっとも幅広い単位で住居として適切に見えるように	できるだけ多くの集団が川向こうからニューカッスルの展示センターの一部として適切であると見えるように	できるだけ多くの集団のレジャーの背景として適切であると見えるように	解
垂直のリズム	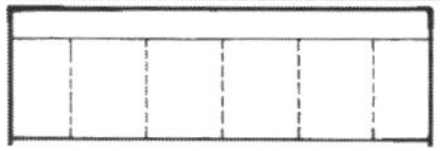 展示センターの垂直線は中央で7m、フラットの垂直線は階段 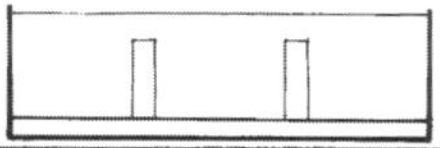	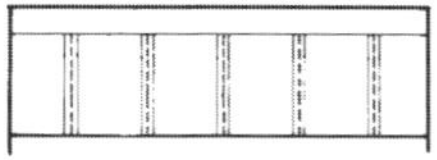 中央の垂直線をつくる——中の出窓は、フラットの1つ 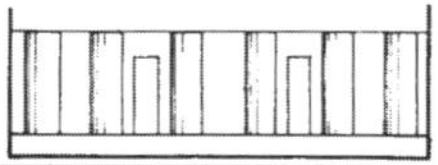	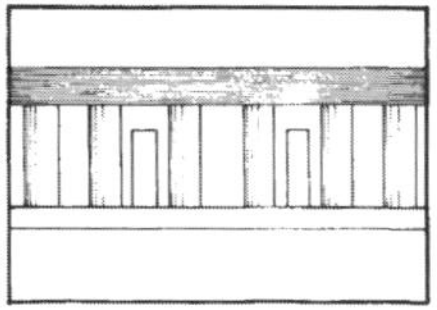 垂直線の出窓の列は、古典的な性格を発展させる	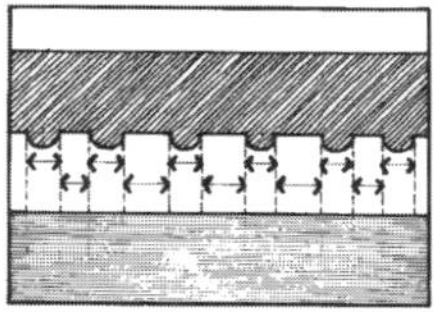 出窓と階段は、たたずむための場所を意味する。問題ない	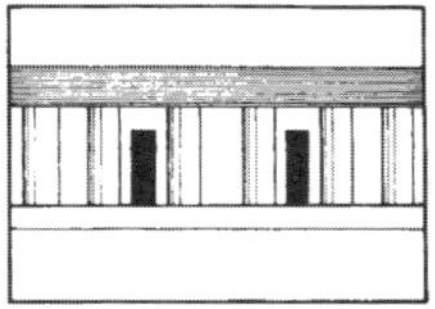 各フラットの垂直窓のある突出した階段
水平のリズム	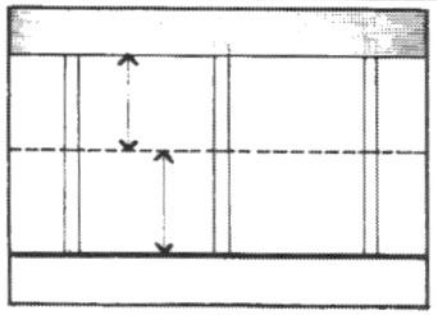 展示センターは各床の水平面が広がっている。これを出発点に	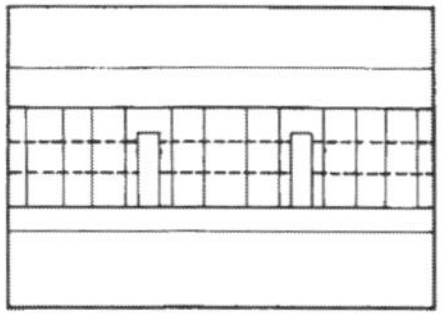 水平面の分離は各フラットを強調する	 地上の床面を特に強調する。地方のクラシックな先例のように	土着と古典的なキューはレジャーの背景として適切。問題ない	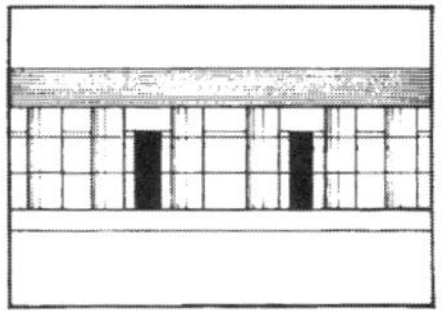 地上の床面を特に強調し、違った床を表現する
スカイライン	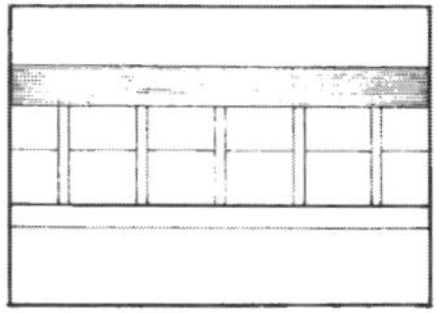 スカイラインは川を越えて長く見える。展示センターの中ではほぼ平らにする	 フラットなスカイラインは画一的で内部の結合を示す	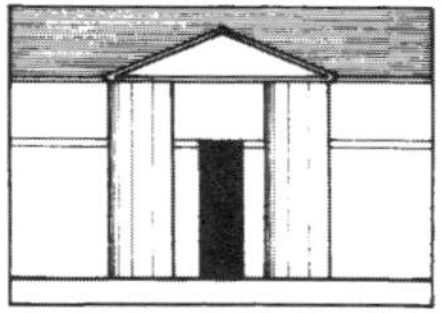 出窓と妻壁のグルーピングでクラシックなポテンシャルをもたらす	波止場地帯のスカイラインをみるには近すぎる。問題なし	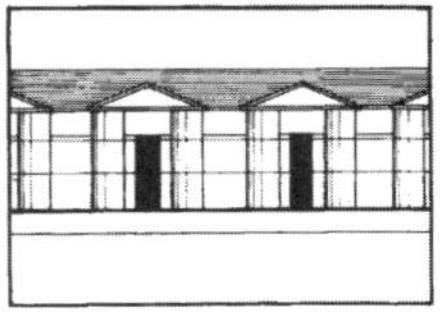 出窓の上の妻壁で、フラットに長い間隔のスカイラインをつくる

目標 ＼ キュー	できるだけ多くの集団に展示センターで形成される波止場地帯のエッジの適切な連続性として見えるように	1人と若いカップルのためにもっとも幅広い単位で住居として適切に見えるように	できるだけ多くの集団が川向こうからニューカッスルの展示センターの一部として適切であると見えるように	できるだけ多くの集団のレジャーの背景として適切であると見えるように	解
窓	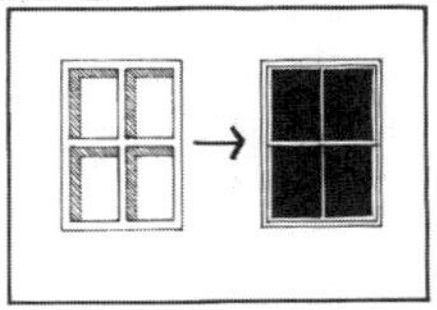 表示の単位を強調する展示センターの形を窓につくる	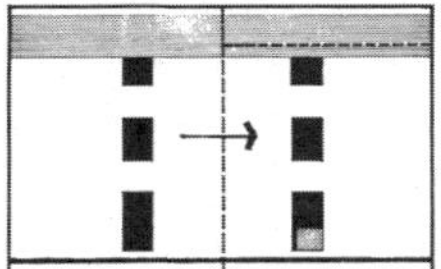 すべり出しサッシを用いて、地方の古典的な先例を構成する	 多くのすべてのタイプの住居はすべり出しサッシである。問題ない	地区内の古典的な集約はレジャーの背景として適切である	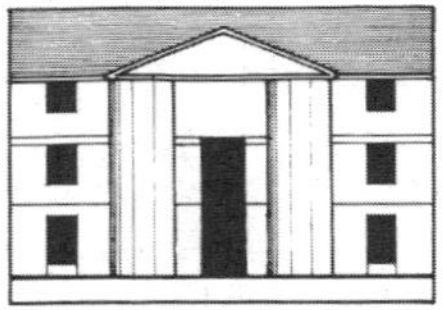 窓を古典的な構成ですべり出しサッシにする
壁の詳細	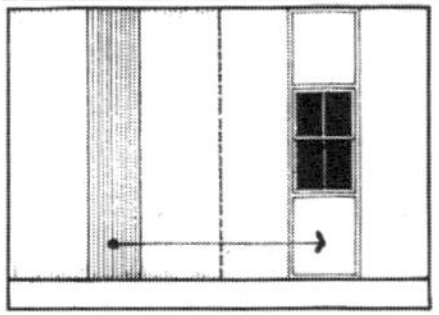 出窓と地階の窓へ展示センター地帯として彩色する	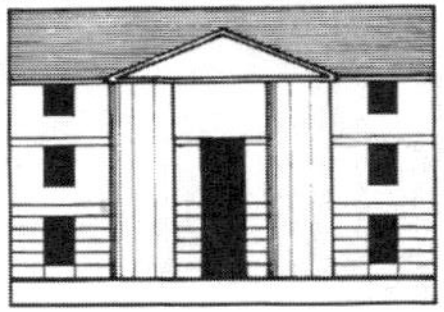 地上階は地方の古典的な先例のように下見板貼りにする	 レンガはすべての住宅タイプに広く使われている。しかし、近くの荒廃した建物にある暗色は避ける	 古典的な集合体は深刻すぎ、出窓と階段の明りと色彩表示	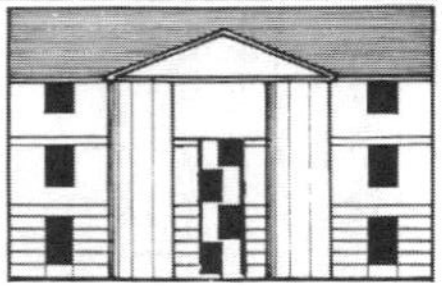 明るい壁のカラーブロックを地上階は下見板貼りでつくる。展示センターの外装にカラーパネルを挿入する
地上階の詳細	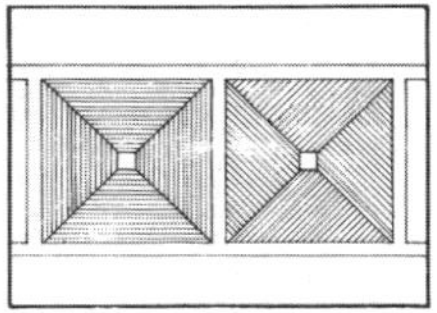 展示センターのためにレンガブロックの連続パターンを波止場地帯に沿って舗装	地上レベルの詳細は川を越えては見られない	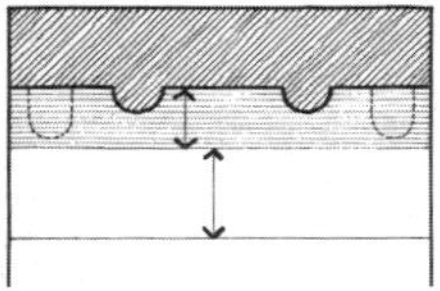 建物の端近くに植樹し、小さいスケールへ舗装を変えることで、住宅の私的空間性を表現する。	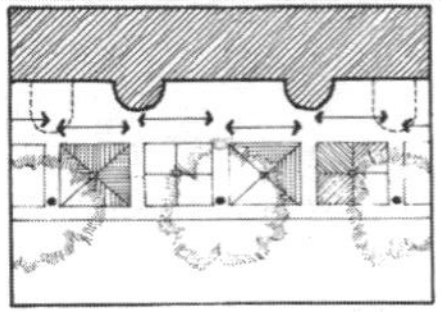 舗装のパターンを用いて、たたずむ静的なスペースを区切る	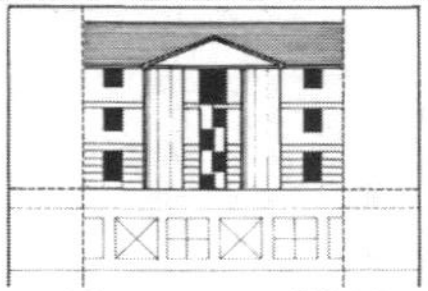 レンガブロックのパターン舗装を約4m単位でつくる。これは近くの建物のエッジの小さい単位。樹木を約8mごとに植える

Quayside housing project, Newcastle, England

第 6 章

豊かさ

Richness

序

これまで、建物や屋外空間のレイアウトとイメージについて大きな判断をする方法を議論してきた。しかし、詳細なデザインの観点からはまだ策を練る余地がある。われわれは利用者が好む多様な感覚・経験を増やす方法について、意思決定をしなければならないことが残されている。これを場所の「質の豊かさ」と呼ぶ。

1 五感のためのデザイン

ほとんどの人にとって、視覚は際立った感覚である。われわれが扱う大半の情報は、目を通してくるので、この章の多くの部分は視覚的な豊かさに関係する[注1]。

しかし、豊かさは純粋に視覚上の事柄ではない。他の感覚もデザインに影響を及ぼす。

- 動作の感覚
- 匂いの感覚
- 聞く感覚
- 触る感覚

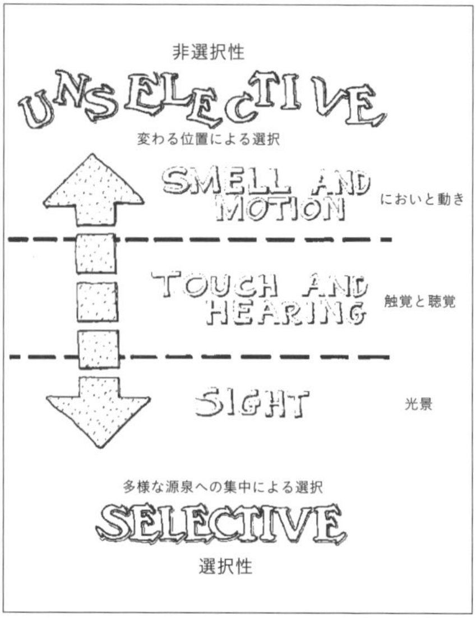

2 出発点

デザイナーはほとんどが、つくり付けられた小さな場所に関心を持っている。「豊かさ」のために、われわれは「感覚による選択」を与えるようにデザインしなければならない。これは人々がさまざまな機会にさまざまな感覚経験を選択できるようにデザインすることを意味している。そこでわれわれは、利用者がつくり付けられた環境からどのようにさまざまな感覚経験を選択するのかを問いながらデザインを始めなければならない。

3 利用者はどのように選ぶか？

環境が一定でも、人々がさまざまな感覚経験から選ぶことができるのは2つの方法だけである。

i さまざまな機会に感覚経験の多様な源泉に注目する方法

ii ある源泉からもう1つの源泉に移行する方法

この2つの方法の効果は、その感覚が一度に選択的な方向をとるか、あるいは無意識に情報を取り出すかに左右される。左ページの図に示すように、感覚はまったくの無意識から高い選択性へと変化する。

1 動作の感覚

運動の経験的選択は動きによって得られるので、運動的な豊かさは、ある場所を通る動きのさまざまな可能性を意味する。したがってそれはほとんどが大規模空間、すなわち屋外空間と建物内の動線に関係している。

2 匂いの感覚

匂いの感覚は管理することができないので、嗅覚の経験的選択は1つの源泉からもう1つの源泉へと動くことでのみ達成することができる。したがって、これは比較的大規模な空間でのみ可能な豊かさのもう1つの潜在的可能性である。

3 聞く感覚

われわれが耳にするものを制御するには限界がある。1つの音と他の音に集中して音の違いを聞き分けることができるが、聞く行為自体は意思と関係しない。聴覚の豊かさは小規模空間で達成できるが、そこにいるすべての人々も無理やりに聞かされるという犠牲を払っている。これは人々が音源から完全に逃れるのに空間の大きさを十分な大きさに制限することが最善であることを意味している。

4 触る感覚

触ることには任意と強制の両方の性格がある。われわれは手を動かすだけで触る選択をすることができるが、そよ風や日光に触れるのを避けることもできる。外観のテクスチュアの豊かさは非常に小さい空間に詰め込むことができるが、空気の動きと気温の多様性は大きな空間のために残しておくべきである。

5 非視覚的な豊かさのデザイン

最近のデザインの考え方はほとんど視覚的関心事で占められているので、非視覚的な豊かさのためのデザインに関する有益な理論はほとんどない。これは緊急に調査が必要な分野である。その間に、われわれが提供できるものは、さらなる調査のための出発点としての一連の事例である。

6 視覚の感覚

視覚は情報のインプットに関して支配的な感覚であり、われわれの支配下にある最大の感覚である。われわれが見るものを変えるためには目を動かしさえすればよい。これは、視覚的豊かさに二重の重要性を与える。この章の後半でそれについて論じる。

4 なぜ、視覚的豊かさが問題か？

最近の環境の視覚的な単調さは、広く認識されており、デザイナーと事業主の姿勢は変化しつつある。しかし、50年間も無視されつづけた結果、視覚的豊かさに関するデザインの原則は忘れられてきた。原則抜きで、デザイナーは過去からの豊かさの事例のみに基づいて作業をしなければならない。

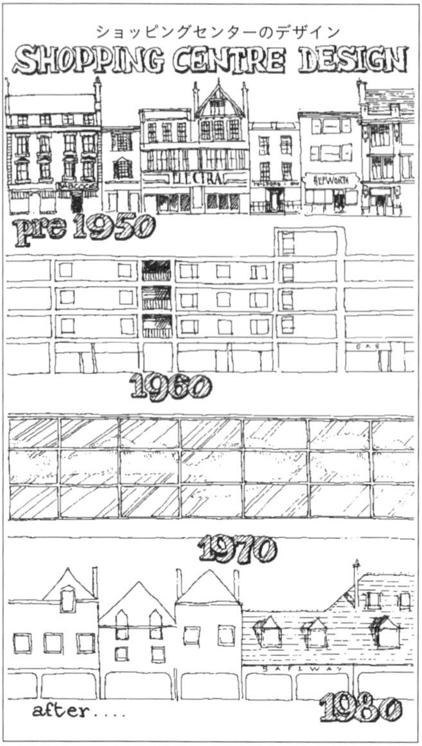

しかし、われわれは、過去からの豊かな建築に基づいていない建物をデザインをする必要がある。豊かさへの模倣的なアプローチは現在では何の助けにもならない。われわれはもっと堅固な基礎を必要としている。

5 視覚的な豊かさの基礎

視覚的な豊かさは、外観の視覚的なコントラストに依存している。このコントラストを成立させるもっとも効果的な方法は以下の2つの要素である。

・外観の向き

・見られる位置

これらの要素のデザインの意図は、デザインシート6.2で述べる。

6 豊かさを達成するためのコントラストの使用

デザインのこの段階までに、スキームの外観はすでに視覚的なコントラストを含んでいる。それは第5章で視覚的な適切性を成立させるために用いたキューによりつくられる。もし必要なら、このキューはさらに豊かさを得るために発展させなければならない。

第5章ですでに獲得した豊かさは、各外観で表現した視覚的要素の数、およびそれらの間の関係によって左右される。

たとえば、もし特定の外観が、下図に示すように1つの要素だけを含んでいる場合、何も見るべきものの選択肢がなく、したがって視覚的豊かさを含まない。

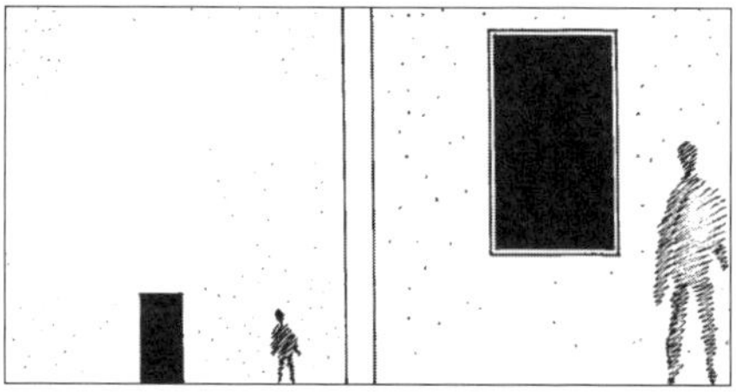

外観に要素の数が増加すれば、それだけ豊かになる。外観が5つの要素を含んだ場合[注2]、見るものの選択肢が多くなり、下のスケッチのように、それだけ豊かになる。

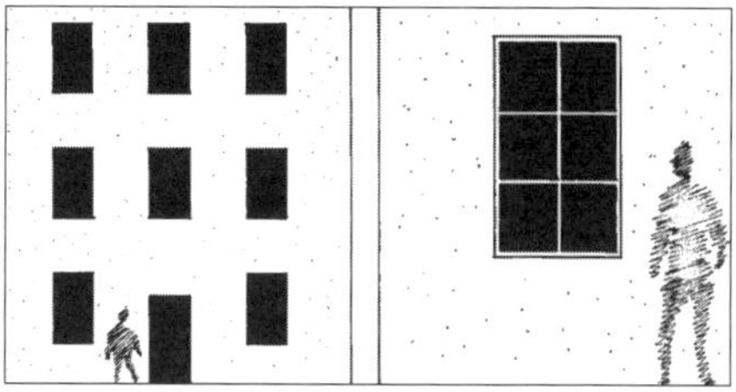

しかし、要素の数があるレベルを超えると、多様な要素は1つのパターンや巨大な要素として一緒に読まれはじめる。これが起こると、

経験の豊かさは低下する。大まかに言えば、これは下のスケッチのように、要素数が9つを超えるときに起こりがちである。

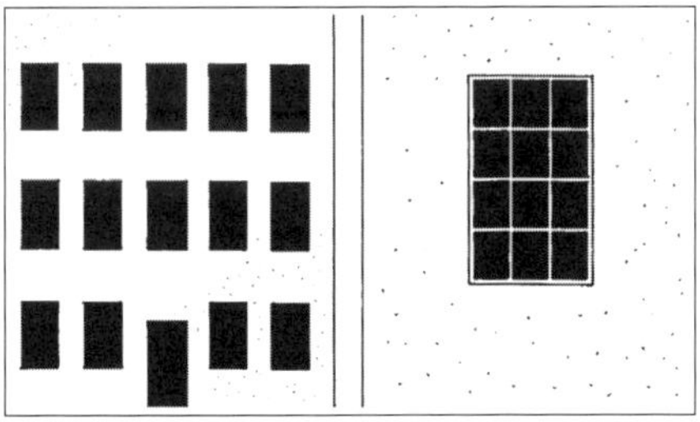

このようなときには、豊かさは、外観を大きなスケールにおいて分割することによって増加させることができる。すると、要素はもはや一緒には読まれないで5つから9つに分かれる。5つ未満であると、選択肢が十分でないので、豊かさは低下する。9つを超えると、全体的な調和は、視覚的な選別性を失って、1つの巨大な要素として読まれてしまう。

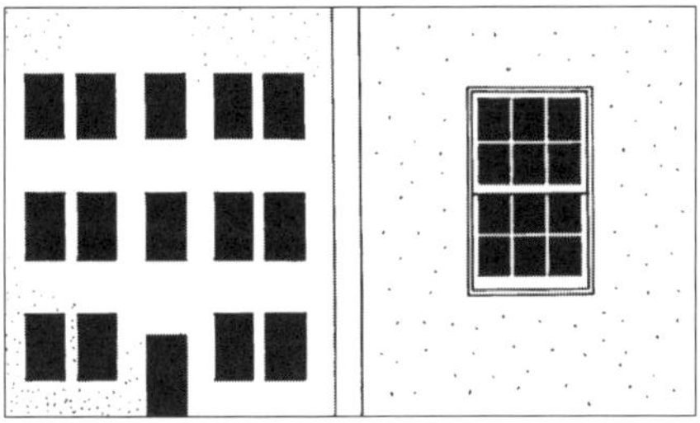

このような荒けずりではあるが頼りになる法則の実用的な意味は、2つの主要素によって変化する。

・外観が見られる地点からの距離の広がり

・各光景が経験される間の時間の長さ

豊かさのデザインの次のステップは、各外観の上記の2つの要素を評価することである。これはデザインシート6.3で論じる。

7 見る位置からの距離、スケール、時間と詳細デザイン

1 見る距離

見る距離の範囲は、豊かさを考慮すべき場所におけるスケールの大きさに影響を及ぼす。外観が遠くから見られる場合、大きなスケールの豊かさが必要である。その範囲が近い場合には、豊かさは小さなスケールの空間要素と空間分割で達成されなければならない。したがって、遠い距離から近い範囲まで豊かさを保つには、大きなスケールから小さなスケールまでの空間要素の階層化が必要である。これは、デザインシート6.4で説明する。

多様なスケールの豊かさは、遠く離れたところから近い距離まで維持される。
インド協会の古い建物、オックスフォード、イギリス

2 見る時間

人々が一定の位置から長時間にわたって特定の外観を見る可能性のある場所では、外観はできるだけ長い時間豊かに見えつづけるべきである。これはデザインシート6.5で述べる。

3 豊かさのコスト

豊かさは簡素さよりもつねにコストがかかるとは限らない。驚いたことには、簡素さには追加的な皮膜が必要になることがあり、あるいは視覚的な単調さが複雑で高価なデザインによってなされることがある。

近い距離の豊かさはもっと多くのコストがかかることが多い。これは驚くことではないが、デザイナーも建設業者も昨今はそれに慣れておらず、デザインに長い時間を費やす。追加の工事コストは見える位置に対してだけ豊かさをデザインするというわれわれの方針によって、最小化されるはずである。このように、いかなる追加の費用も費用対効果の高いやり方で使うようにしなければならない。しかし、われわれが使用する技術と材料もまたできるだけ費用をかけただけの効果を上げることが重要である。

4 技術と材料

過去においては、近距離での豊かさは、ほんのわずかな報酬しか支払われない職人たちの手だけで成り立っていた。幸いにも、今はもうそのようなことはない。ほとんどの建物に関しては、われわれは現代の建設技術を利用し、そして現代の労働コストを受け入れて、場所を豊かにする方法を見つけなければならない。いくつかの実現可能なアプローチは以下である。

- 大量生産された構成要素を使用するとき、自由裁量で唯一の要素を繰り返して使うより、その有効的な範囲を考慮すること。
- 構造体と仕上げを、隠すよりむしろ見せることを考慮すること。
- 近距離の豊かさのために、本来持っている外観の多様性を活かした材料を使用すること。
- 豊かさがどうすれば増加するかを、建築業者のイニシアチブを利用することによって考えること。
- 職人芸の再利用——われわれがもうつくり出すことのできない過去の豊かさを再利用すること。

以降のデザインシートでそれらのアプローチを例示する。

デザインの意図

豊かさをどのように達成するか

1 さらに豊かさを発展させるための基礎として、詳細なデザインを第5章から採用する。

2 どの位置が非視覚的豊かさの可能性を持つか、そして動的な経験、匂い、聴覚、触覚のためのデザインを決定する。[→デザインシート6.1]

3 視覚的なコントラストを達成するためのもっとも適切な戦略を評価するために、スキームの多様な外観を分析する。[→デザインシート6.2]

4 各外観の見える距離と時間、そして人数を分析する。[→デザインシート6.3]

5 第5章でデザインした外観を発展させる。必要であれば、見える距離全部にその豊かさを発展させる。[→デザインシート6.4]

6 これらの外観が長時間見られることに耐えられるようにその外観のその他の豊かさを発展させる。[デザインシート6.5]

7 材料、技術の実現性をチェックし、必要ならデザインを修正する。

6.1
視覚的な豊かさ

最近のデザイン思考は、ほぼ完全に視覚上の関心で占められている。非視覚的な感覚のためにデザインされる場所はほとんどない。そして、このような場所は、どのようにデザインすべきかについての理論に乏しい。これは、緊急に調査する必要がある課題である。その中でわれわれが提供できる事例はこれからさらに調査するための出発点である。

1 聞く感覚

チャールズ・ムーアが設計した住宅では、床仕上げはいろいろな音をつくるようにデザインされている。さまざまな内部空間のボリュームが反響するときの多様性を提供する。この効果は住宅全体に豊かな聴覚的環境をもたらしている[注3、4]。

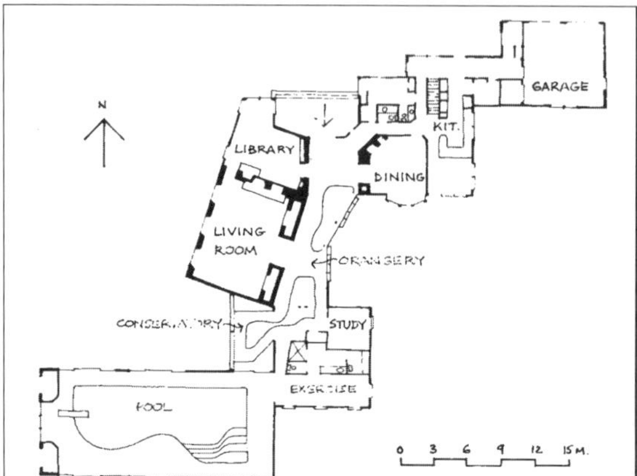

ニューヨーク、アメリカ

2 触る感覚

ローレンス・ハルプリンによるポートランド広場は、豊かな触覚的な経験を与えるために水を用いている。ヘレン・ターグの幼稚園のための計画では、さまざまな床のテクスチュアとドアのハンドルを用いることによってなされた[注5]。

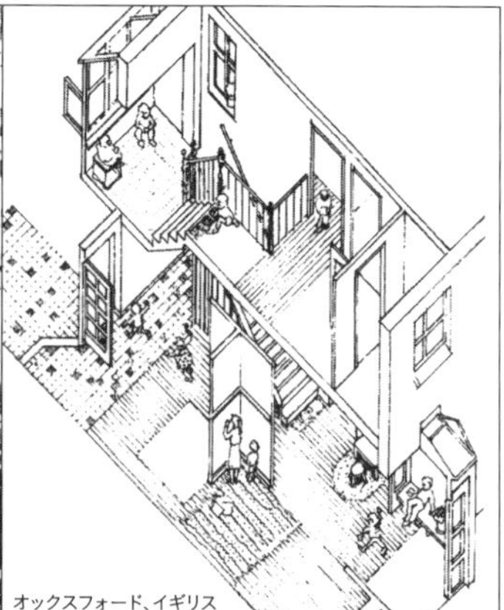
オックスフォード、イギリス

3 匂いの感覚

狭い戸口を通して見える広い幾何学的なハーブガーデンに高いイチイの木の垣根が見える。草木の芳しい香りに充ちた憩いの場。この香りは垣根に囲まれた場所に吹く風によって集められたのだ[注6]。都市のなかに、屋外空間に触れ合える機会を与えるカフェやパン屋などのような場所の潜在能力を覚えておくように。

4 動きの感覚

レンゾ・ピアノとリチャード・ロジャースによるポンピドゥー・センターは、エスカレーターを使って、建物自体が注目されるところと都市の光景として注目されるところの両方に、多様な動きを演出し、感動を提供した[注7]。

パリ、フランス

6.2

視覚的なコントラスト

視覚的な事象は視覚的なコントラストによっている。それはある2つの広がり――外観に対する色やトーンの広がり、あるいは外観そのものの三次元的なバリエーションによってつくり出すことができる。これらのアプローチの相対的な効果は2つの主要素によっている。

1 外観の向き

2 見られる位置

キーブルカレッジ、オックスフォード、イギリス 3

色やトーンのコントラストを使用すること。
たとえば、平坦でなければならない床面(図1)、
三次元の立体表現に適していない材料や外装(図2)、
平板な表面がすべてを占めているようなところ(図3)

カジュラホ、インド 4

ホーリーホック邸、ロサンゼルス、F.L.ライト 5

フーバー社、ロンドン、イギリス 6

立体的な変化を用いること。
たとえば、強い光がコントランストを鋭くするところ(図4)、
自然色の材料が強く、色のコントラストを欠くところ、
もしくは色を用いるのが似つかわしくないところ(図5)、
意味をもたせたい場所で色を追加するところ(図6)

6.3

見る距離、人数、時間

視覚的な豊かさについての適切な判断は3つの要件を考えなければならない。

1 スキームのさまざまな部分が周りから見られる距離の範囲
2 さまざまな視点から建物を見る人の人数
3 各光景を見る時間の長さ

人が建物と平行に歩いているようなときや、
通りに面している建築の外観に近づく場合に、
水平的な突出は豊かさにとって重要である（図7）。
近くから見える高い位置での豊かさは、
このような突出に依存する（図8）。
さらに離れると、
高い位置での豊かさは垂直的な突出に依存する。
それは、輪郭やシルエットのようにしか見えない（図9）

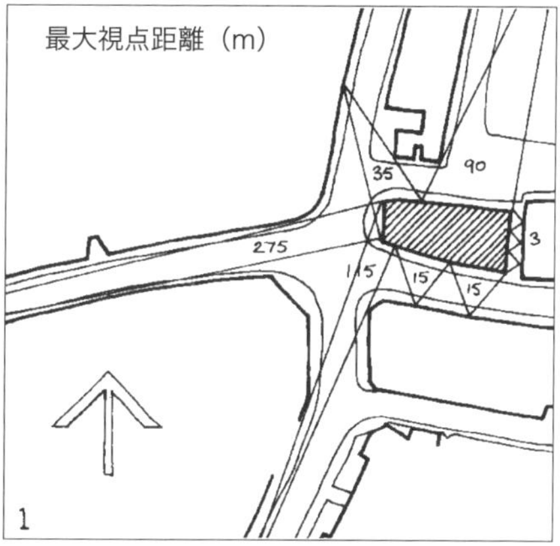

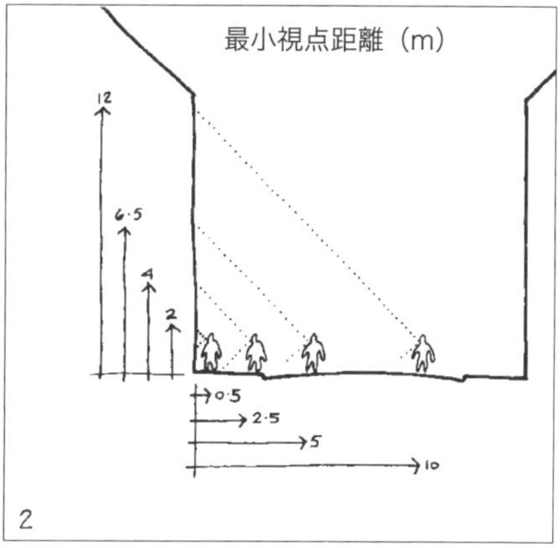

視覚的豊かさへ寄与するために、各要素は見えなければならない。建物からどんなに離れていても人には何かが見えなければならない。したがって、建物が見られる各部分からの距離の分析から始める。隣接する建物の居住者の視点を覚えておくこと(図1、2)。

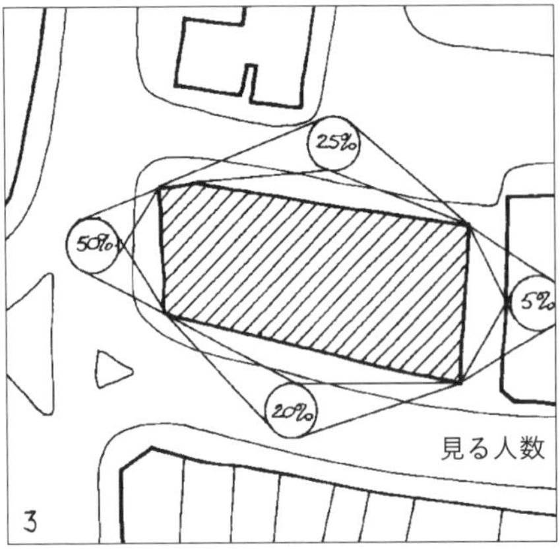

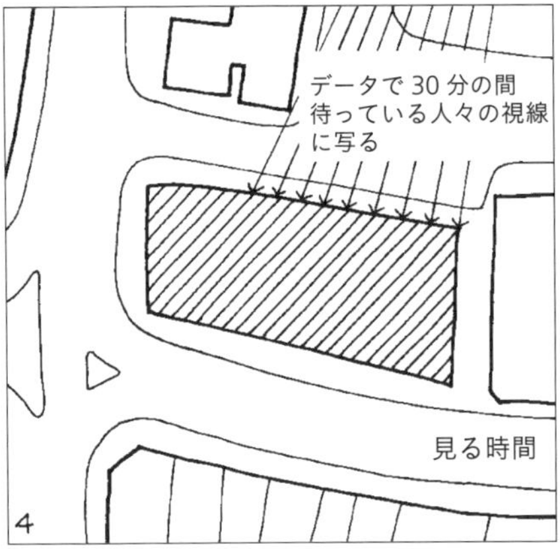

豊かさへの投資が確実に最大の効果を上げるために、現状でそれぞれの場所を見ることができる人々の相対的な人数を知ることが大切である(図3)。どの面が長い時間見られるか記録すること、たとえば、バスを待つ人々、入口で入るのを待っている人々が見る面について(図4)。

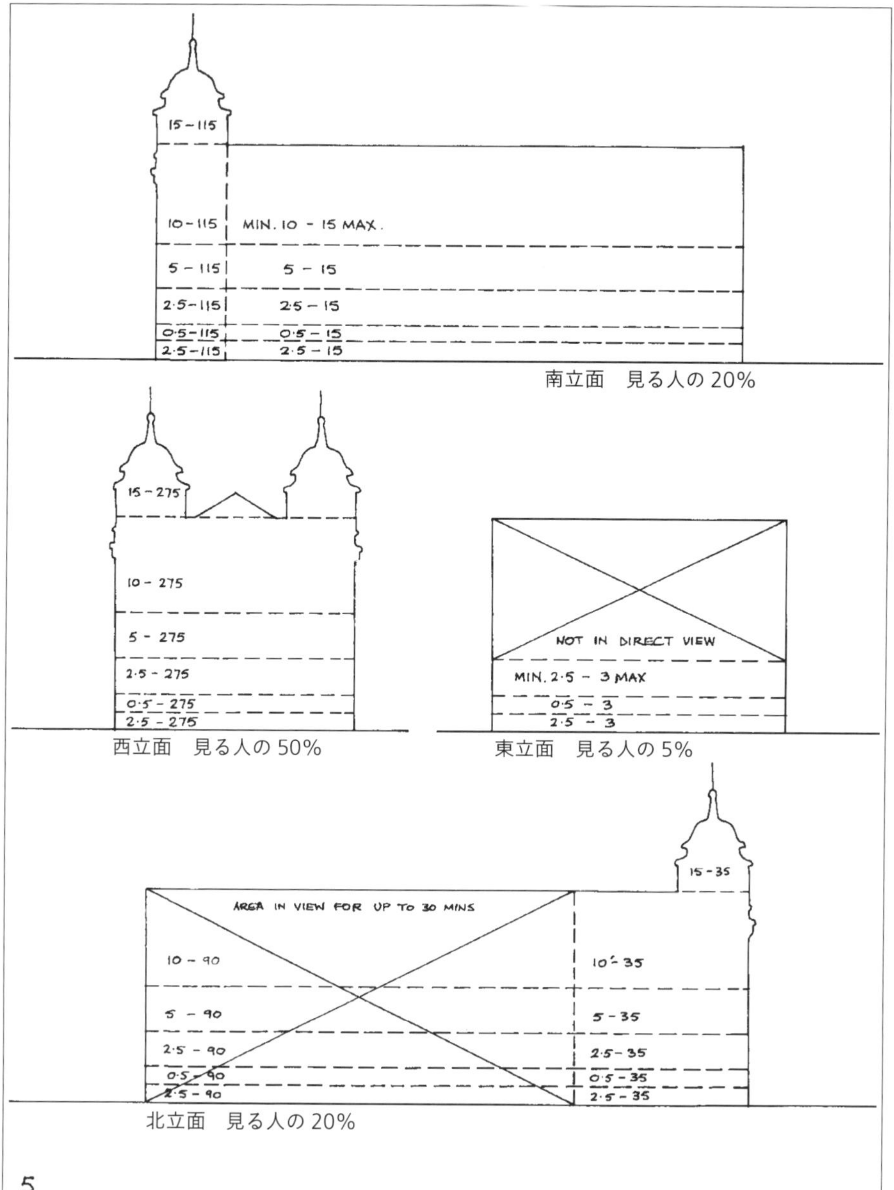

5

第5章で開発した立面の見える距離、人数、時間を記録すること(図5)。次のステップはこのように設定したさまざまな状態での豊かさのレベルを、適切にデザインすることである。それはデザインシート6.4と6.5で示されている。

6.4
見る距離との関係

デザインシート6.3では、見える距離の最大と最小が建物の各部分で示されている。この情報はどの地域でも豊かさを適切なレベルにデザインするために用いられねばならない。

どの外観でも外観を見る最大の距離を考えることから始めること。外観をある距離から見たときに、それが現れるサイズで外観を描くこと(図1)。

1

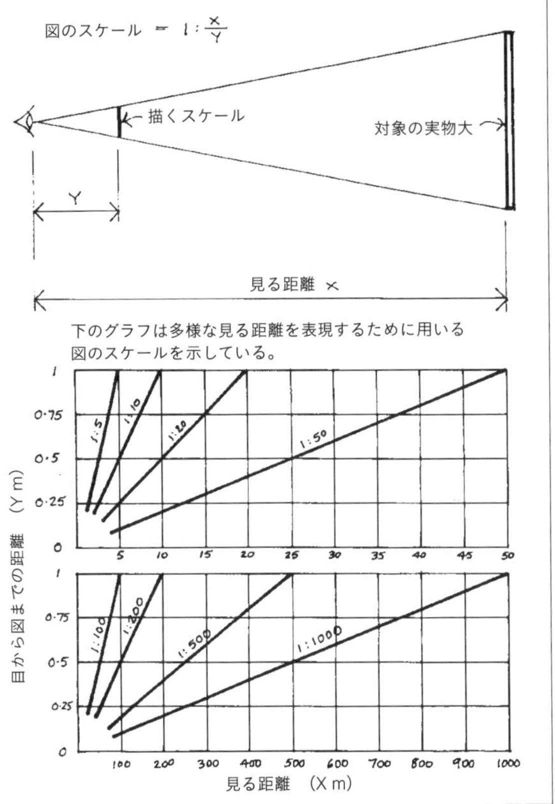

この大きさに描くとき、その外観が5つよりも少ない視覚的要素を示したら、それがもっと増加するようにデザインし直して、最大9つまでに増やす(図2)。

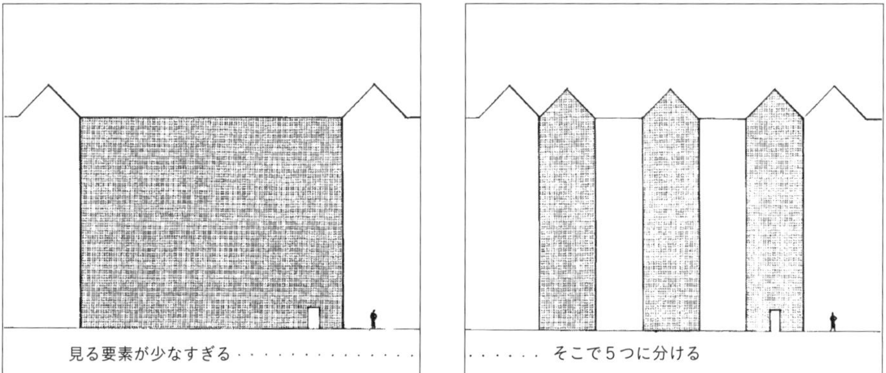
見る要素が少なすぎる
そこで5つに分ける

2　250mの距離からの眺めを表す

もし9つより多いなら、それらをいくつかのグループに集めるようにデザインし直し、5つから9つの要素にする(図3)。

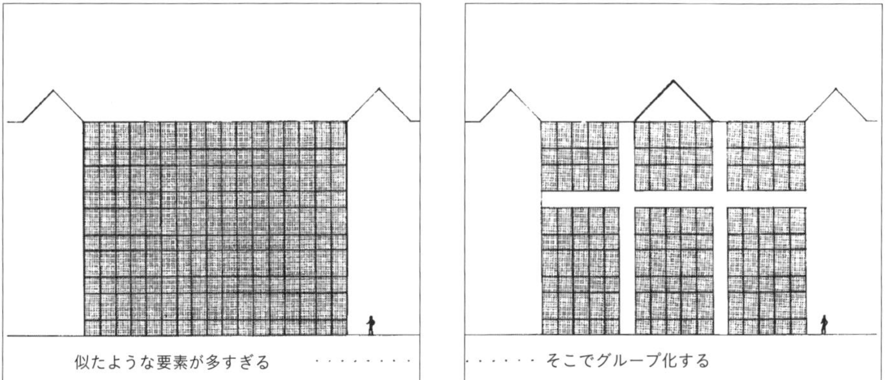
似たような要素が多すぎる
そこでグループ化する

3　250mの距離からの眺めを表す

次に、前のスケールの3倍の立面図を描き、この縮尺で見えるすべての要素を示す。そして要素がいくつあるかを明らかにする。もし5つより少ないなら5つから9つまでに分ける。もし9つより多いならそれらのいくつかをまとめる(図4)。

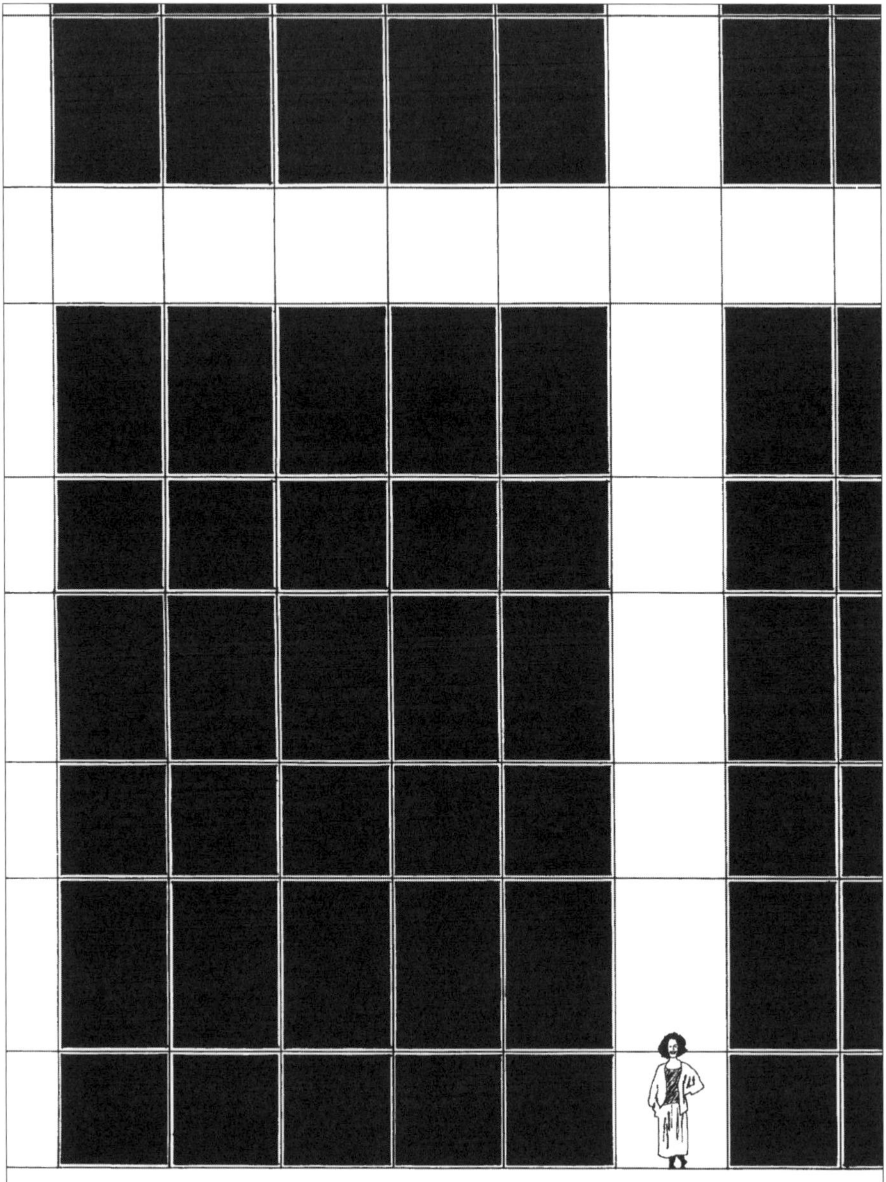

4
前頁の図を拡大すると、非常に多くの同種の事象が見える。
50mの距離からの眺めを表す。

前のスケールの約3倍の立面図を描きつづける（図5）。各段階で、以前に述べたように要素の分割をチェックする。もっとも短い視点距離の適切なスケールに達するまでこのプロセスを続けること。

さらに集団化し、そして細分化している。

最後に豊かさにおける視覚の角度の効果をチェックすること。もし多くの視覚的事柄が隠されているなら、デザインシート6.2で述べたように「突出」という形態をさらに加えること。ただし、この「突出」はキュー（第5章で開発）の表現形式の中で機能する。

前の図を拡大した一部分。多様で細かく見た事象を加えている。10mの距離から見た光景

6.5
見る時間との関係

人々が長時間、一定の位置から特定の外観を見るような場所は、デザインシート6.3で設定したように、デザインシート6.4のデザインをさらに発展させるべきである。その外観が長時間豊かであるように見えつづけることは重要である。これは3つの主要な方法で達成できる。

1 大きな視覚的複合性によって
2 視覚の不可思議さによって
3 解釈の豊かさによって

大英博物館　ロンドン　イギリス

NUK図書館　リュブリャナ　スロベニア

左図の例は視覚的複合性を高い水準でデザインされた外観を示す。その内部では多くの型にはまらない様式が時を超えて発見される。

フランス革命モニュメント　リュブリャナ　スロベニア

2

3

フレーデンブルフ音楽センター　ユトレヒト　オランダ

視覚的不可思議さは、この例のように、それらを理解しようと見る人のイマジネーションを惹きつけている。なぜ、石が離れた場所にあるのか？(図2)

そして、なぜ古い彫像が扉の中央に存在するのか？(図3)

ミシュランビル　ロンドン　イギリス　4　ブリュッセル　ベルギー

これらの例（図4）では、外観に特別に説明的な素材を追加することでより多くの情報をもたらしている。

5

この例（図5）はシート6.4でデザインされた立面図を示しており、3つのアプローチ（複合性、不可思議性、解釈の豊かさ）すべてを用いて開発されている。

第 7 章

個性化

Personalisation

序

前章まで、政治的経済的なプロセスとははっきり違う環境の感応性を支える性質を達成する方法を論じてきた。これは、われわれが市民参加のアプローチを評価していないからではなく、それを強く希望するからである。しかしわれわれはすでに明らかにしてきたように、より高いレベルの市民参加による場合でさえ、多くの人々はまだ他人がデザインした場所に住み、働かねばならない[注1]。

そのため、特に利用者が既存の環境を自分に合うようにつくれる(個性化)ようにデザインすることは非常に重要である。これが、人々が自分たちの味付けと価値感のスタンプを押し表現できる環境を実現することができる唯一の方法である。言い換えれば、これはその場所を当初計画したデザイナーが、この個性化を実現するようにデザインすることを求めている。本章では、どのようにもっとも効果的な方法で個性化への努力を行うかについて議論する。

1 個性化とわかりやすさ

個性化を支援するデザインの2つめの条件は「場所の活動パターン」をより明確にすることである。これは、時とともに変化する広く多様な用途に適用しやすい融通性のある環境に特に有益である。各利用者が建物をさまざまに装飾することにより、個性化が各々の用途をはっきりと表現することができる。

2 最近の傾向

一面では安上がりに建物の外観を変える方法が増えたので、個性化は、現在は増加しているように見える。このような状況下では、これら外観の変化が影響しあい、政策上の論点になっている。すなわち、下に示す管理か個性化かの選択についてプランニング上の議論が加熱している[注2]。

これは、個性化が当初のスキームに必要不可欠なものという見解がないことの問題の一側面にすぎない。この問題については、本章の後半で論じる。まずわれわれは、個性化自体のプロセスとそれをどう推進できるかを調査しなければならない。

出典：グリムズビー区役所

出典：グリムズビー区役所

3 個性化のタイプ

利用者は以下の2つの方法で個性化する。

・使用する施設機能を改善すること

・場所のイメージを変えること

第4章ですでに利用者が建物の実用的な施設機能に適合させる方法を述べている。そこで本章では、場所のイメージを個性化することに焦点を当てる。

4 なぜ、イメージを個性化するのか？

人々は建物のイメージを以下の2つの理由から個性化する。

i 建物自体の「味わいと価値」を確認する——「確認のための個性化」

ii 彼らがその既存のイメージを不適切なものとして受けとめているとき——「矯正のための個性化」

われわれの立場からは、確認するための個性化は明確に支持されるべきである。時々デザイナーは、個性化を駆り立てるために不適切なイメージをデザインして、矯正のための個性化を故意に推進することがある[注3]。

これは建築的な威圧である。第5章で説明したように、人々は自分たちが好きな場所でだけ、そこに本当に参加し発展させるのである。したがって本章では、「確認のための個性化」に焦点を当てる。

5 個性化を制約する条件

個性化は、保有条件、建物タイプ、技術の3つの主要要素に影響される。

i 保有条件

場所の利用者が慣習的か、法的命令によるかしてその場所の所有者に注文をつけないかぎり、個性化は起こりえない。この注文が実行されるか、建物の所有者にコントロールされているので個性化が起こるかどうか、およびその方法に大きな影響を与える。利用者と所有者の力のバランスは、所有のシステムにより決定される。

保有条件は個性化の以下の2つの主要な状況に影響する。

①それに費やされる費用

②その恒久性

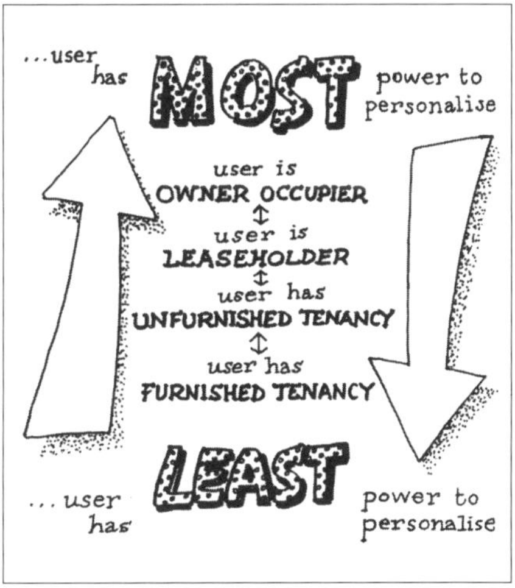

デザイナーは計画当初の保有条件を知っているとしても、われわれが提唱する融通性のある建物は、時間が経てば所有のあり方が変わることを覚えておく必要がある。個性化を奨励するにはほとんど費用がかからないので、保有条件が変わりそうにない特殊な建築タイプを除いて、建築家は幅広い保有条件を受け入れるべきである。

ii 建物タイプ

人々は主として、通常は彼らが長期間使っている場所、住まいと仕事場を個性化する。ほとんどすべての建物が住居か仕事場を含んでいるか、あるいは将来そうなる可能性がある。したがって、多くの建物が個性化を奨励するようにデザインされるべきである。ほとんどの建物に個性化を奨励すべきであるが、小さい建物を除くすべての建物には、誰も長くとどまらないので、個性化されない公共領域がある。これらの場所はもっとも公共性の高い領域であり、そこに個性が必要ないので、第6章で述べているように、さらに別の豊かさを必要とするであろう。

iii 技術

個性化を支援するということは、個性化を物理的に容易にするということを含んでいる。これはそれを使いそうな人の専門技術とデザイン技術が調和しているべきであることを意味している。高度な専門技術に対しては適用の想定が難しいので、少なくとも個性化がもっとも行われそうなところでは、専門技術のない人でも容易にマスターできる材料と技術を用いることがベストである。

6 個性化はどこで起きるか？

ある場所を個性化する際に、利用者は自分たちの「趣味趣向と価値を確認して、それらを他者に伝え」ている。前者はほとんど利用者空間の内部で発生し、後者は現実的であろうと比喩的であろうと、その境界を越えて起こる。この境界は公共的な領域から利用者の私的な領域を分離している。つまり、われわれが私的な個性化と公的な個性化の間の区別ができるようにしている。

i 私的領域の個性化

ある空間内部の個性化を助ける物理的な要素は内部の壁と中心的な要素で構成される。これらはデザインシート7.1で説明する。

ii 公共領域の個性化

ある種の個性化は、プライベートとパブリックとの空間の境界を越えて、公共的な領域に伝わり、影響を及ぼす。これはほとんど物理的な境界の間で起こる。

- 敷居（デザインシート7.2）
- 窓（デザインシート7.3）

より明白に公共性が現れるものは内部と外部の境界の外側にある外観の個性化である。これはデザインシート7.4で示される。

7 公共性の個性化へのインパクト

建物が個性化を受け入れられるようにデザインされていないなら、高いレベルの個性化は公共的役割においては有害であるかもしれない。これは第6章で追求したパターン化と多様性の間のバランスを崩すからである。個性化はあまりにも虚弱な建物のパターンを完全に圧倒することになりかねない。

もしこれが起こるなら、私的な行動が個性化の公共的領域の性質を壊すことになるので、それはデザイン方針全体の問題になる。われわれは個性化を抑制すべきであると言っているのではなく、むしろカオスに陥らずに個性化を受け入れることを建物に求めているのである。

8 所有のパターンと個性化

個性化は成り行き任せではない。人々は自分たちが支配する空間だけを個性化する。そこで、前頁右下の絵が示すように個性化のパターンは所有のパターンを反映するので、その想定が重要になる。高度な融通性を持つ建物でも、所有パターンの変化を想定することは難しくない。

所有パターンの変化を想定できれば、それがすでにスキームでデザインした性質を崩壊させないかを調べるために、大まかに個性化の起こりうる効果を見積もることができる。そして、これがどのように行われ、デザインが視覚上の適切性や豊かさを損なわずに、個性化を奨励するためにはどのように修正されるべきかを説明している。

デザインの意図

個性化をいかに推進するか

1 **個性化を奨励する計画を発展させるための出発点として、第6章のデザインを採用する。**

2 **内壁の詳細デザインを展開する。**[→デザインシート7.1]

3 **内部と外部の境界(敷居)の詳細なデザインを展開する。**[→デザインシート7.2]

4 **窓の詳細なデザインを展開する。**[→デザインシート7.3]

5 **境界の外側となる外観の詳細なデザインを展開する。多くの人に見える個性化の効果を評価し、必要ならそれを修正する。**[→デザインシート7.4]

7.1
内壁

2つの主な方法で内壁を個性化できる。

- 展示用の部材を用いる
- 壁面を装飾する

1

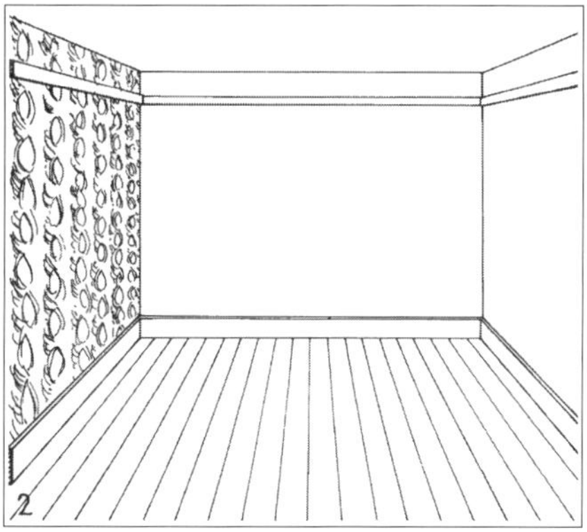

2

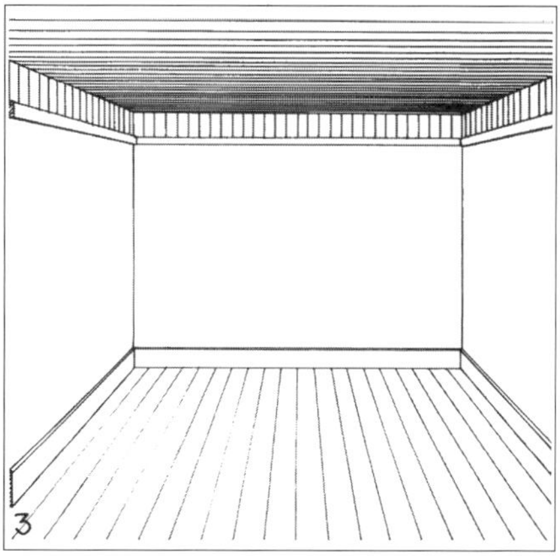

3

展示しやすいように、壁は物を簡単に固定することができるようにする。内壁の材料はハンマーとドライバーで固定するのに十分やわらかく、同時に棚のユニットを取り付けるのに耐えられる硬さがよい。壁紙を張るには、滑らかな平面はもっともよい。さらに簡単にするには、区切りたい壁の表面を違う色で仕上げることは、壁の一番上と下で行うのがもっともよい。ピクチャーレールは物を掛けやすくするが、もし幅が十分広いなら展示棚としても利用できる。また、ピクチャーレールは天井と壁の間のあいまいなゾーンを区切ることができる。もしくは、どちらか一方の壁を塗装することができる。その結果、部屋の壁の見かけの割合を簡単に変える機会を与える(図2、3)。

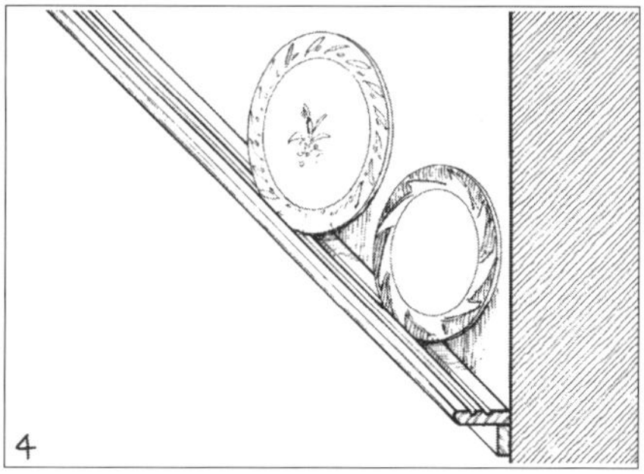

4

5

ラジエーターなどの低い位置にある突起物は実用性のためには避けられないであろう。それらは、上に物が置けるように上部を平らにすること。溝のついた上の部分には、プレートや写真が支えなしで立て掛けることができるし(図4)、本を置くのにも適している。

暖炉があるところは、その存在が特に重要である。その上に置かれたいろいろな物のために暖炉はさらにシンボリックな意味を与える(図5)。

7.2

敷居

敷居はさまざまな人の領域の境界を物的につなぐものである。だから、そこは人々やグループの価値感を表現するキー・エリアである。

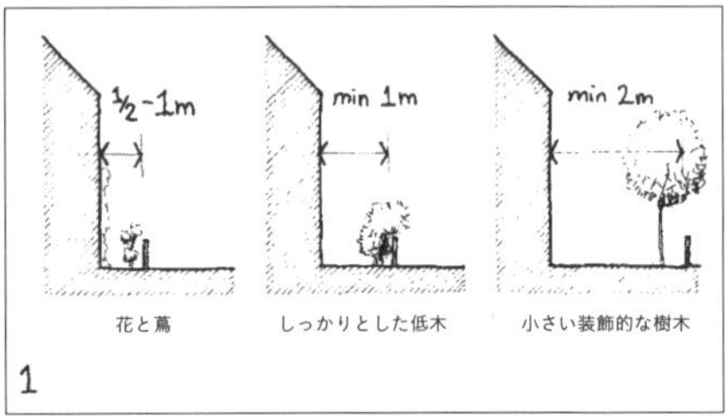

1

2

住宅では、前庭は境界空間にもっとも大きなスケールを提供する。そこで可能な限り前庭を境界に含ませる(図1)。これが達成できないところでは建物のエッジで小さなユニット舗装が植樹のために採用されやすい(図2)。

玄関は突き出すための余地を提供し(図3)、展示物を保護するための潜在的空間をつくっている（図4）。もしそれを省略するなら、後で追加できるようにフロントドア周辺の壁を何もない状態にしておくこと（図5）。フロントドアに接している壁は住宅でない建物でも個性化していることが多い。だから、この場所では器具の取りつけは簡便にしておくべきである。

建物内部のフロントドアへの境界空間もまた個性化を支援できる（図6）。個々の部屋へのさらにプライベートな境界は、もっと奥の空間になるが、ドアの上に飾りつけはできるだろう（図7）。

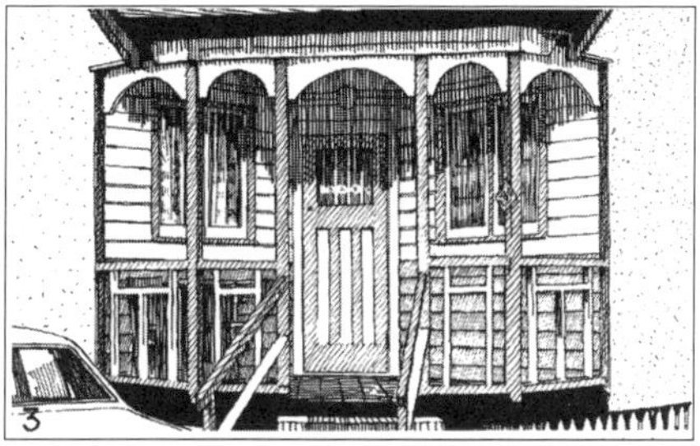

3

4

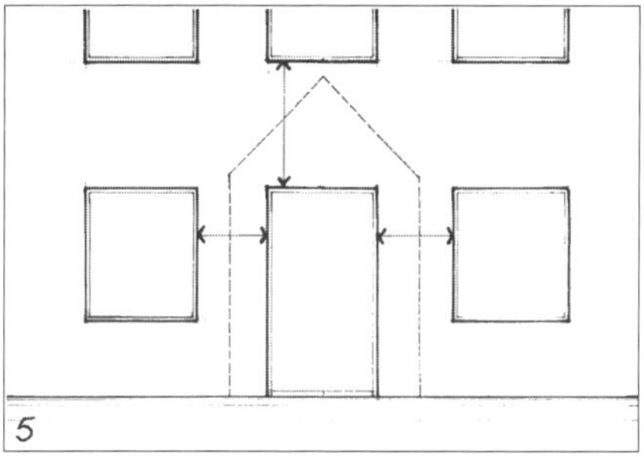

5

ドアの構造自体もまた重要である。露出している構造物はそれ自体を目立たせ、かつ装飾した場所をはっきりとさせる。

6 高齢者住宅　アムステルダム　オランダ
ヘルマン・ヘルツベルハー

7

7.3

窓

敷居のように、窓は私と公の世界の間に物理的なつながりをつくるので、個性化のために重要である。それらは主な3種類の可能性を提供する。

・窓を通した展示のため

・窓に連携させた外側の展示のため

・窓自体の変化のため

1

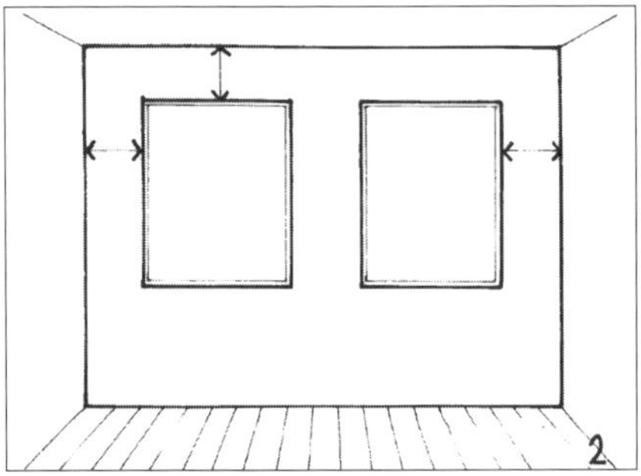

2

内側からの展示には主に3種類ある。窓敷居の上に置かれた物、鴨居から吊るされたもの、およびカーテンである。窓敷居は硬くて腐りにくい素材で、植木鉢などが置けるくらいの広さであるべきである(図1)。

鴨居と脇柱は金具類を取りつけやすくすべきである。室内では飾りカーテンのために、窓の上とその両側に空間をとり、カーテンをうまく引くことができるようにすること(図2)。

3

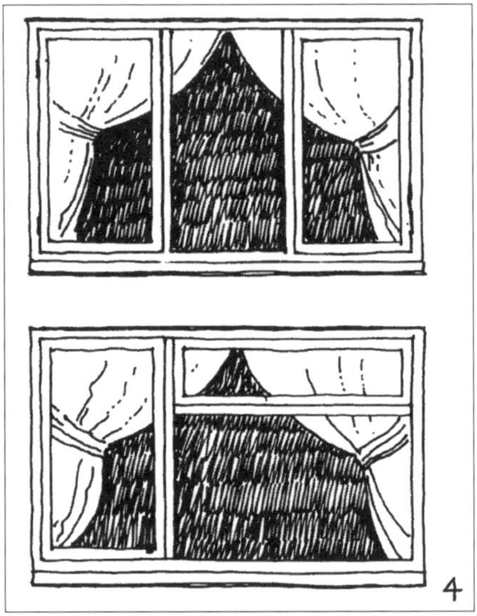

4

小さいものはガラスの太い窓枠で見えにくくなることがある。ガラスをはめる桟は、窓を適切に形づくるのに使われるが、人は真ん中に大切なものを置くことが多い。真ん中の桟でそれが見えなくならないようにするのを覚えておくこと(図3)。そうすれば中央のガラスの桟の取り付けで物を見えなくするのを避けることができる。カーテンはほぼ例外なく左右対称なので、左右対称に配した窓の桟がもっともよく見える(図4)。

外部の表現は、通常はウィンドウボックスかシャッターである。シャッターは窓の空間の取り方に影響し(図5)、ウィンドウボックスは窓の開閉方法に影響を受ける。窓は清掃と植木の世話のために開かねばならない。しかし、もしその植物が家の中から見える位置にあるならば、植物を傷つけないように外開きにしてはいけないし、内側の窓枠の展示のために内開きにしてもいけない。したがって、引窓(垂直でも水平でも)が最良である。ウィンドウボックスのある建物は利用者にその扱い方を考えさせる。そして使わないときにでも豊かさを加えてくれる(図6)。

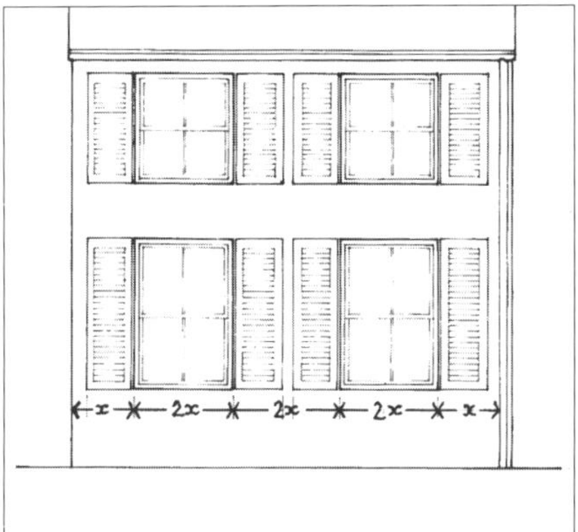

5

6

7

8

それらの他に利点があるにもかかわらず、窓の桟は窓自体に塗装表示を制限する(図7)。塗装する必要がある窓枠は色の選択によって個性化する機会を与えている。それらが扉付きのように複雑であれば、表現する機会が大きくなる(図8)。しかし、極端にこれを採用しないでほしい。維持管理を必要とする領域を制限し、上階や内部からそれを行いやすくすることが大切である。

7.4
建物の外観

建物の外観は個性化を奨励するように設計されるべきである。しかし、外観がみんなの目に見えるときには、それらは、個性化が第5章と6章で開発された適切な見え方と豊かさを壊さないように、デザインされるべきである。

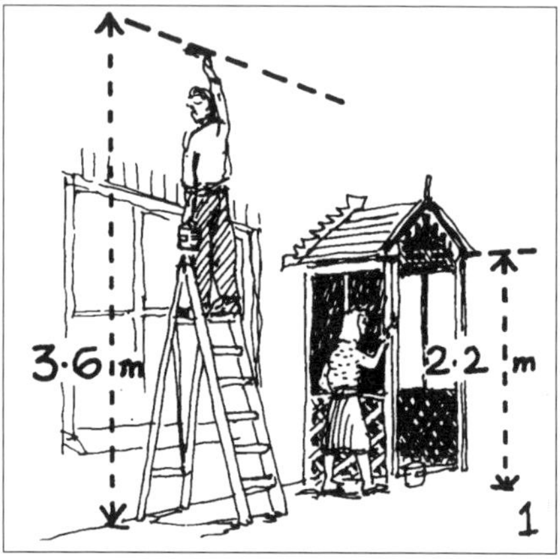

1

2

3

建物の外観のある部分は他の部分より容易に手を入れやすい(図1、2、3)。ここは、一般利用者にとって、もっとも有効な個性化の機会がある。

ダンファームリン、スコットランド　5

6

維持が必要な建物の外観はおのずと個性化のための機会を与える(図4)。その取り上げる範囲を区切るなら、個性化の機会は増加する。ただし、維持のコストと外観の割合のバランスをとること。そして、ツタ類で外観を個性化するには、維持を必要とする大きな壁の面積がツタの生育を妨害してしまうことを覚えておくこと(図6)。

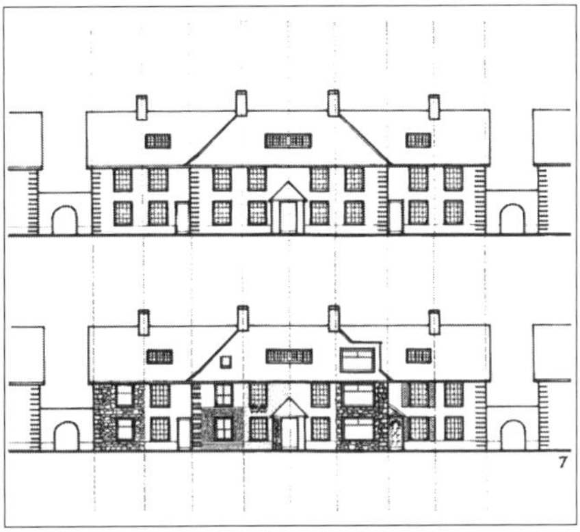

7

図面上で、あなたは人々の実行しそうな個性化のタイプと度合いをシミュレーションすること。「視覚上の適切さ(ふさわしい見え方)の重要性」を消してしまうようなデザインの特性をチェックすること(図7)。もしそうなるなら、できるだけ多くのデザイン特性を強化すること。特性のいくつかが変わっても、この特性を強化することが、視覚上の適切さを読みとれる見込みを増加させるであろう。

8

キーとなる特性がさまざまな利用者ごとに区分けされているところでは、相当にひどい個性化さえ視覚上の適切さを抹消しそうにはない(図8)。

第 8 章

まとめ

Putting it all together

8章
まとめ

目的

この章では、この本の前の章までに引き続いて、デザインシートにより、大きな都市の中心の複合的なプロジェクトをデザインするために、われわれのアプローチ(方法)がどのように用いられるかを示すものである。

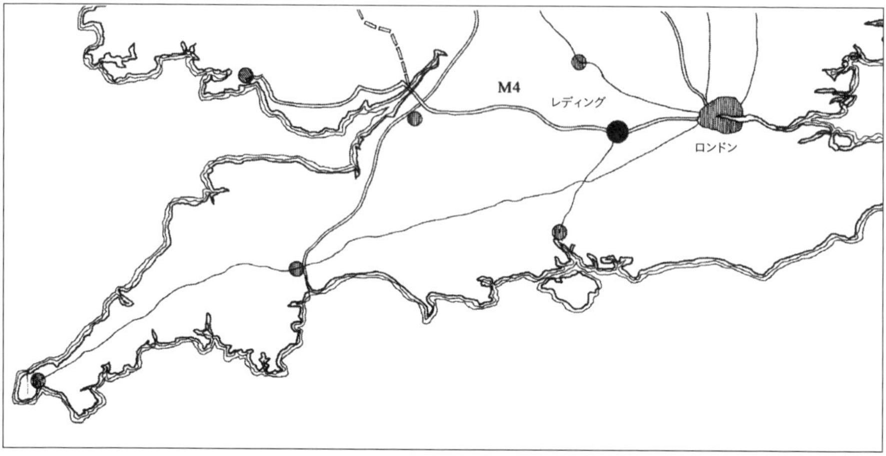

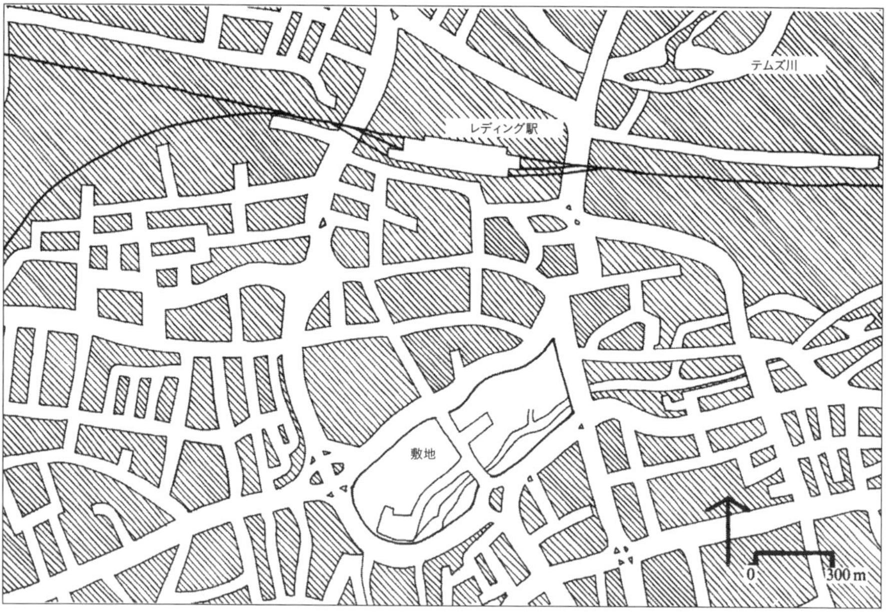

敷地

5.6haの面積を占める敷地はレディング(イギリス南部の都市)の中心近くにある。この繁栄した都市は人口およそ15万人、ロンドンの西に約30マイル、ブリストルへのM4自動車道路の途中にある。

この敷地は都市の商業中心地の南端と接している。その南の境界は、主要都市内分岐道路によって形成されており、その道路はレディング内の他の地域やその他の隣接する街への適切な道路の繋がりを提供している。都市の中心地へこの分岐道路を繋げるブリッジストリートは敷地そのものを二分している。

歴史的な背景

この2世紀の間、この敷地はかつてはケネット川に接する湿地帯地域であったが、ビール醸造所として使われていた。もともとその工場は既存の水が使用できることで、生産過程への有利さと交通の利便さによりこの地に立地していたのである。

これらの要素はどちらも現在では重要ではないし、工場は生産工程を別の地、郊外へと移転させており、この都市の中心地の敷地は再開発のために手放されている。

しかしながら、その敷地はまだ更地にされておらず、多くは19世紀からの多様な建築が残っている。そのうちの3つは、ジョン・ソーンが設計したとされ、美しいモルタルと昔ながらのしっかりとした石造の住宅で、特別に歴史的価値がある建築物として、環境省に登録されている。

デザインの狙い

市民会館の近くで非常に大きい敷地を再開発する機会は、商業および環境循環の両方について、必然的におおいに議論を呼び起こした。われわれの狙いは、ビール醸造所に適切な地価を発生させ、開発者へ標準的な商業利益を与えるように、そして、街の環境に敏感な場所をデザインすることである。

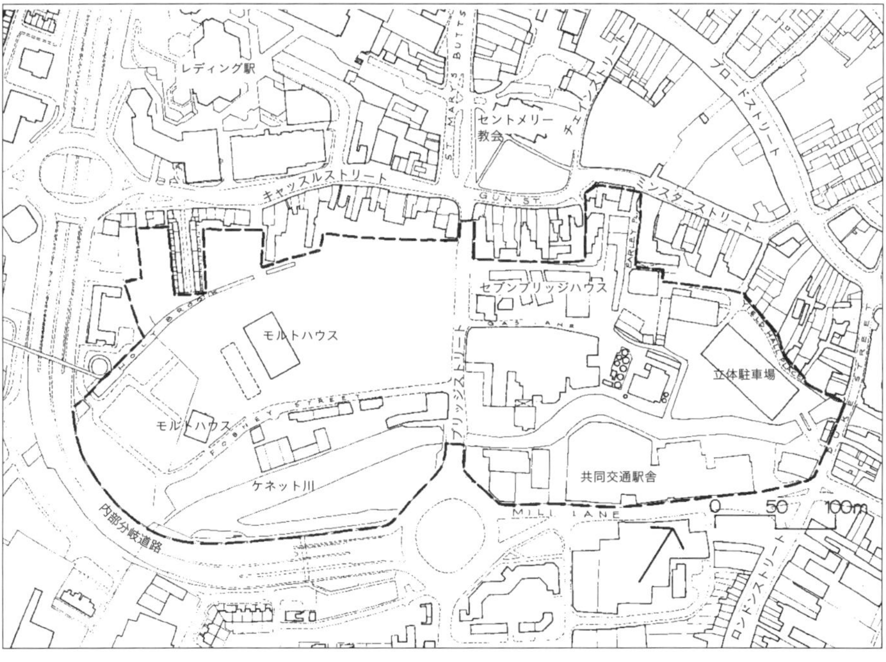

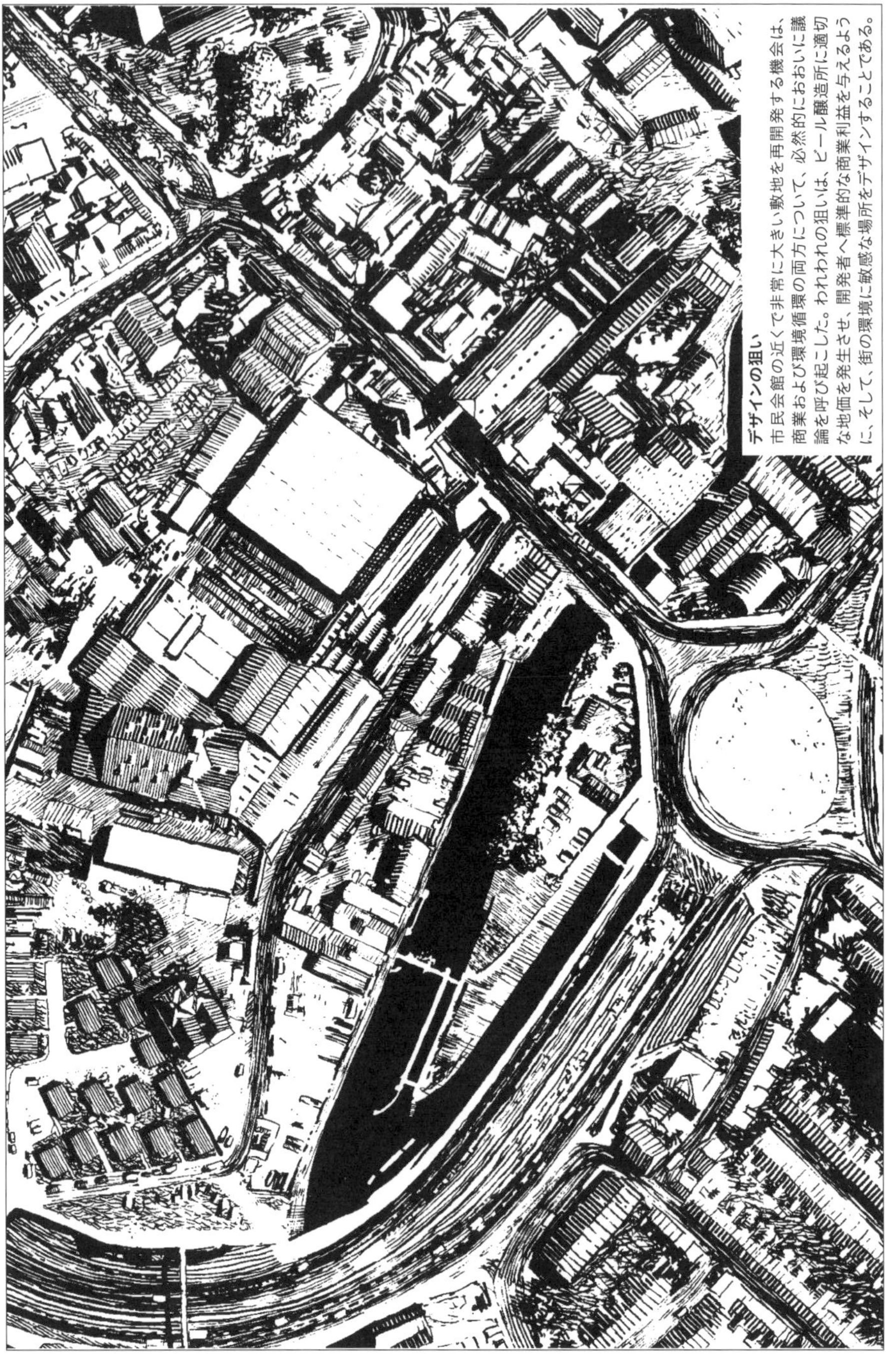

デザインの狙い

市民会館の近くで非常に大きい敷地を再開発する機会は、商業および環境循環の両方について、必然的におおいに議論を呼び起こした。われわれの狙いは、ビール醸造所に適切な地価を発生させ、開発者へ標準的な商業利益を与えるように、そして、街の環境に敏感な場所をデザインすることである。

敷地へのつながり——分析

「行きやすい」スキームのための出発点は、周辺地域から敷地に出入りするリンクの既存システムである。このデザインシートでは、敷地と都市間全体のリンクと身近な地域環境とのリンクを分析する。

下図は都市全体あるいは地域で、敷地が持っているリンクの可能性をすべて追求するものである。この分析で高い値を示すこれらのリンクに、いかなる新しいスキームも連結させせることが明らかに重要である。この敷地の場合には、この段階ですべての既存のリンクへつながない理由はない。都市内分岐道路に通り抜けしにくい障害をつくらないために、敷地の南端と西端を通して歩行者用のつながりを維持し、開発することが特に重要である。

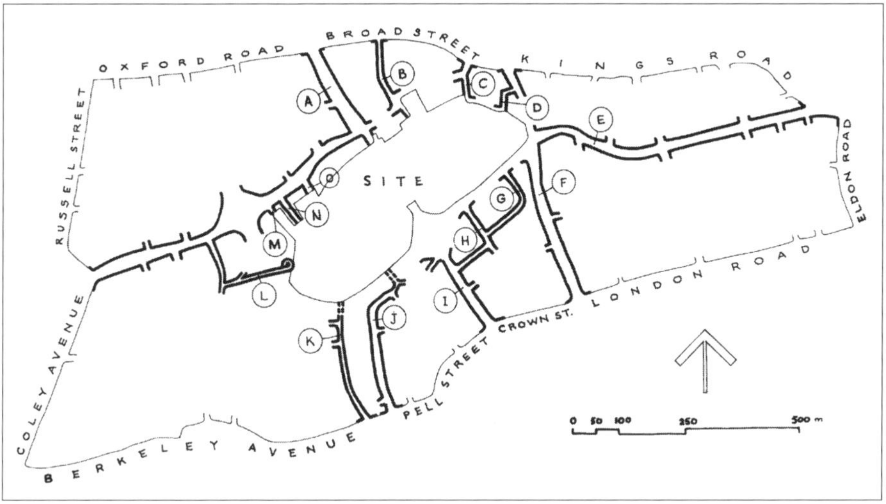

CITY LINKS

A	B	C	D	E	F	G	H	I	J	K	L	M	N	O
1	2	2	3	3	1	6	3	1	3	3	7	3	3	3

(A F I) (B C) (D E H J K M N O) G L

← 最大地区　最小地区 →

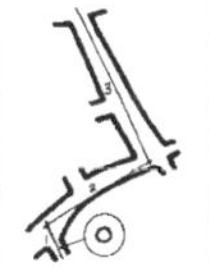

事例　リンクO＝3

LOCAL CONNECTIONS

A	B	C	D	E	F	G	H	I	J	K	L	M	N	O
3	2	1	1	8	2	4	4	3	4	2	7	8	7	5

(E M) (L N) O (G H J) (A I) (B F K) (C D)

← 最大の繫がり　最小の繫がり →

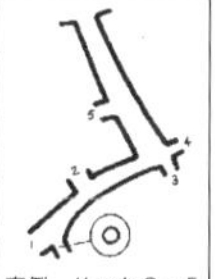

事例　リンクO＝5

参照 デザインシート1.1

敷地へのつながり——現状

このシートおよび次のシートは前の分析では特に指摘はなかったが、この敷地につながるそれぞれのリンクの要点を説明する。各リンクを示す写真の説明は分析で使用されたものと同じである。

A.セント・メリーの境界
北レディングへの内部分岐道路は北部へつながる
主要な運搬用のリンク

B.チェインストリート
中央ショッピング地区を南北に抜ける典型的な狭い通り。
ほとんどは敷地からブロードストリートの店へ
ほぼ直接的につながる歩道

C.ヤード・ホール・レーン
ブロードストリートおよび、キングストリートにある
店への近道で、ミンスターストリートにつながる狭い通り。
現在は、それらの敷地にある立体駐車場への
アクセスとして使用されている

D.ソーンレーン
既存のショッピング地区への狭いリンク。
BやCよりも直通ではない

E.クィーンズ・ロード
内部分岐道路の南部分につづく
東レディングの主要な車道。
敷地の東にある地域へしっかりつながっている

F.ロンドンストリート
南レディングへの主要なリンク

G.クロスランドストリート
レットコムストリートへの曲がり角、
サービスアクセスだけのための路地。
敷地への重要なつながりがもっとも少ないリンク

H.レットコムストリート
サザンプトンストリートへつなぐだけでなく、
地元の日常道路としても役立っている

I.サザンプトンストリート
名前が意味するように、南への主要な輸送リンク

K.ツーパス（運河側道）
内部分岐道路の下を通っている。
最終的に、住宅地の南と西を結ぶリンクなので、
有用な歩行者のリンクとして残るべきである。内部分岐道路を
横断する連絡路の制限を強化することが特に重要である

J.地下道
内部分岐道路の下を通ってケイツグルーブレーンへ。
敷地南の住宅地に向かう重要な歩行者用リンク。
現在は、敷地にある川を渡らなくてもよい。

L.歩道橋
コレイプレイスへ行く内部分岐道路の上にかかっている。
このリンクは、敷地西の住宅街へ向かう唯一の
歩行者用連絡路となってから重要になった

M.トーライトヤード
キャッスルストリートへの自動車用アクセスで、
そこから内部分岐道路へ向かう。
唯一西レディングへ向かう自動車用アクセス。
敷地の西の地域へうまくつながっている

N.バーチェルズアムスハウス
キャッスルストリートへの歩行者用道路

O.キャッスルストリートを横切る道路
自動車用道路としてはマイナーだが、
近くにある市民会館(シティセンター)への
歩行者用道路として役立っているリンク

通りと街区の構成

これまでにリンクのシステムを分析したので、次の段階は敷地内の仮に設定した通りと街区の構成にそれらを関連づけることである。スキームに含まれている用途がまだ確立されていないので、通りの幅と接続点のデザインを決定すること、および街区の大きさを照合することはできない。

用途と用途間の共存性

仮の通りと街区のシステムを決めたとして、次の段階はそのスキームの中に含まれている用途の多様性を考慮することである。需要を調査するためには、われわれは不動産業者および地方自治体やさまざまな地域組織の代表と協議しなければならない。これらの調査結果は次の用途の需要を示唆していた。

- 店舗
- オフィス
- 住宅(寝室が3つの小規模な共同住宅)
- 屋内レジャー施設

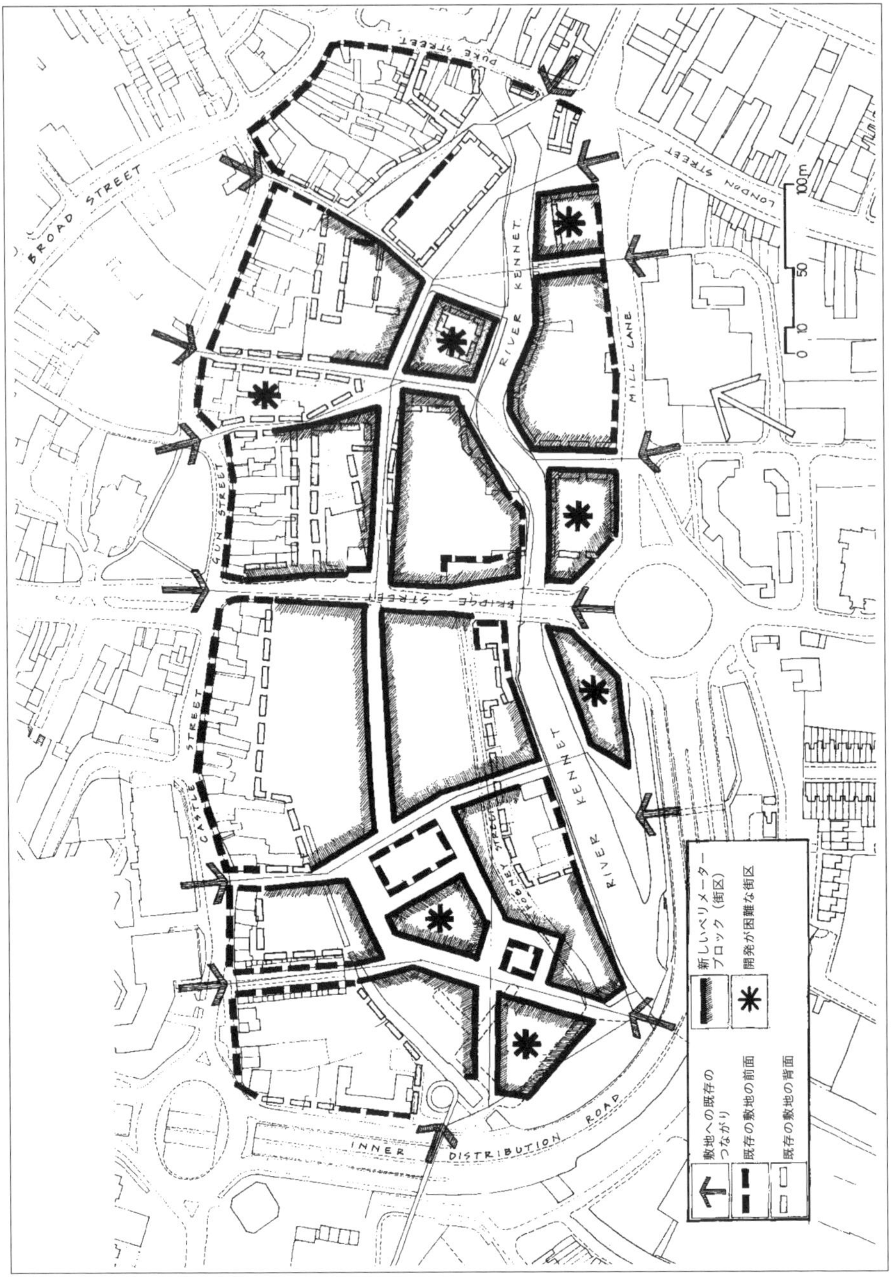

参照 デザインシート1.2

・TVのスタジオ／コミュニティ劇場
・運河の係留池
・パブ
・駐車場

さまざまな聞き取り調査からのデータは左に説明された図表に記録されている。多様な用途間で起こりうる相互作用は左のマトリックスで調べられた。その結果、次ページに略記された用途の戦略的な配置を提案した。

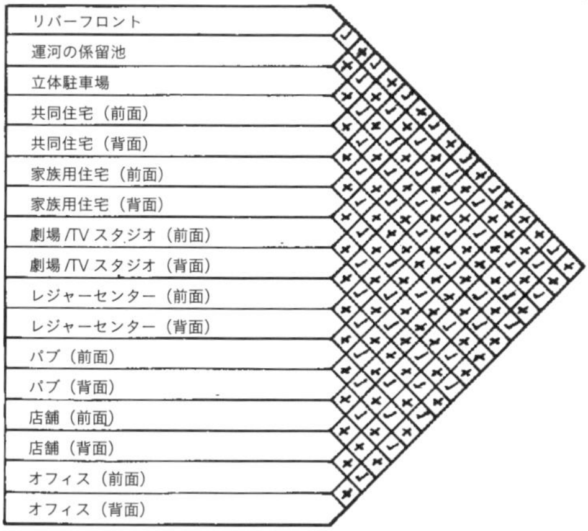

敷地	レディングのカレッジ醸造所の敷地
インタビュー	Peter Massif, Gibson Eley and Co
用途	オフィス
可能な開発者	主要金融機関と取り引きのある大規模な全国的な大手開発業者
既存建物の用途	なし
補助的なサポート	下の注参照
需要：最大／最小面積	最小の建物の大きさ1,000㎡。最大は全敷地面積35,000㎡(カレッジ社が使用する約10,000㎡を含む)
賃貸料	1平方フィートあたり£12.50
収穫	下の注参照
否定的な相互作用	高層階あるいは低層階を住宅エリアにしてはならない。もし店の上にあるなら収益は6.5%増える。しかしこれをできる限り避けること。 このような住戸は借り手がつきにくいであろう。
計画のコントロール	地方自治体はこのスキームから高レベルな計画的利益を期待している。状況が複雑な場合は、できるだけ早く役所職員に直接連絡すること。
助成金	どれも利用できない
注：	補助的な支援 オフィスの借り手が直接コントロールしている駐車場——買い物のための駐車場スペースを共有していない。郊外にあるオフィスと十分に競うために、高品質な室内環境を達成することも重要である。したがってリバーサイドという立地は有利である。冷暖房がなければならない。 収益 よい契約でオフィスを借り手へ前貸しするなら4.75%、貸さないで売るなら7%まで収益に幅がある。予備に6%使う。

参照 デザインシート2.1、2.2

用途の戦略的な配置

スキームのために提案されるさまざまな用途間の予想される相互作用を分析したので、次の段階は通りと街区システムの中で立地条件に照らし合わせ、用途の戦略的な配置を行う。

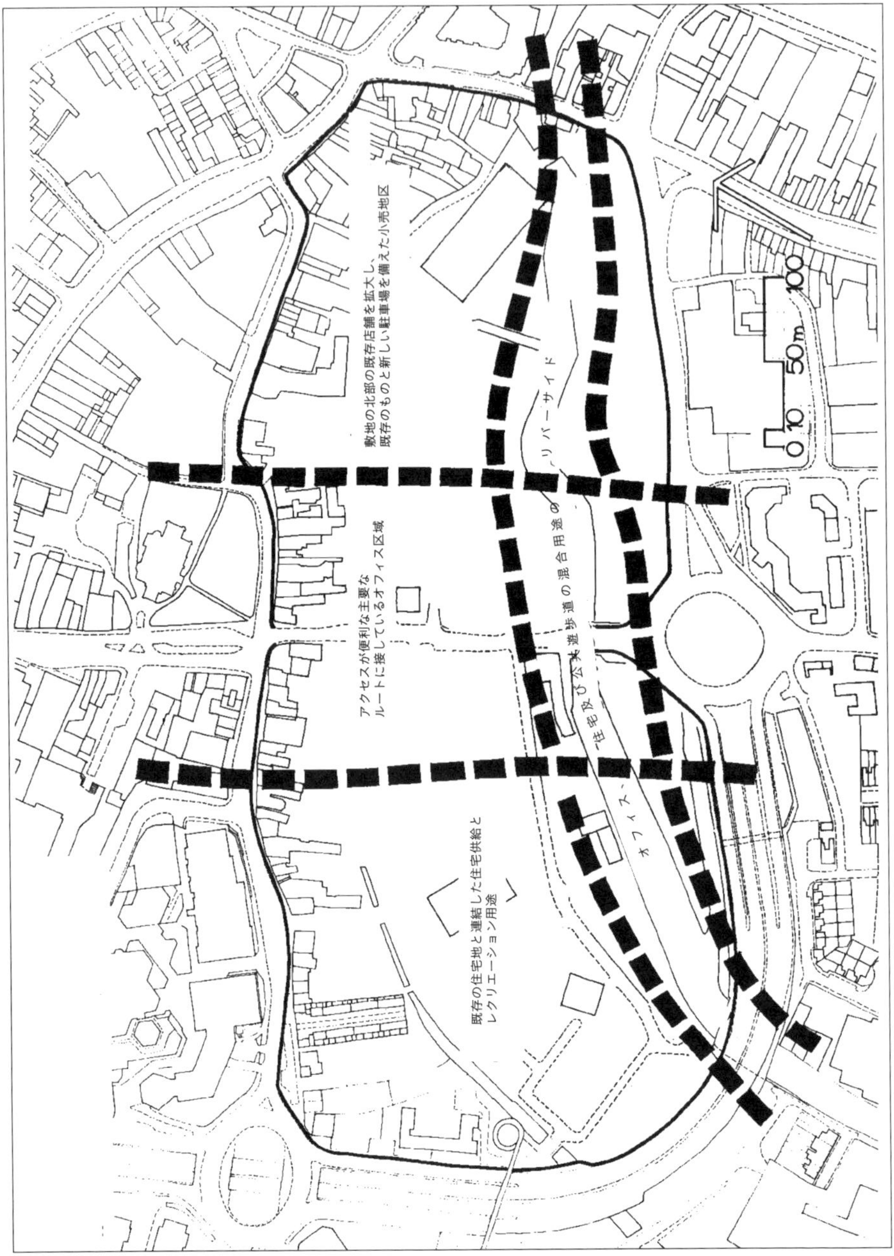

敷地の北部の既存店舗を拡大し、
既存のものと新しい駐車場を備えた小売地区
アクセスが便利な主要な
ルートに接しているオフィス区域
既存の住宅地と連結した住宅供給と
レクリエーション用途
オフィス、住宅及び公共遊歩道の混合用途のリバーサイド
0 10 50m 100

参照 デザインシート2.3

店舗のレイアウト

さまざまな用途を通りと街区のシステムの中に大まかに配置したら、歩行者の流れを必要とする二次的用途をサポートするための磁石(惹きつけるもの)の位置取りに特別に注意を払う段階になる。

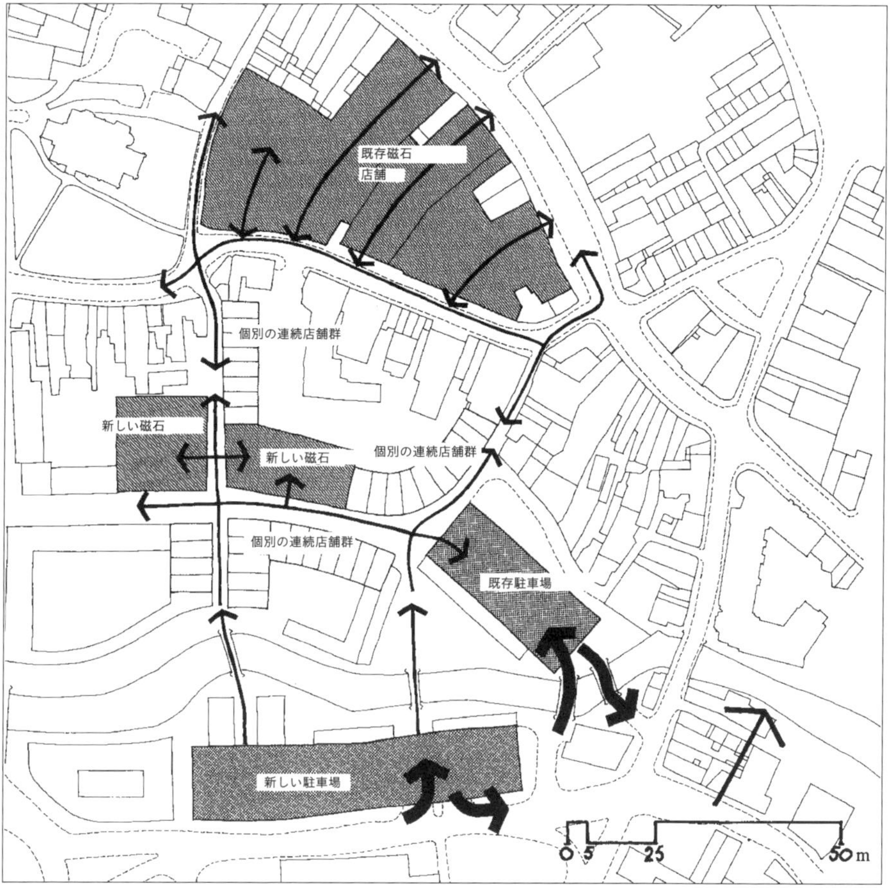

参照 デザインシート2.2

実施可能性の点検

多様性をサポートする修正レイアウトを決めた後、次の段階は、その計画が財政上実施可能であるか確認することである。

スキームの中のさまざまな要素のコストと価値を計算するためのデータは、デザインシート2.4、2.5で論じた建設業者の価格表[注1]と不動産管理人から採用された。トータルコストと価値を計算するための方式とともにこれらのデータは、コンピューターを用いてVisicalc、電子スプレッドシートに入れた[注2]。これは開発されたデザインとしてスキームの経済的実現可能性が継続的にモニターできるようにした。Visicalcからの印刷を下に示す。

通りの分類と長さ

ブリッジストリートを除いて、スキーム中のすべての通りはアクセス道路として分類される。これらはアクセスするさまざまな用途によって、さらに非居住用と居住用のアクセス道路に分けられる。

車道の幅員

どのアクセス道路もさまざまな交通量を担っている。これはp.202の図で示されるように計算せねばならず、それに沿って車道の幅員が決められねばならない。

交差点の間隔

提案されたレイアウトの交差点のほとんどは通りのタイプにとって十分な間隔がすでにあけられてい

	戸数	延床面積	建築面積	売値	賃貸料（／m²）	賃貸料	利益率	価格	1戸当たりコスト	建設費
店舗A		770	770		340	261,800	6.25	4,188,800	250	192,500
店舗B		770	770		170	130,900	6.25	2,094,400	250	192,500
店舗C		770	770		85	65,450	6.25	1,047,200	250	192,500
FFストア		900	900		42.5	38,250	6.25	612,000	250	225,000
スーパーマーケット		2,100	2,100		120	252,000	6.25	4,032,000	300	630,000
ストア		3,268	3,268		120	392,160	7.5	5,228,800	350	1,143,800
オフィス		21,500	17,200		130	2,236,000	6.25	35,776,000	500	10,750,000
共同住宅	100	6,000	5,000	30,000				3,000,000	330	1,980,000
接地住宅	30	2,400	2,400	50,000				1,500,000	320	768,000
レジャー		2,520	2,016		0				440	1,108,800
麦芽製造所		1,320			0				500	660,000
立体駐車場		18,816			0				120	2,257,920
マリーナ					0					900,000
合計		61,134						57,479,200		21,001,020

参照 デザインシート2.4、2.5、2.6

る。ブリッジストリートの交差点だけが未解決の問題である。しかしながらわれわれ側の交通コンサルタントは、交通当局によってすでに計画されたブリッジストリートの既存する交差点の小さな回り道としての役目は、新しい交差点をつくってしまうだろうと指摘している。これはデザインの開発のために交通当局と綿密な交渉を必要とするだろう。

詳しい交差点のデザイン

ブリッジストリートの小さな回り道で生じる交通速度低減の効果を考慮に入れると、すべての必要なセットバック、見やすくするための隅切り、そして交差点の範囲は、歩道をデザインするうえで調整することができる。すでに提案されている建築線を変える必要はない。

歩行者のネットワーク

ほぼすべての通りは車と歩行者の使用を両立するようにデザインされている。これに基づいて、それらの通りは自動車が歩行者よりも優先されないように細かくデザインする。敷地への既存のアクセスを一部制限すること、および保全されるべき既存の建物の位置を維持するためには、歩行者専用通路を計画することは避けて通れない。しかしながら、その歩行者通路のすべては建物の前面と正面によって決められて公共空間として扱われる。

さらに、新しいショッピングルートは開発者の要求に合わせた歩行者の利用に制限される。それにもかかわらず、これらのルートは将来機会があれば、歩行者と自動車とが結合したスペースになるのに十分な広さを持たせている。

地価	利益率	全利益	利率	建設期間	空白期間	権利 コスト	空白権利	全コスト	開発者 利益	利益率
	12	23,100								
	12	23,100								
	12	23,100								
	12	27,000								
	12	25,600								
	12	137,256								
	12	1,290,000								
	12	237,600								
	12	92,160								
	12	133,056								
	12	79,200								
	12	108,000								
11,000,000		2,249,172	12	4	.5	11,043,579	2,717,626	48,011,397	9,467,803	19.71991

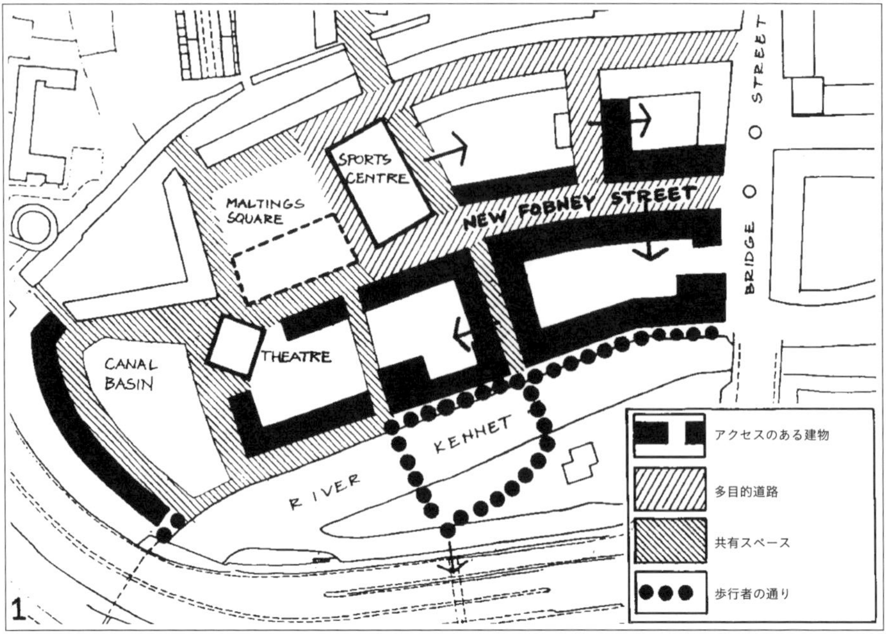

参照 デザインシート1.3

ピーク時間				台
オフィス	ブリッジストリート	0.5h	2,712 m^2（グロス）	271
	ニューフォブニーストリート(南)	1.0h	7,128 m^2（グロス）	713
	時間貸駐車場	0.5h	30台	60
住宅	フォブニーストリート(北)	0.5h		11
	住宅供給／共同住宅（フォブニーストリート西）	0.5h	51台	

非ピーク時間

劇場

麦芽製造所の　　非ピーク時の交通供給を示す

スポーツセンター

1,106台／h

- 幅員7.3m車道：駐車とアクセス制限付き
- 幅員6.0m車道：正面からのアクセスと駐車の禁止

街区の大きさの点検

用途の配置と通りのレイアウトが固まったからには、さまざまな街区がそれらの街区のために計画される用途を収容するのに十分な大きさであることを確認する必要がある。

　この街区はオフィスだけが入っている。それは4階建てである。

全体の延床面積(約)7,890㎡

駐車基準: 100㎡／1台(ネット面積)、その50%が立体駐車場である。

したがって、敷地上はわれわれは1台当たりネット200㎡の床面積を必要とする。

平均的な街区の大きさ＝(90＋46)÷2=68㎡。(デザインシート1.4参照)車1台当たりに利用できる駐車場基準はp.203のグラフから＝120㎡。

これは十分すぎるほどで、植栽、座ったりするなどの余地に充てられる。

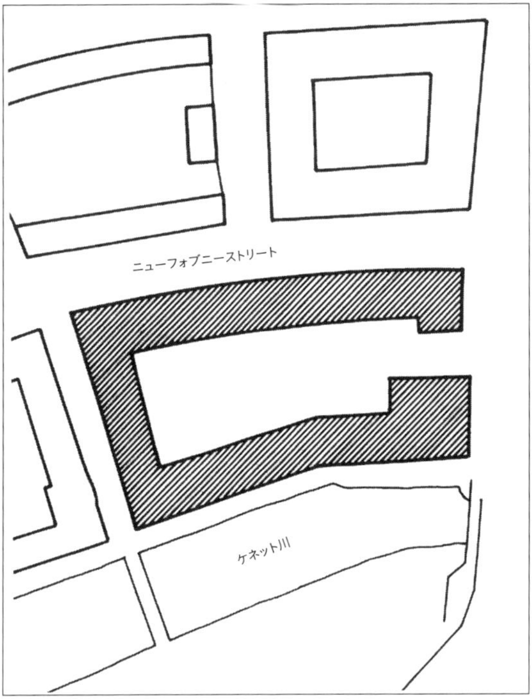

ニューフォブニーストリート
ケネット川

参照 デザインシート1.4

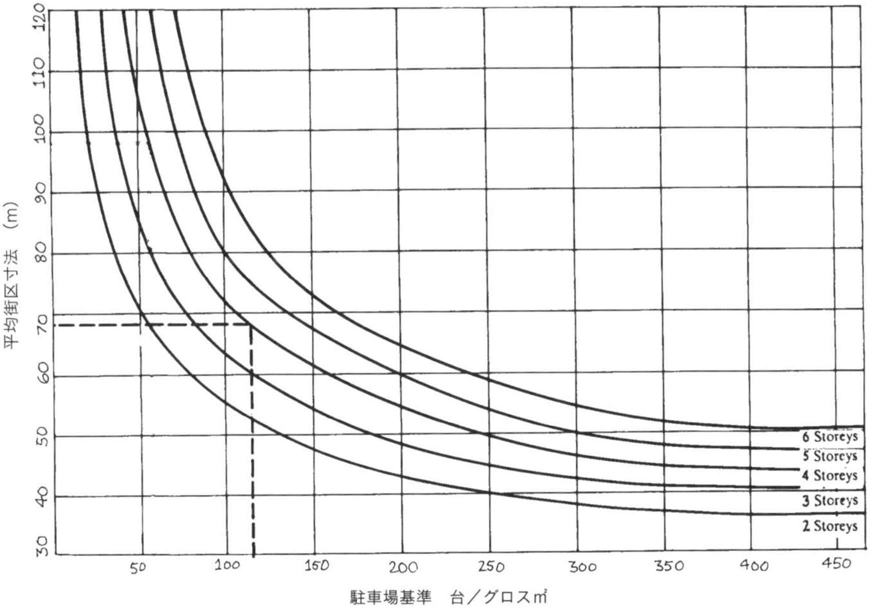

平均街区寸法 (m)
120
110
100
90
80
70
60
50
40
30
50
100
150
200
250
300
350
400
450
6 Storeys
5 Storeys
4 Storeys
3 Storeys
2 Storeys
駐車場基準 台／グロスm²

要約——行きやすさと多様性を考えた後のスキーム

この段階までに、通りと街区のレイアウトでは何らかの詳細を決めてきた。そして、財政上可能なスキームを作成するために、多様な用途をもつ建物容積がチェックされてきた。この平面図はこれまでのデザイン的決定事項を要約したものである。

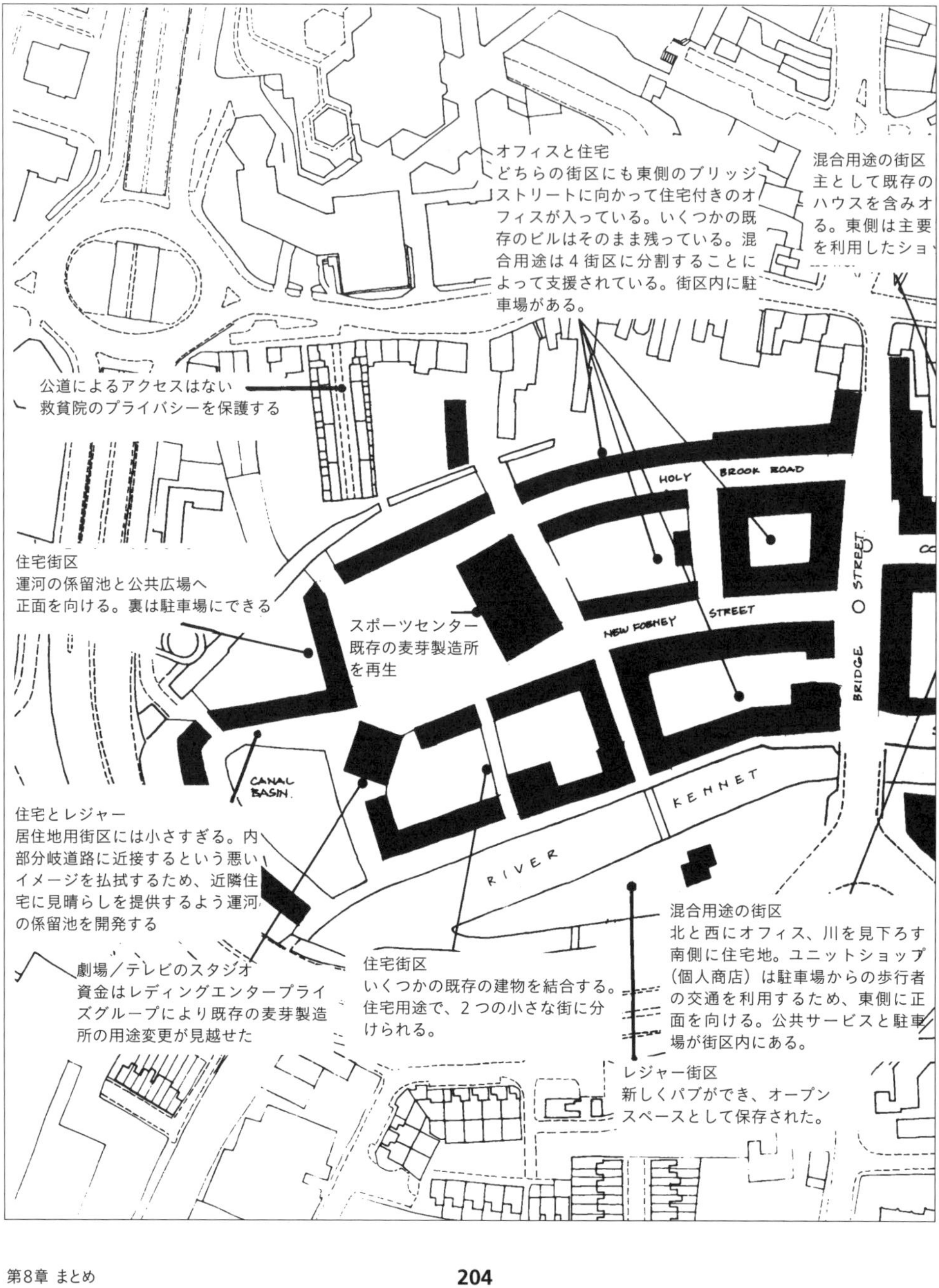

オフィスと住宅
どちらの街区にも東側のブリッジストリートに向かって住宅付きのオフィスが入っている。いくつかの既存のビルはそのまま残っている。混合用途は4街区に分割することによって支援されている。街区内に駐車場がある。
混合用途の街区
主として既存の
ハウスを含みオ
る。東側は主要
を利用したショ
公道によるアクセスはない
救貧院のプライバシーを保護する
HOLY
BROOK ROAD
住宅街区
運河の係留池と公共広場へ正面を向ける。裏は駐車場にできる
スポーツセンター
既存の麦芽製造所を再生
NEW FOBNEY
STREET
BRIDGE
STREET
CANAL
BASIN
KENNET
RIVER
住宅とレジャー
居住地用街区には小さすぎる。内部分岐道路に近接するという悪いイメージを払拭するため、近隣住宅に見晴らしを提供するよう運河の係留池を開発する
混合用途の街区
北と西にオフィス、川を見下ろす南側に住宅地。ユニットショップ（個人商店）は駐車場からの歩行者の交通を利用するため、東側に正面を向ける。公共サービスと駐車場が街区内にある。
劇場／テレビのスタジオ
資金はレディングエンタープライズグループにより既存の麦芽製造所の用途変更が見越せた
住宅街区
いくつかの既存の建物を結合する。住宅用途で、2つの小さな街に分けられる。
レジャー街区
新しくパブができ、オープンスペースとして保存された。

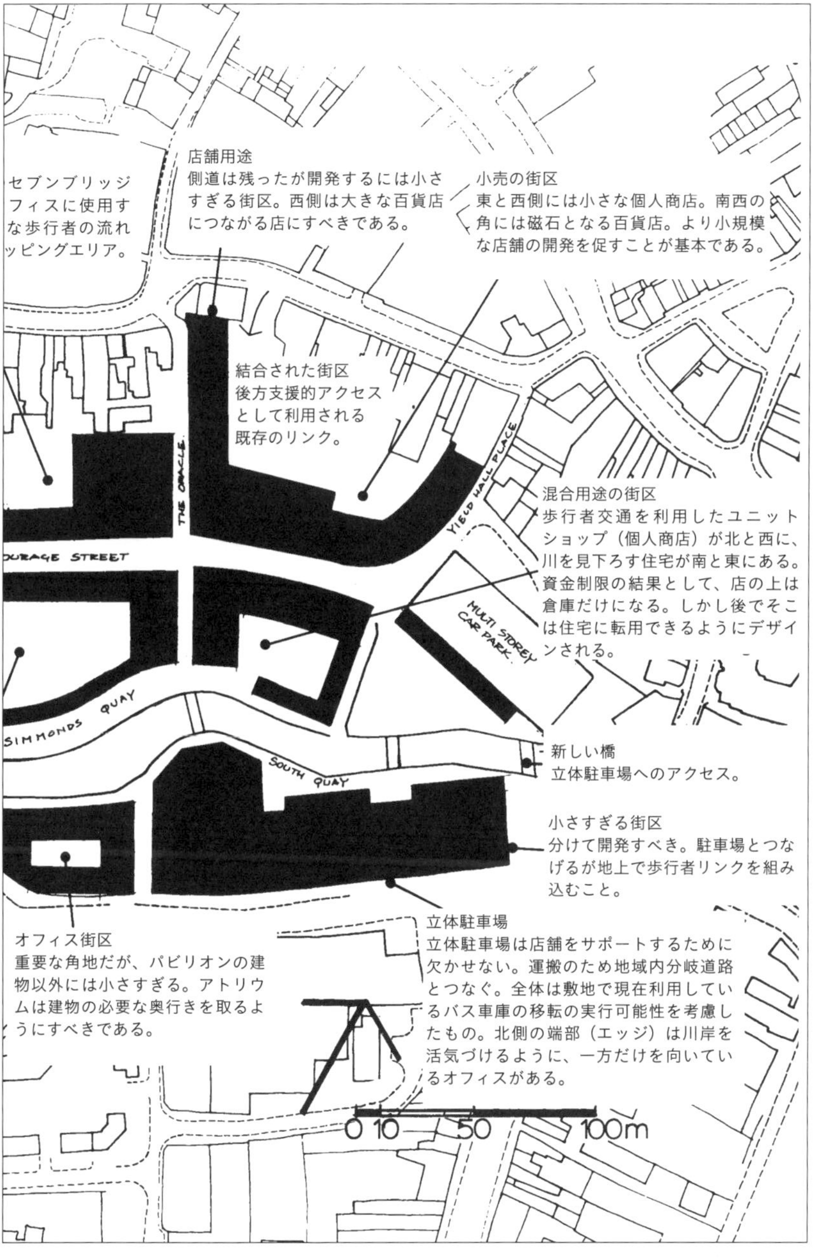
セブンブリッジ
フィスに使用す
な歩行者の流れ
ッピングエリア。
店舗用途
側道は残ったが開発するには小さ
すぎる街区。西側は大きな百貨店
につながる店にすべきである。
小売の街区
東と西側には小さな個人商店。南西の
角には磁石となる百貨店。より小規模
な店舗の開発を促すことが基本である。
結合された街区
後方支援的アクセス
として利用される
既存のリンク。
THE ORACLE
YIELD HALL PLACE
OURAGE STREET
混合用途の街区
歩行者交通を利用したユニット
ショップ（個人商店）が北と西に、
川を見下ろす住宅が南と東にある。
資金制限の結果として、店の上は
倉庫だけになる。しかし後でそこ
は住宅に転用できるようにデザイ
ンされる。
MULTI STOREY CAR PARK
SIMMONDS QUAY
SOUTH QUAY
新しい橋
立体駐車場へのアクセス。
小さすぎる街区
分けて開発すべき。駐車場とつな
げるが地上で歩行者リンクを組み
込むこと。
立体駐車場
立体駐車場は店舗をサポートするために
欠かせない。運搬のため地域内分岐道路
とつなぐ。全体は敷地で現在利用してい
るバス車庫の移転の実行可能性を考慮し
たもの。北側の端部（エッジ）は川岸を
活気づけるように、一方だけを向いてい
るオフィスがある。
オフィス街区
重要な角地だが、パビリオンの建
物以外には小さすぎる。アトリウ
ムは建物の必要な奥行きを取るよ
うにすべきである。
0 10 50 100m

わかりやすさの分析

デザインは多様性をサポートするために開発されてきたので、次の段階は、スキームの「わかりやすさ」を考える。第一歩として、われわれは現存しているものとして敷地と環境のわかりやすさを分析した。

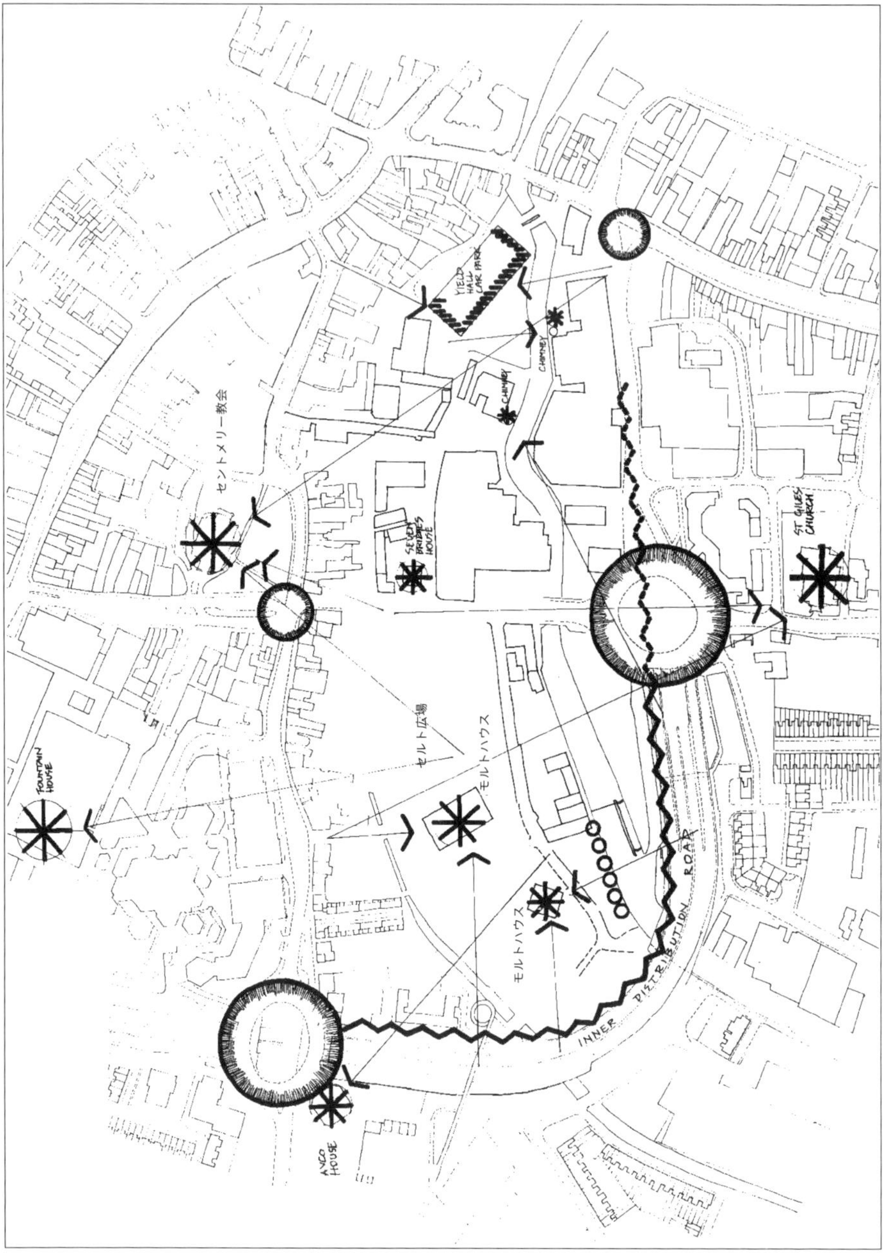

参照 デザインシート3.4

わかりやすさの検討

次の段階は他の人の見え方に関するわかりやすさについて、われわれの初期の分析を検討することである。その過程の結果は下図で一覧表になっている。これはデザイナーの分析で10個のよく取り上げられる形態的特徴のうち、8つを取り上げてその有無を示したものである。検討の過程は、p.213に略述するように、敷地のわかりやすさが持つ可能性についてデザイナーの最終的な見方を非常に豊かにした。

解答者	A	B	C	D	E	F	G	H	J	K	L		
GUN STREET	✓	✓	✓	✓	✓	✓	✓	✓	✓	✓	✓	11	
BRIDGE STREET	✓	✓	✓	✓	✓	✓	✓	✓	✓	✓	✓	11	*
RIVER KENNET	✓	✓	✓	✓	✓	✓	✓	✓	✓	✓	✓	11	*
ROUNDABOUT	✓	✓	✓	✓	✓	✓	✓		✓	✓	✓	10	*
COURAGE'S OFFICES	✓	✓	✓	✓	✓	✓	✓	✓		✓	✓	10	
BUS DEPOT	✓	✓	·	✓	✓	✓	✓	✓	✓	✓	✓	10	*
INNER DISTRIBUTION ROAD		✓	✓	✓	✓	✓	✓	✓	✓		✓	9	*
SEVEN BRIDGES HOUSE		✓	✓	✓	✓	✓	✓	✓	✓	✓		9	*
CASTLE STREET	✓	✓	✓	✓		✓	✓	✓	✓		✓	9	
SMALL MALTHOUSE	✓	✓		✓	✓		✓		✓		✓	7	*
FOBNEY STREET	✓	✓		✓	✓	✓		✓			✓	7	
CASTLE STREET/IDR JUNCTION	✓			✓		✓	✓		✓		✓	6	*
GEORGIAN: CASTLE ST/GUN ST			✓			✓	✓	✓		✓	✓	6	
THE ORACLE	✓	✓	✓						✓	✓	✓	6	
BRIDGE ST: CORNER BUILDING		✓	✓			✓	✓		✓	✓		6	
ST MARYS BUTTS	✓		✓				✓	✓		✓	✓	6	*
BREWERY DISTRICT		✓		✓			✓	✓	✓		✓	6	*
GAS LANE	✓	✓		✓		✓				✓		5	
HOLY BROOK			✓	✓			✓	✓	✓			5	
'VACANT SITE' DISTRICT			✓		✓	✓				✓	✓	5	
MOBILE HOMES	✓			✓	✓	✓					✓	5	
SALVATION ARMY HOSTEL	✓				✓	✓			✓		✓	5	
RIVERSIDE GREEN SPACE				✓	✓	✓					✓	4	
WHITBREAD COURT	✓					✓	✓				✓	4	
MULTI-STOREY CAR PARK	✓					✓		✓		✓		4	*
ALMSHOUSES		✓		✓			✓		✓			4	
ST GILES' CHURCH	✓	✓					✓			✓		4	*
LARGE MALTHOUSE		✓	✓					✓				3	*
BREWERY BRIDGE (DEMOLISHED)	✓	✓								✓		3	
YIELD HALL LANE	✓							✓		✓		3	
CASTLE ST: BREWERY ENTRANCE	✓			✓					✓			3	
HEELAS/DEBENHAMS/B.H.S.	✓						✓	✓				3	
LOCK ON RIVER KENNET							✓	✓	✓			3	
CIVIC CENTRE							✓	✓				2	
IDR PEDESTRIAN BRIDGE			✓						✓			2	
BRIDGE ST PUB (DEMOLISHED)			✓						✓			2	
GEORGE HOTEL	✓									✓		2	
SUBWAY			✓								✓	2	
地図分析	9 その他 = この要素のある地図はない												
	* = デザイナーによって記録された要素あり												

参照 デザインシート3.2、3.3

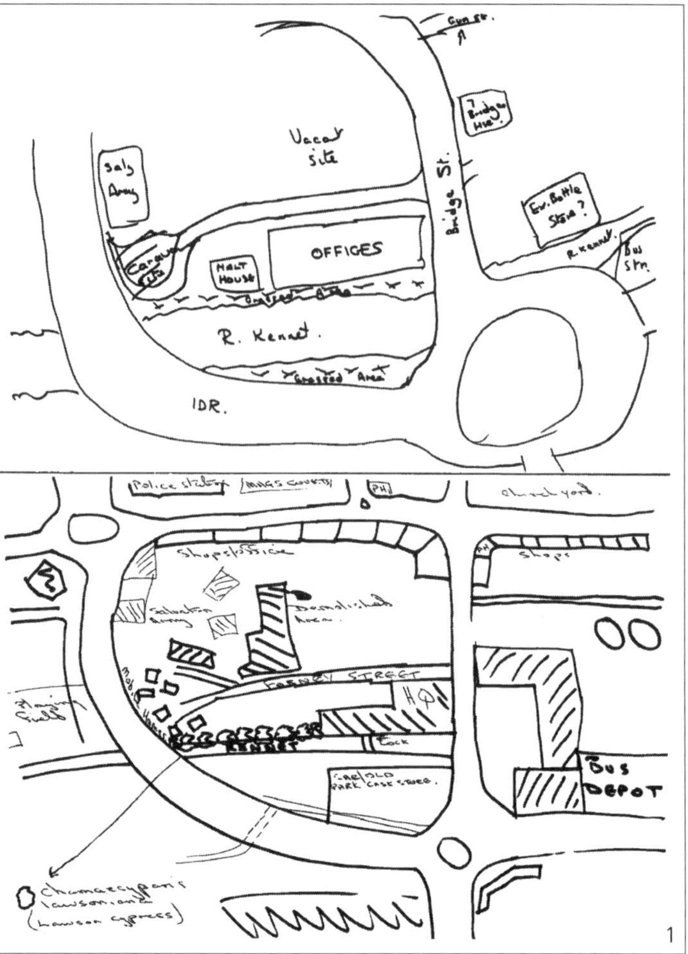

2つの心理地図は
図1をつくる

1

参照 デザインシート3.2、3.3

ディストリクトの意味するもの

敷地の西側地域は、東方と南方の周辺環境から分断されて、その地区と北との主な用途と異なっている。

以前はショッピングに結びつかなかった地域を取り除いて、店舗を活気づけるために、開発者は敷地の東側地域が確立した商業地区と解釈されるのを望んでいた。

図1はこれらの地区決定について要約している。

中央の商業地には、強力なパステーマがある。南北の通りは東西を走っている通りよりかなり小さい寸法である。通りの形態は図2に示すように、敷地の東側地域で使われた通りの形態形式になっている。

図 1

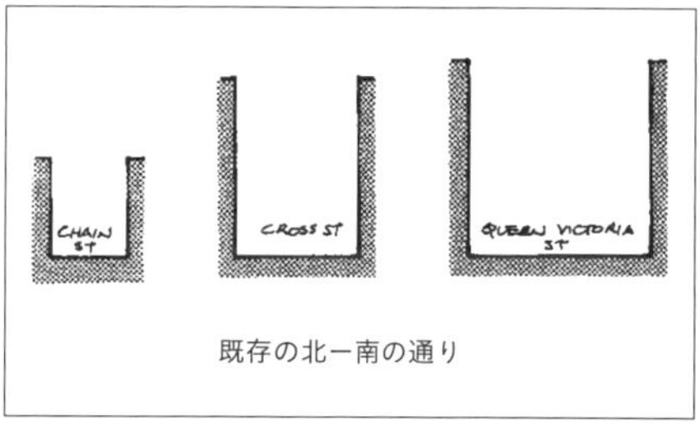

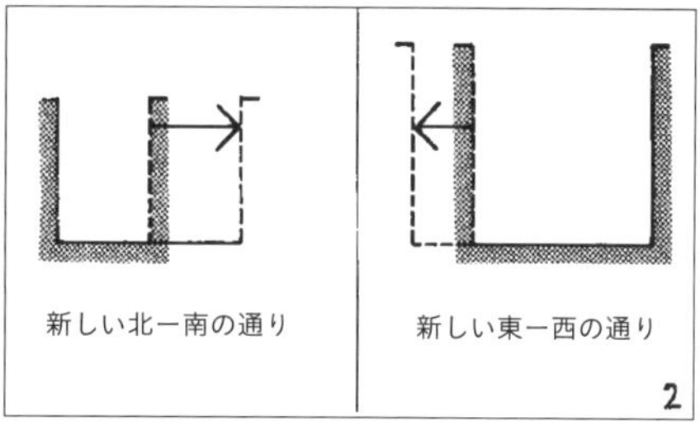

2

参照 デザインシート3.4、3.5、3.6

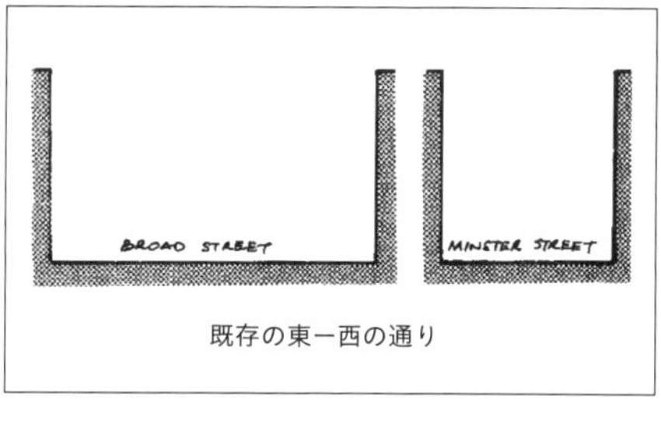

ノードとマーカーの連続性

図1、2、および図3はさまざまなタイプのノードに関して決定した「わかりやすさ」を表している。

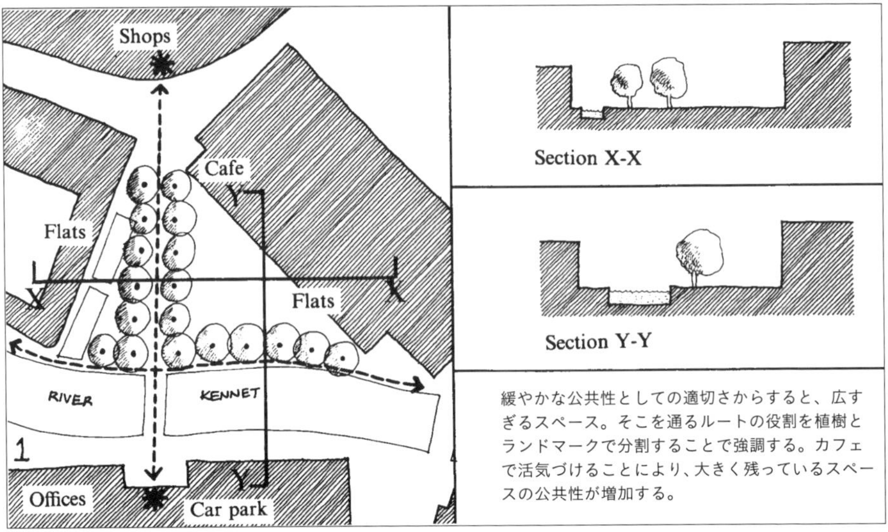

緩やかな公共性としての適切さからすると、広すぎるスペース。そこを通るルートの役割を植樹とランドマークで分割することで強調する。カフェで活気づけることにより、大きく残っているスペースの公共性が増加する。

三角形

既存の駐車場と小さな水路のために必要な大きなサイズのスペースであるが、機能的重要性が控えめなために、わかりやすさという点で不適切である。

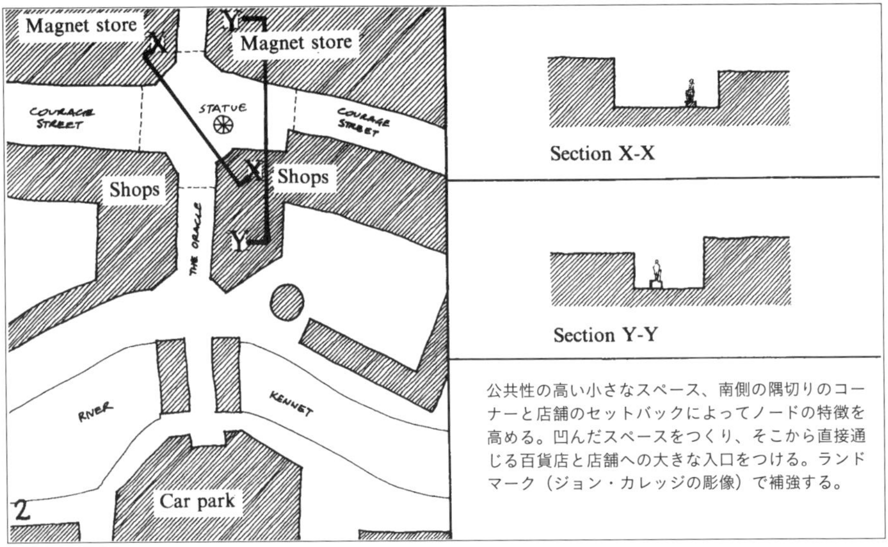

公共性の高い小さなスペース、南側の隅切りのコーナーと店舗のセットバックによってノードの特徴を高める。凹んだスペースをつくり、そこから直接通じる百貨店と店舗への大きな入口をつける。ランドマーク（ジョン・カレッジの彫像）で補強する。

オラクル／カレッジストリートの交差点

買い物客へ重要な意味をもつスペース

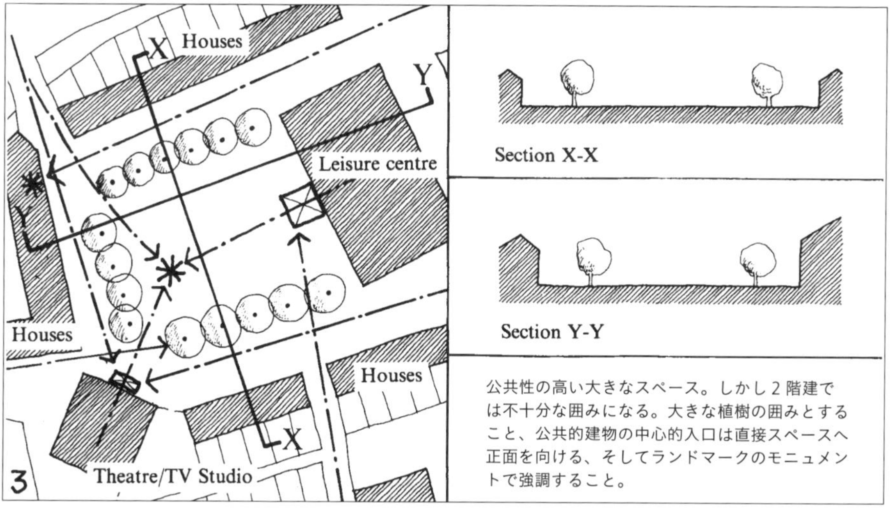

公共性の高い大きなスペース。しかし2階建では不十分な囲みになる。大きな植樹の囲みとすること、公共的建物の中心的入口は直接スペースへ正面を向ける、そしてランドマークのモニュメントで強調すること。

参照 デザインシート3.7、3.8

麦芽製造所

広いスペースは高い公共性があり、わかりやすさの点で適切である。しかし両側を2階建ての住宅で囲まれているのが弱点である。

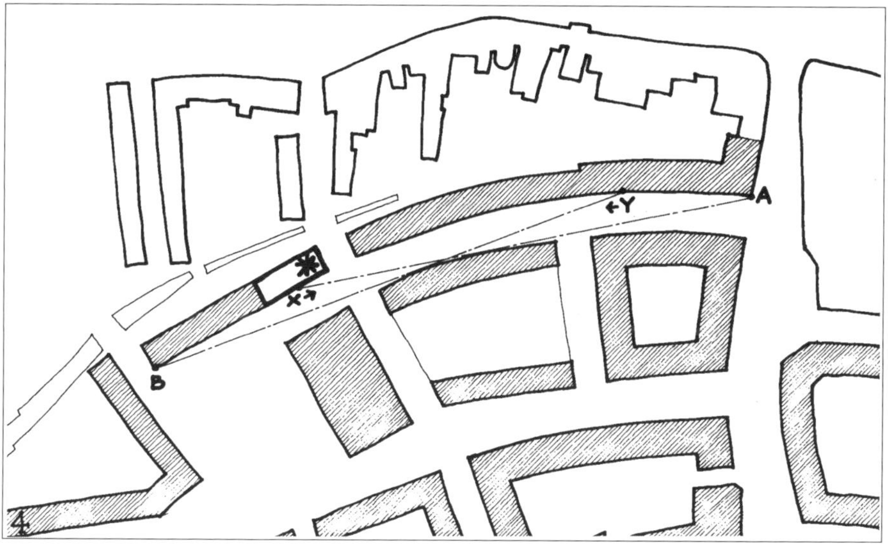

カレッジストリートと
ヤード・ホール・レーン

曲線の平面形なので、カレッジストリートとヤード・ホール・レーンの連続はマーカー(目印)をつけ加えることが要求される。図4はこのマーカーはどのように位置取りするかを示している。

要約——「わかりやすさ」を実現するように調整されたレイアウト

今までは、デザインをできるだけわかりやすくなるように発展させてきた。このアクソメ図で改訂された提案について要約する。

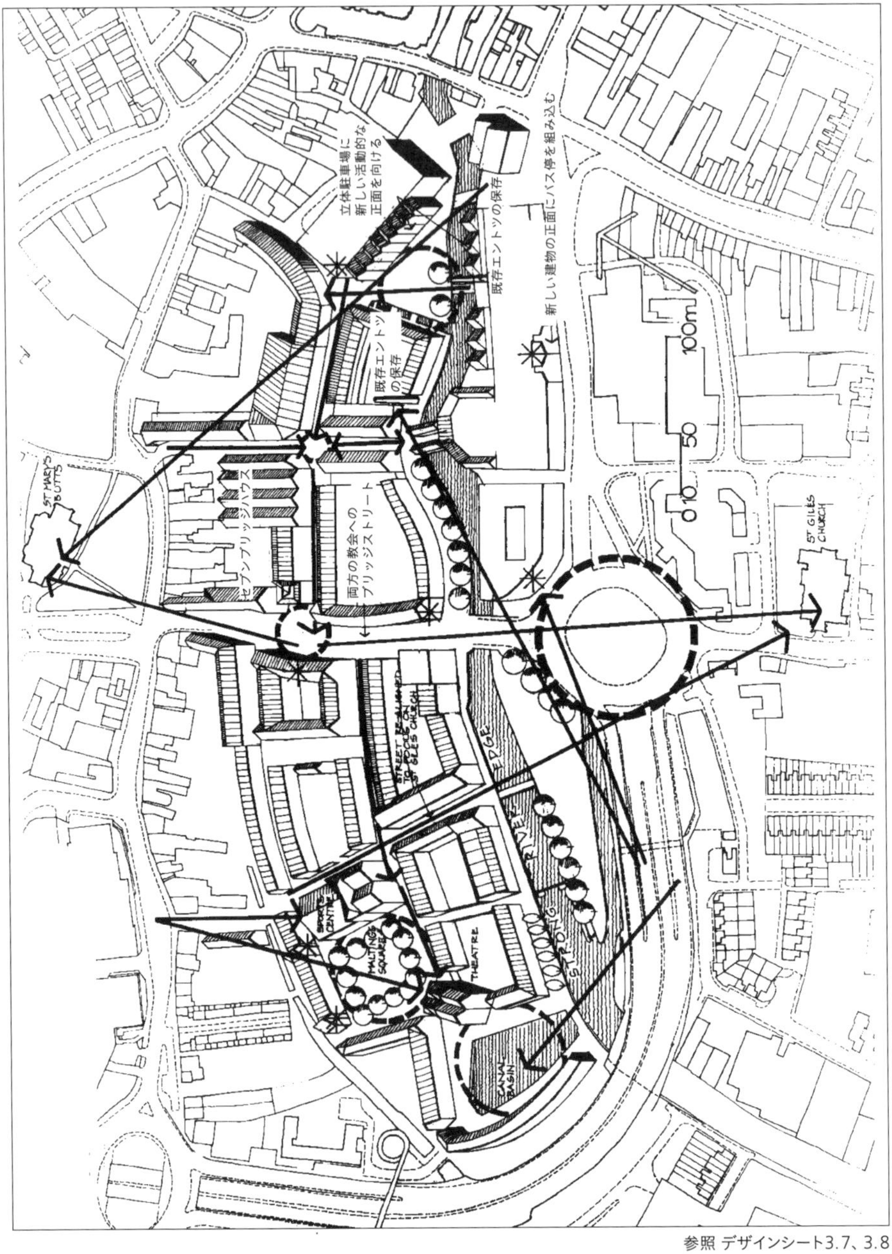

参照 デザインシート3.7、3.8

「わかりやすさ」を実現するために適用したレイアウト模型

廃物のポリスチレンから手早く、そして安くつくられた作業用模型は、表現されているデザインをさまざまな位置から見て評価するのに有効である。

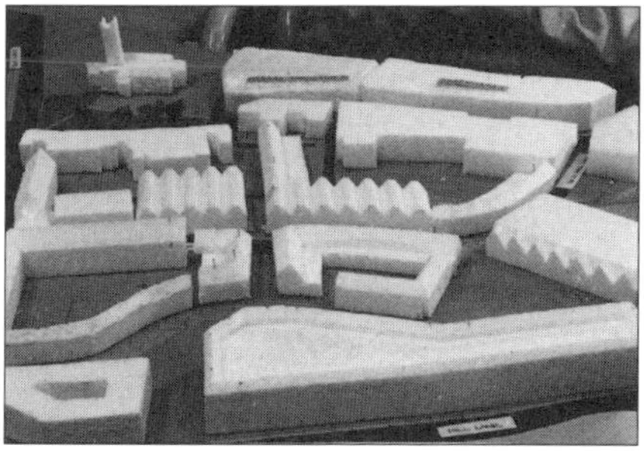

西南からの光景
リバーフロントに住宅がある新しい小売店とオフィスの地域

ブリッジ ストリート沿いにあるシティセンターから、
ケネット川に向かって見える光景

北東からの光景

リバーフロントの住宅地、麦芽製造所、
および新しい運河係留池

参照 デザインシート4.1、4.6

「融通性」のあるテラスハウスの供給

このシートは麦芽製造所の南側のテラスハウスと庭のデザインにおける融通性をサポートするために決めたデザインを示している。

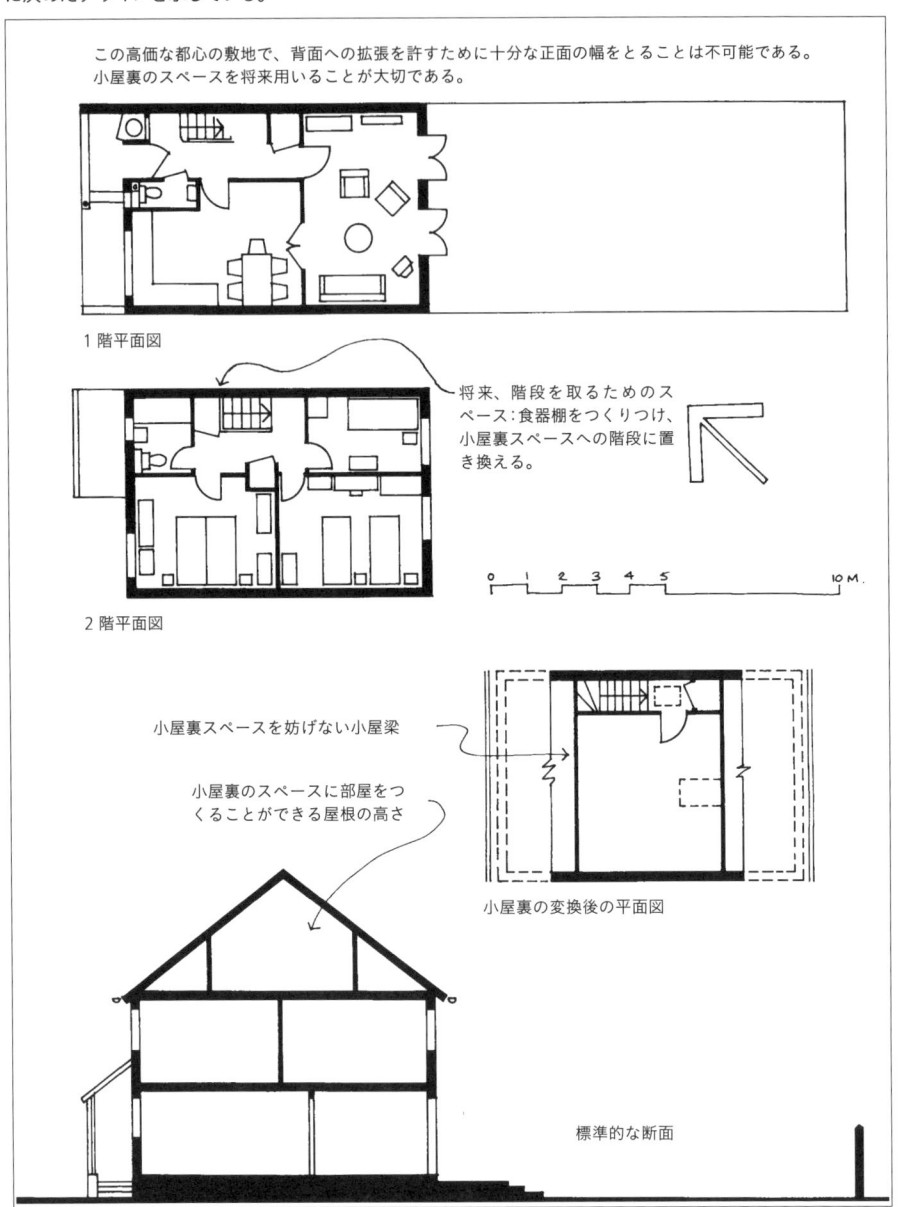

この高価な都心の敷地で、背面への拡張を許すために十分な正面の幅をとることは不可能である。小屋裏のスペースを将来用いることが大切である。

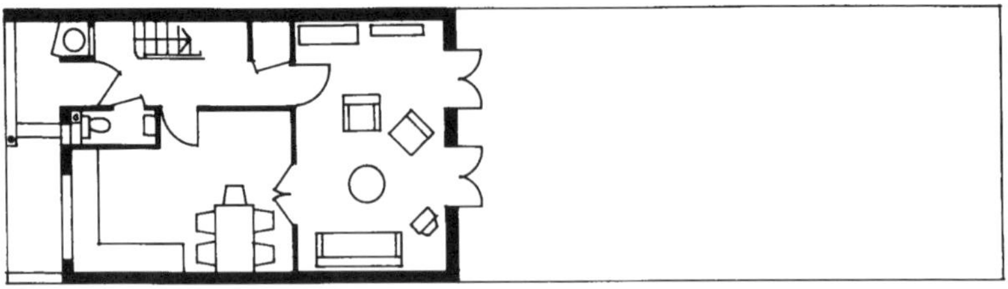

1 階平面図

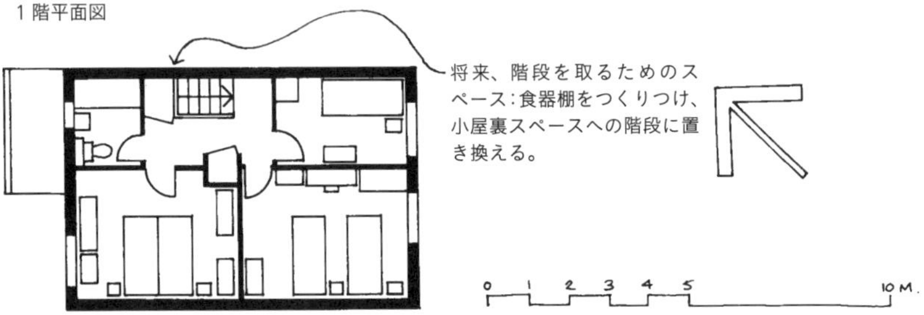
将来、階段を取るためのスペース：食器棚をつくりつけ、小屋裏スペースへの階段に置き換える。
0 1 2 3 4 5 10M.

2 階平面図

小屋裏スペースを妨げない小屋梁

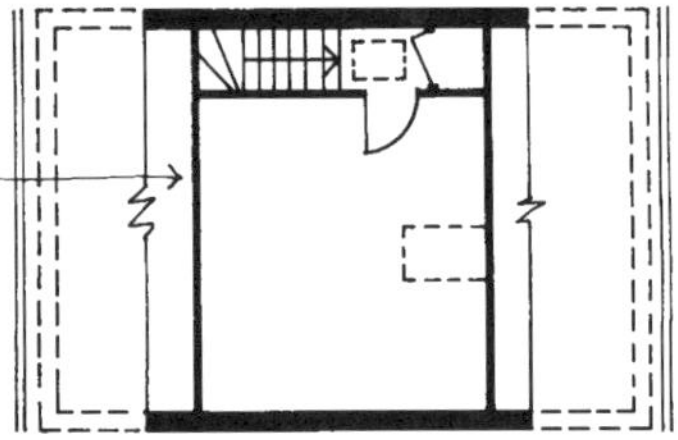

小屋裏の変換後の平面図

小屋裏のスペースに部屋をつくることができる屋根の高さ

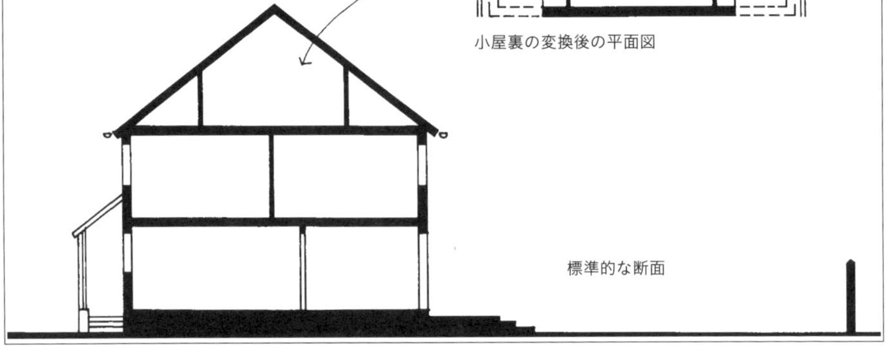

標準的な断面

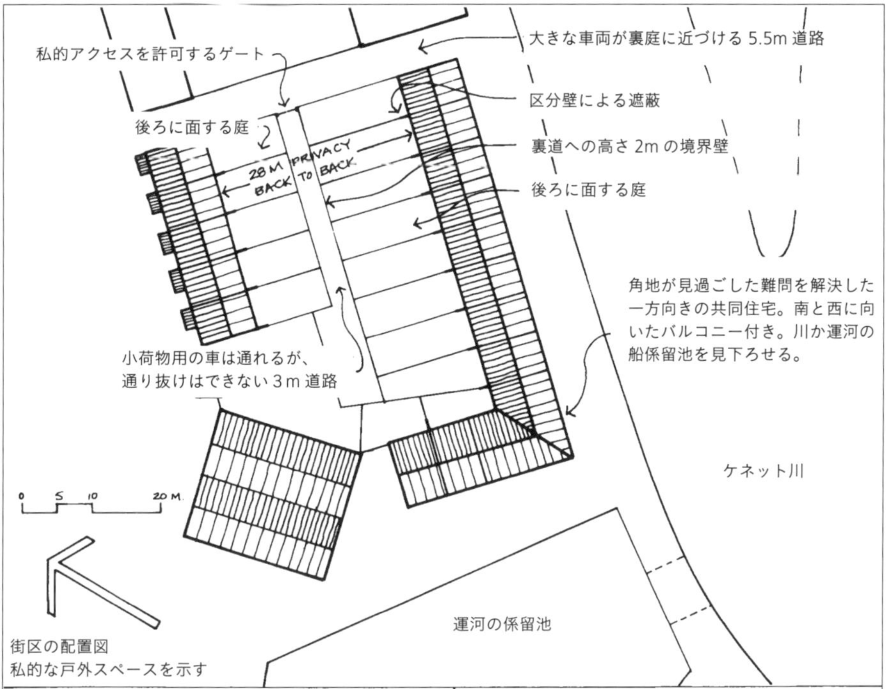

街区の配置図
私的な戸外スペースを示す

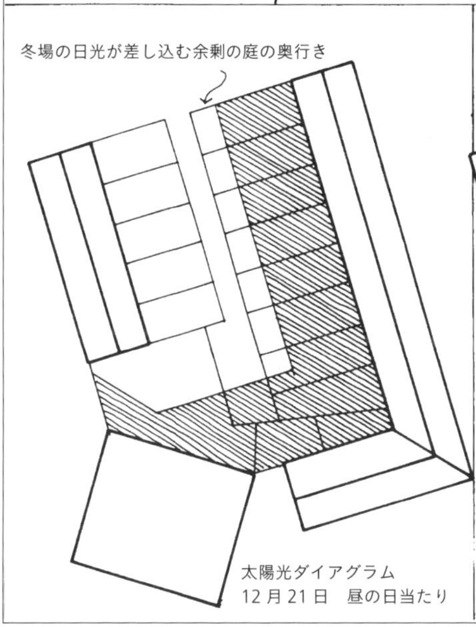

太陽光ダイアグラム
12 月 21 日　昼の日当たり

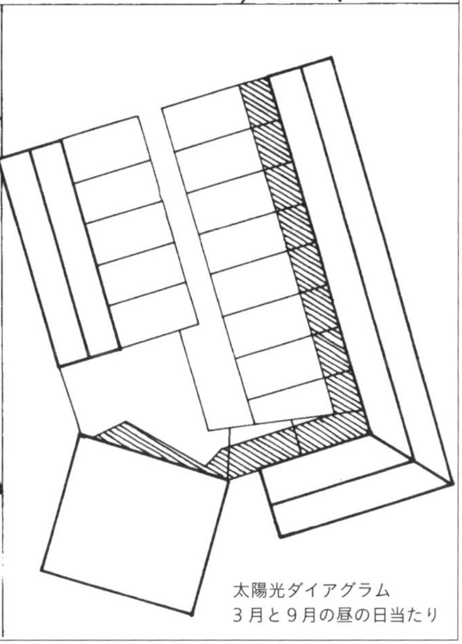

太陽光ダイアグラム
3 月と 9 月の昼の日当たり

参照 デザインシート4.1、4.6

「融通性」のある街区

このシートは、ブリッジストリートに面した混合用途の街区をデザインするのに使われたデザインシート4.2で南に向いたカレッジストリートの好ましい建物構成を示している。

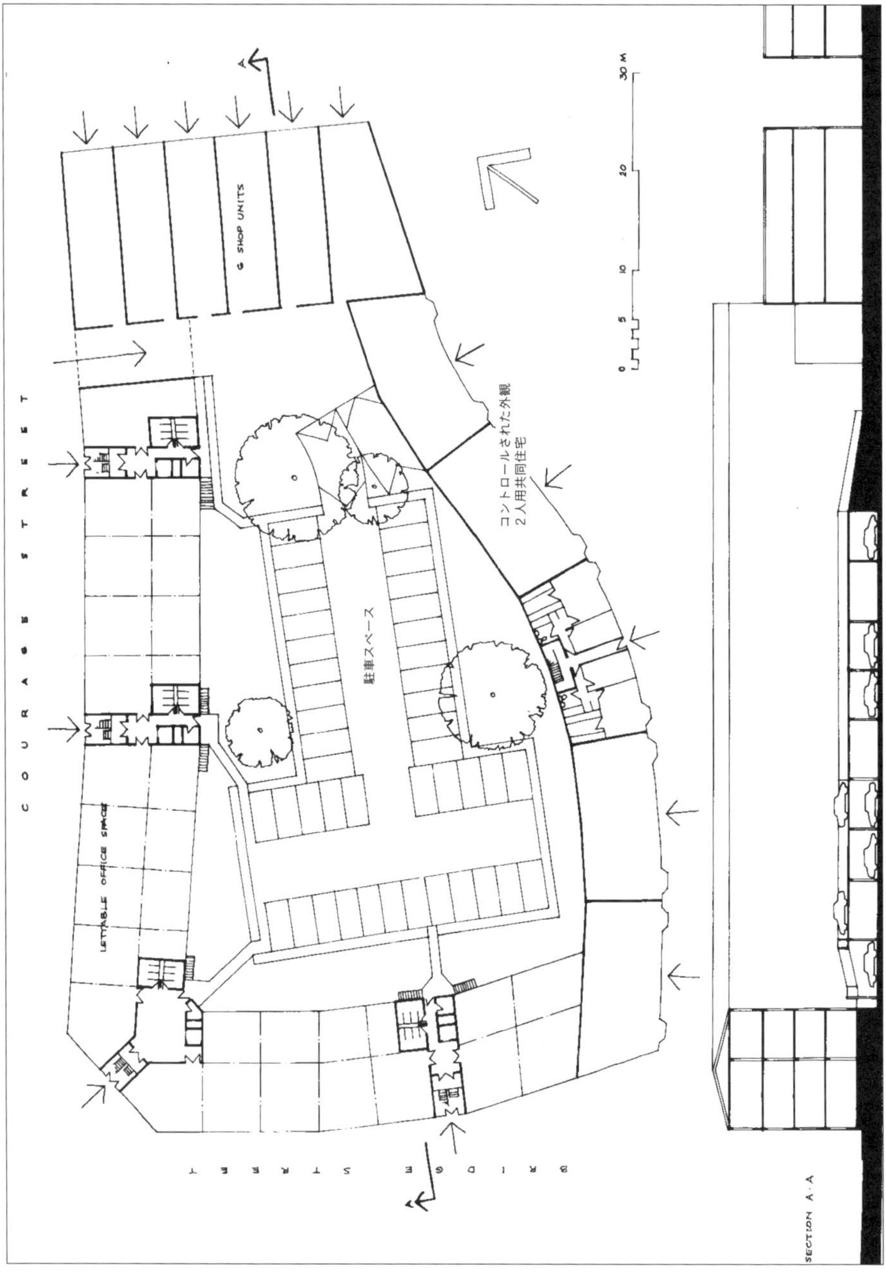

参照 デザインシート4.2

「融通性」のある内部計画

ブリッジストリートのオフィス内はさらに開発され、大きなスケールの融通性を促進するために、ソフトとハードのゾーンを配置している。

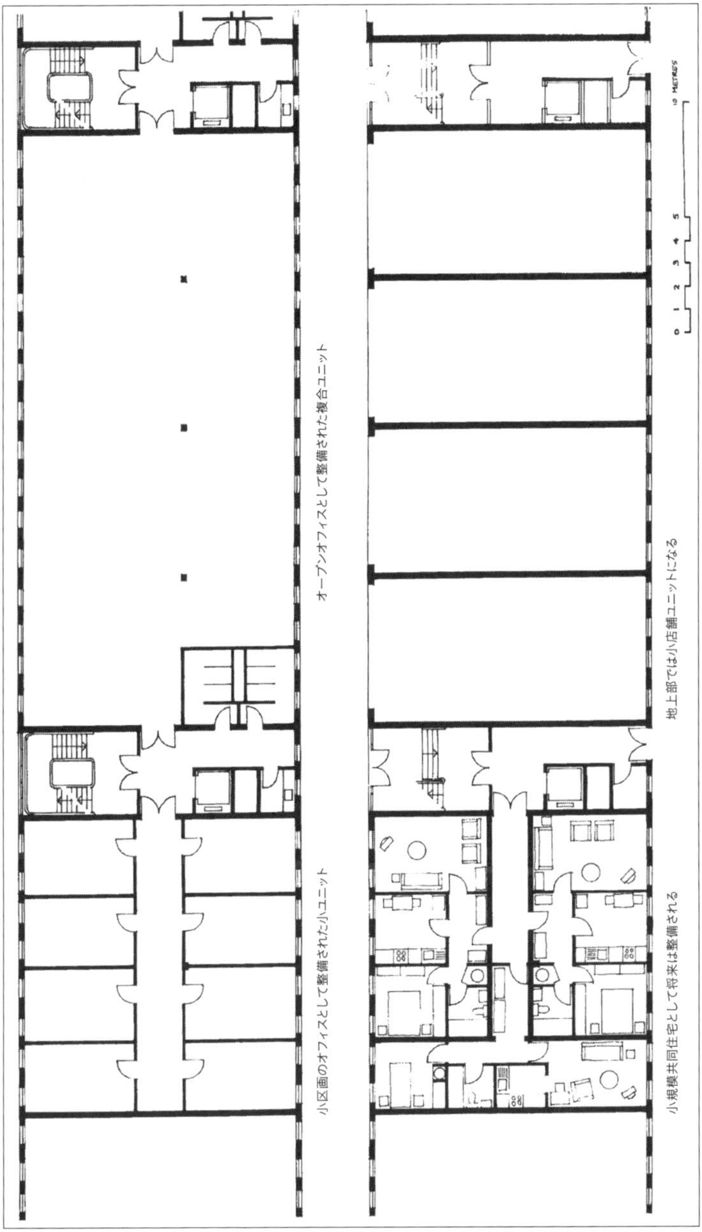

参照 デザインシート4.4

駐車場のエッジを活気づける

ヤードホール立体駐車場の公共施設に面する側は、川の南西に一方向きの小規模共同住宅街区を付け加えることによって活気づけられる。その共同住宅と公共スペースの境界面には、いろいろな屋外活動をサポートするようにデザインされている。

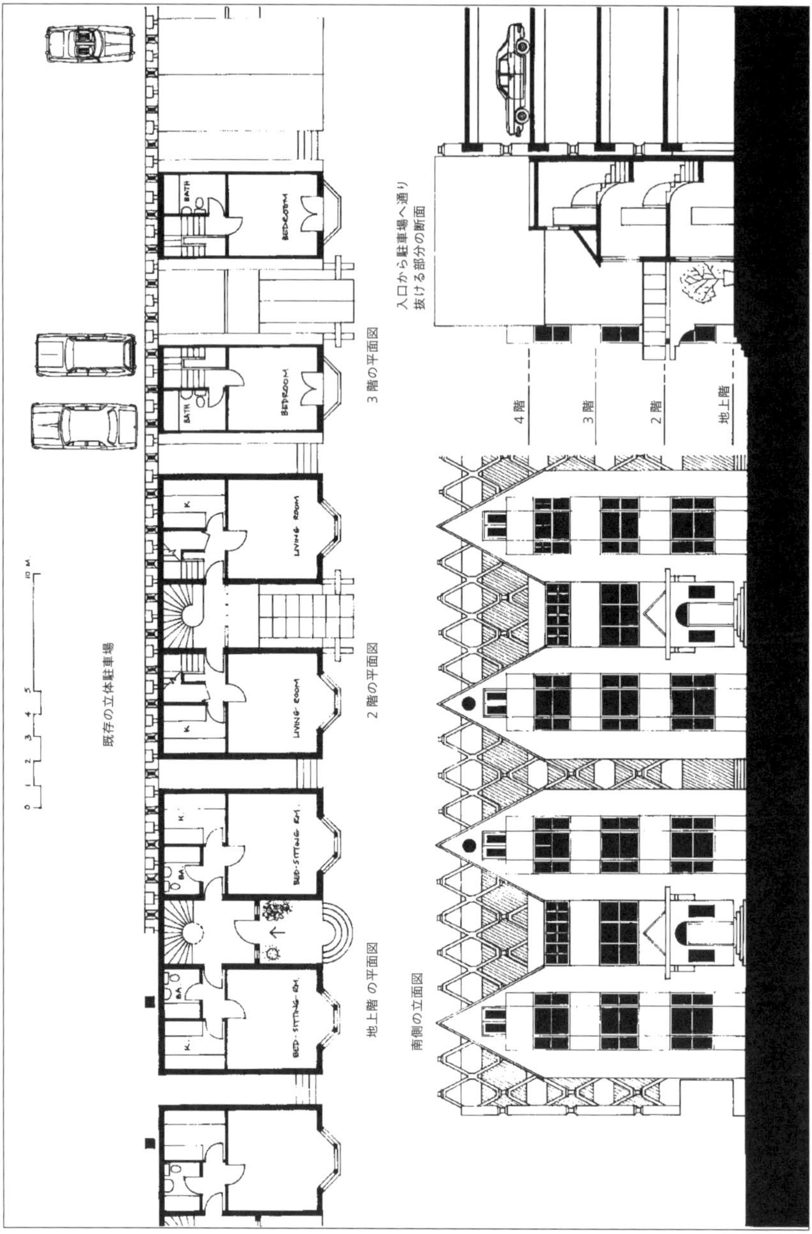

参照 デザインシート4.3、4.7

麦芽製造所の敷地

このシートは、計画の中で最も大きい公共の屋外スペースが、居住地の公共スペースのスケールにおいて歩行者と自動車の使用のバランスをとるために、どのようにデザインされているかを示している。

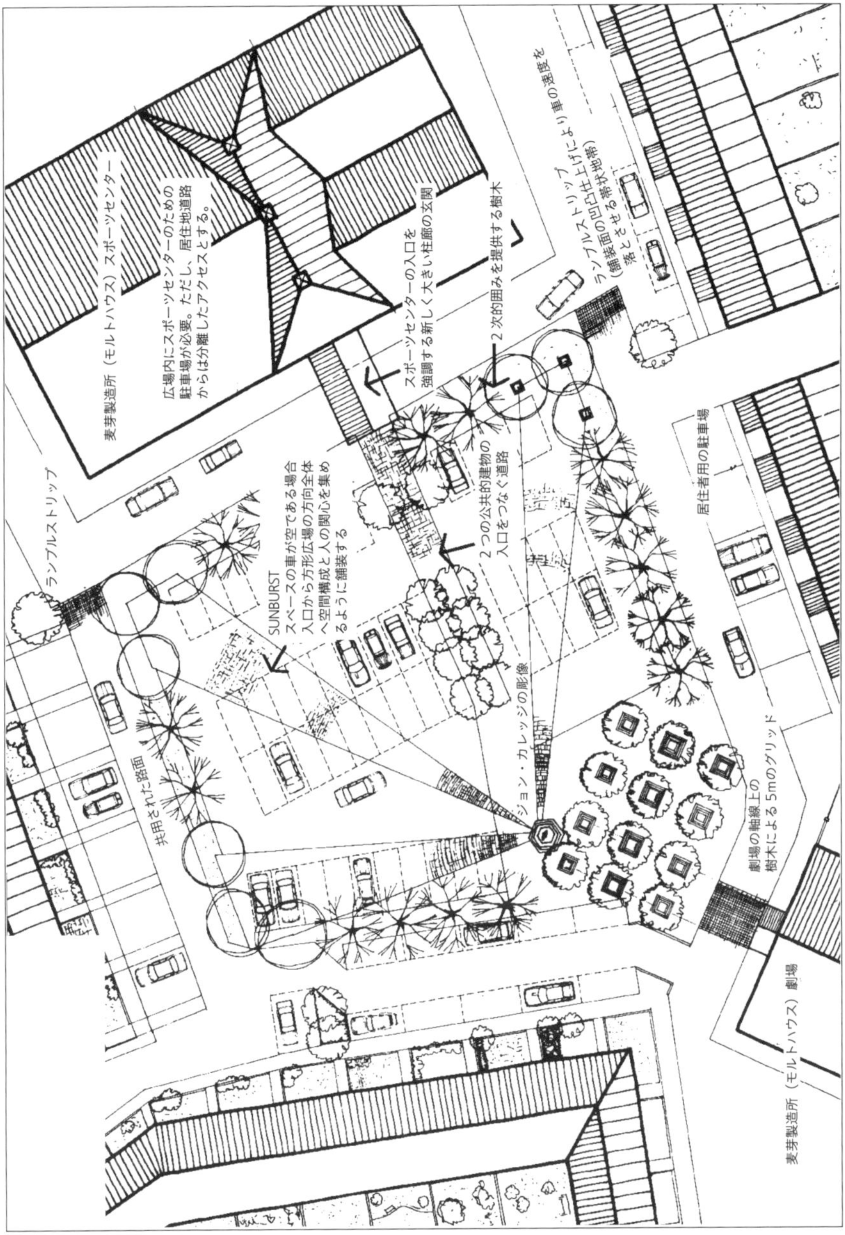

参照 デザインシート4.9、4.10、4.11

視覚的適切性(ふさわしい見え方)——実行仕様書

このシートは、カレッジストリートの南、ブリッジストリートに面している混合用途の街区の通りの立面をデザインすることに目標を設定した。

カレッジストリートとブリッジストリートの立面図

多様性をサポートする課題

・できる限り公共性を高め、レディングに設けられた商業地の一環として、解釈されるようにする。

・将来を見込んだ投資制度により、有効な現代的なオフィスビルとして解釈されるようにする。

わかりやすさをサポートする課題

・できる限り公共性を高め、セブンブリッジハウスと対照的に解釈されるようにする。

融通性をサポートする課題

・この区域の将来の居住者によって利用に適した内部空間であると解釈されるようにする。

・大きな商業にも小さな専門業にもオフィスのテナント(借用者)に適切な基盤として解釈されるようにする。

・地上階が将来のオフィスまたは店のテナントに適切な基盤として解釈されるようにする。

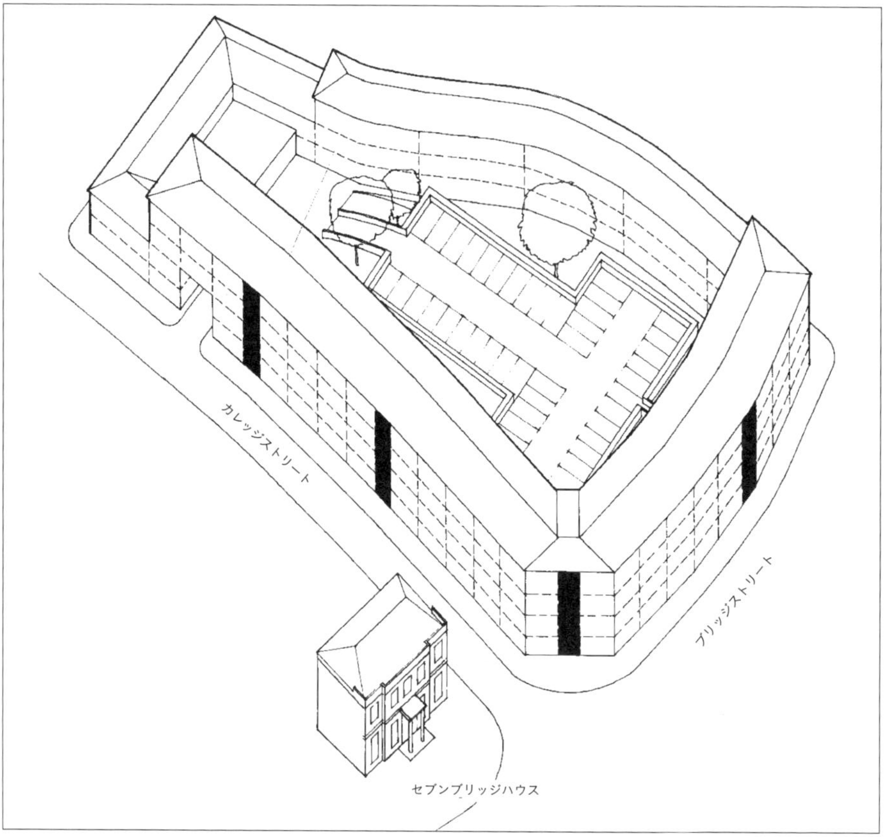

参照 デザインシート5.1

大きなキューの使用

ブリッジストリートのオフィスの立面の基礎としては大きなキューを使用し、前ページで概説した目的を達成するために開発される。

キュー ＼ 目的	できる限り公共性を高め、レディングに設けられた商業地の一環として、解釈されるようにする。	できる限り公共性を高め、セブンブリッジハウスと対照的に解釈されるようにする。	将来を見込んだ投資制度により、有効な現代的なオフィススピルとして解釈されるようにする。	大きな商業にも小さな専門業にもオフィスのテナント（借用者）に適切な基盤として解釈されるようにする。	地上階が将来のオフィスまたは店のテナントに適切な基盤として解釈されるようにする。	この区域の将来の居住者によって利用に適した内部空間であると解釈されるようにする。	デザインの結論
垂直のリズム	 既存の商業地区では、最も有力な垂直材は4~8mごとにある張り出した柱間である。6mは既に開発されたオフィスの計画に合うであろう。これを出発点とすること。	 セブンブリッジハウスには柱間がない。よいコントラストがあるために気にならない。	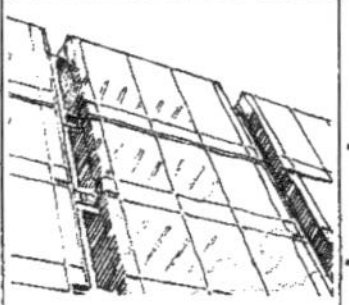 多くの現代オフィスにおよそ6mごとに柱間がある。問題はない。	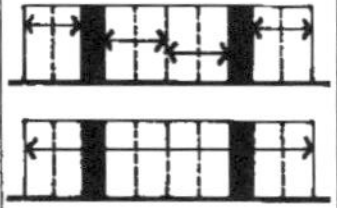 強い垂直の柱間は小テナントの組み合わせか１つの大きな建物のどちらかとして解釈されることを助けている。	このタイプのキューに関連した事項はない。	 外への張り出しは、内部的であるという解釈を助ける。しかし物理的に突出することよりも内部計画を助けることを示すべきである（商業地域の先例参照）。	 大きな突出より、さまざまな壁の扱いを用いて6mの垂直の柱間をつくること。
水平のリズム	 既存の商業地区では、最も有力な水平のリズムは１階と２階の間、そして３階と４階の間に沿ってはしっている。これを出発点とすること。	 セブンブリッジハウスの水平のリズムは商業地域からのリズムと強く対照をなす。問題はない。	 商業地区のリズムは、現在のマンサード様式のオフィスデザインとよく合う。問題はない。	 マンサード様式のオフィスビルは大きなテナントと小さなテナントを同居できる。問題はない。	 多数の既存の商業地域の建物は、地上階を広くガラス張りにしている（上図参照）。このタイプが適用されるなら問題はない。	 店の上部に共同住宅がついた多くの建物。新しいものも古いものも、このタイプは水平のリズムをもっている。問題はない。	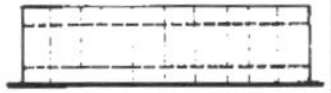 ガラスで大きく覆われた地上階をつくること。１階と２階、３階と４階との間に水平の分割を強調する。
スカイライン	 既存の商業地区では、主要なスカイラインにいろいろなデザインのドーマー（屋根窓）がある。これを出発点とすること。これは内部のプランをサポートするために、大きな突出物よりも材料を変えることを暗示している。	 セブンブリッジハウスは平らなスカイラインがある。商業的キューと強い対照性を持つ。問題はない。	 モダンのイメージと対立する。ドーマーの後ろのマンサードに重点を置くハイテクなエナメルを塗られた鋼鉄を使用。階段室にカーテンウォールのイメージを強調する。段状の切妻によってスチールのマンサードとつながっている。	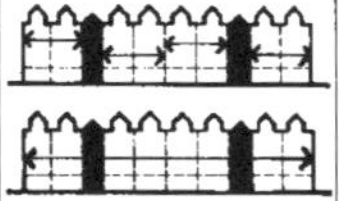 複雑なスカイラインは小規模賃借としての解釈を助ける。しかし全体的に強いスカイラインのパターンは、１つの大きいユニットとして特別な解釈ができるようにする。	このタイプのキューに関連した事項はない。	 ドーマーは共同住宅としての解釈を助ける。問題はない。	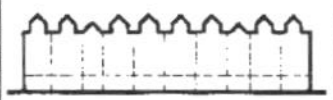 ドーマーは後にエナメルスチールのマンサードに変わることを示している。階段室のカーテンウォールはとびとびにある切妻屋根の形を介してマンサードとつないでいる。全体のパターンを強調するスカイラインを提供する。

参照 デザインシート5.2-5.6

小さなスケールのキューの使用

前ページで開発されたデザインを仕上げるための小さなスケールのキューを使用して、ブリッジストリートのオフィスの立面をさらに強化する。

目的 ＼ キュー	できる限り公共性を高め、レディングに設けられた商業地の一環として、解釈されるようにする。	できる限り公共性を高め、セブンブリッジハウスと対照的に解釈されるようにする。	将来を見込んだ投資制度により、有効な現代的なオフィスビルとして解釈されるようにする。	大きな商業にも小さな専門業にもオフィスのテナント（借用者）に適切な基盤として解釈されるようにする。	地上階が将来のオフィスまたは店のテナントに適切な基盤として解釈されようにする。	この区域の将来の居住者によって利用に適した内部空間であると解釈されるようにする。	デザインの結論
窓	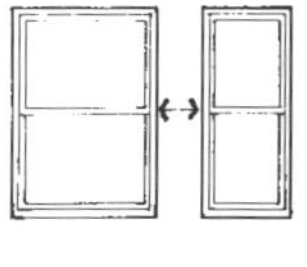 既存の商業地区では、窓は、縦のすべり出し窓で、中間に桟はなく、縦の開口部のプロポーションを 1.5：1 から2.5：1とする。これを出発点とする。	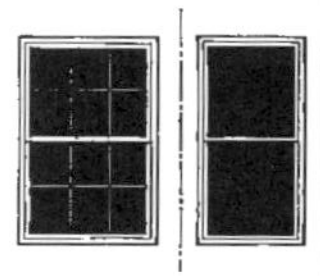 可能性としては非常に似ている。コントラストを付けるために商業地区で最も高さのあるプロポーションを用い中間の桟や木造を避けること。	 多くの近代的オフィスは金属製の滑り出しサッシを用いている。問題はない。	 このタイプの窓は大規模テナントも小規模テナントも惹きつける。問題はない。	このタイプのキューに関連した事項はない。	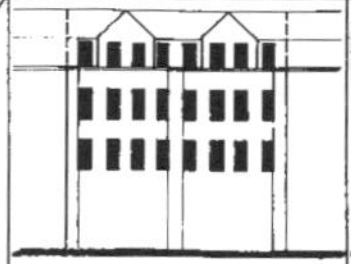 内部のイメージに深刻な問題はない。しかし"近代オフィス"のイメージに調和するように窓はできるだけ小さくしておくこと。共同住宅とオフィスの両方のデザインに適するように、ベイごとに4つの窓をとる。	 1スパンごとに4つの滑り出しサッシがあり中間の縦の桟なしで、縦の開口部は 2：1 のプロポーションを用いること。
壁の詳細	 既存の商業地区の典型的な壁は横しまのあるレンガまたは、石とする。色は赤、黄、白。これを出発点とする。	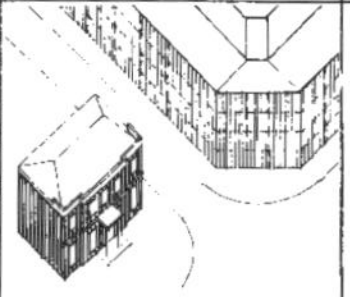 セブンブリッジハウスの赤レンガとコントラストを持たせるためには、壁材料として黄色いレンガ、あるいは白いブロックか石を使用すること。	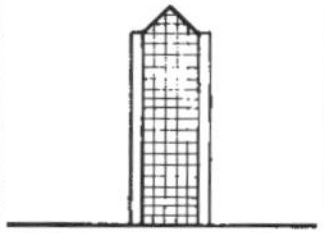 問題：古い様式の集合体 ドア、アクセスホールなどキーポジションとなるところを近代的なカーテンウォールで強調することにより克服できる。	 共同のテナントはカーテンウォールで、専門的な使用者の伝統的な要素と結びつけられる。問題はないが、正しくバランスをとるように注意する必要がある。	このタイプのキューに関連した事項はない。	 レディングには細じまのあるレンガ壁による住宅に多くの先例がある。ブロック工事は、'安価' と解釈されやすいので主にレンガを使用すること。	 黄色いレンガの壁をつくり、レンガの帯、あるいは（少量の）化粧張りしたブロック、または（経済的に許される範囲で）薄い色の石でコントラストをつくる。
ドアと1階の詳細	 既存商業地区は多様な入口を持つこと。はっきりと決まったキューはない。1 階の門柱はほぼ四角い研磨花こう岩で基礎と上部にコントラストのある色を用いる。	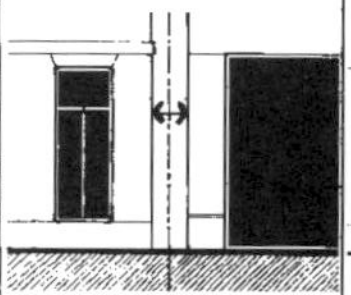 1 階は大きなガラス張りで、研磨花こう岩の門柱があり、セブンブリッジハウスと強いコントラストを持たせる。	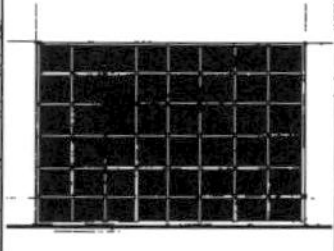 旧式として解釈される研磨花こう岩の門柱を避けるために、明らかに近代デザインである広いガラス張りの開口部を挿入すること。	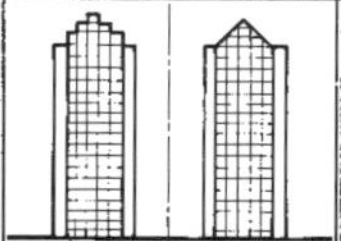 小規模テナントに彼ら自身の特色のある正面玄関を提供するために入口のデザインを変えること。しかし、単一の大きい建物としての理解を助けるための全体的なパターン（例えば左右対称）の範囲内で変えること。	 1 階は店舗かオフィスかの解釈をサポートしなければならない。正方形の格子のガラス張り開口部は、両方の使用を一体化する。	このタイプのキューに関連した事項はない。	 研磨花こう岩で四角い門柱をつくること。正方形の格子状にハイテクな広い開放的開口部を挿入する。強い全体的なパターン（例えば左右対称）の内で入口のデザインをそれぞれに変えること。

参照 デザインシート5.2-5.6

ブリッジストリートのオフィス——最終的な立面図

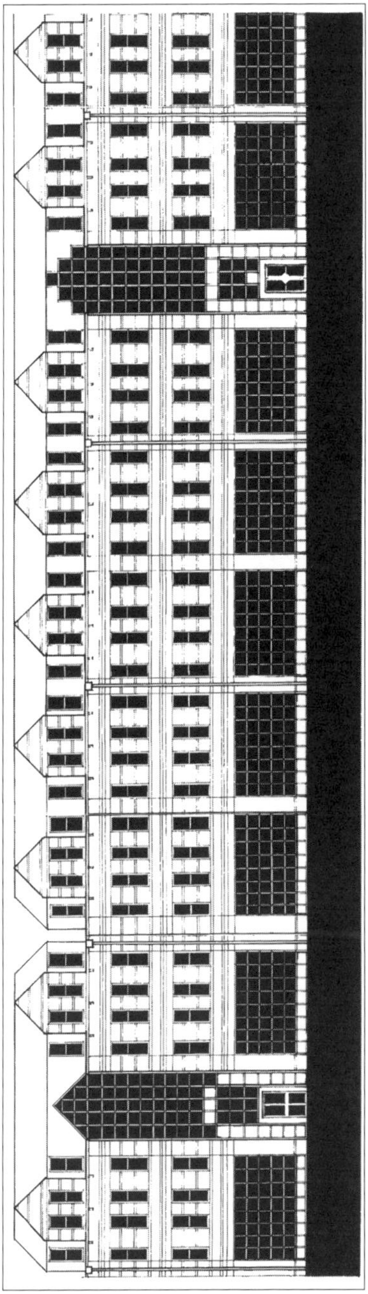

非視覚的な豊かさ

このシートは、非視覚的な豊かさのための特別な可能性をもつ特に目立ったスキームの2つの場所を説明する。

参照 デザインシート6.1

見る位置の分析

このシートは、前頁で開発されたブリッジストリートの立面図を取り上げ、それが見ることができるさまざまな位置を分析する。

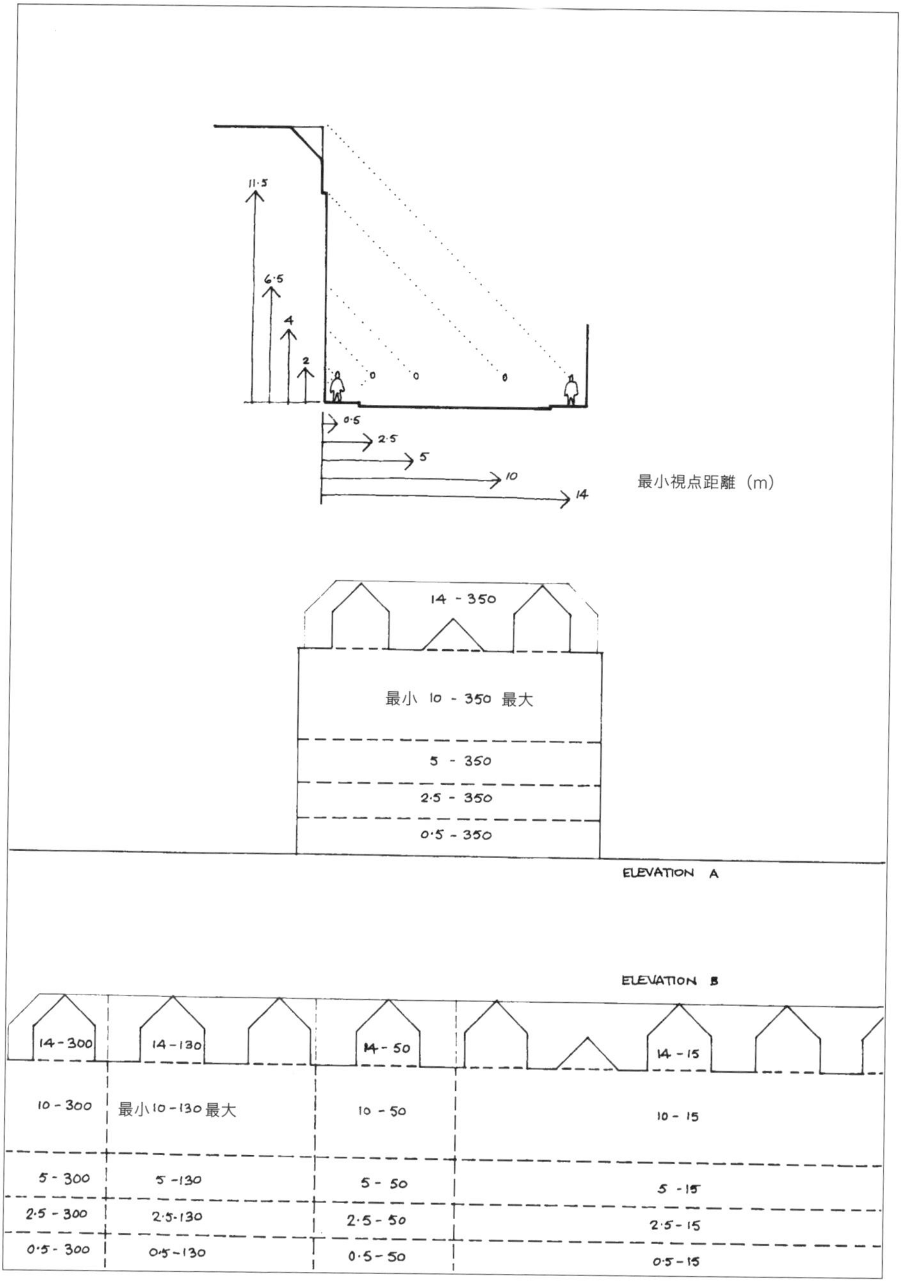

11·5
6·5
4
2
0·5
2·5
5
10
14
最小視点距離（m）
14 - 350
最小 10 - 350 最大
5 - 350
2·5 - 350
0·5 - 350
ELEVATION A
ELEVATION B
14-300
14-130
14-50
14-15
10-300
最小10-130最大
10-50
10-15
5-300
5-130
5-50
5-15
2·5-300
2·5-130
2·5-50
2·5-15
0·5-300
0·5-130
0·5-50
0·5-15

参照 デザインシート6.3

さまざまな間隔の立面図

ブリッジストリートの立面図を見る位置を摘出して、次のステップはさまざまな距離から見ることができるものをシミュレーションするために図化する。

最大に離れた距離からの立面 A-350m
[視点からの高さ 0.7m]

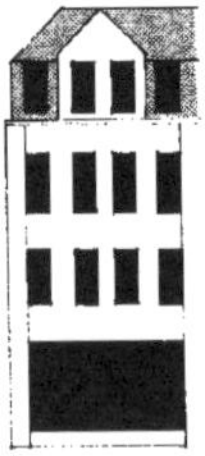

最大に離れた距離からの立面 B-300m
[視点からの高さ 0.6m]

いずれの場合も豊かさのための要素数は問題ない。したがって変更は必要ない。

次に必要な図面は 1：200 の縮尺である。この図では地上階の開口部で非常に多くのよく似た要素が明らかにされた。

下の図は、1：50 のときに見える要素を描く。左側では 1 階の開口部で多くのよく似た要素を示し、右側では視覚上適切に設定された目的物を妨害しないでグルーピングする試みを示している。

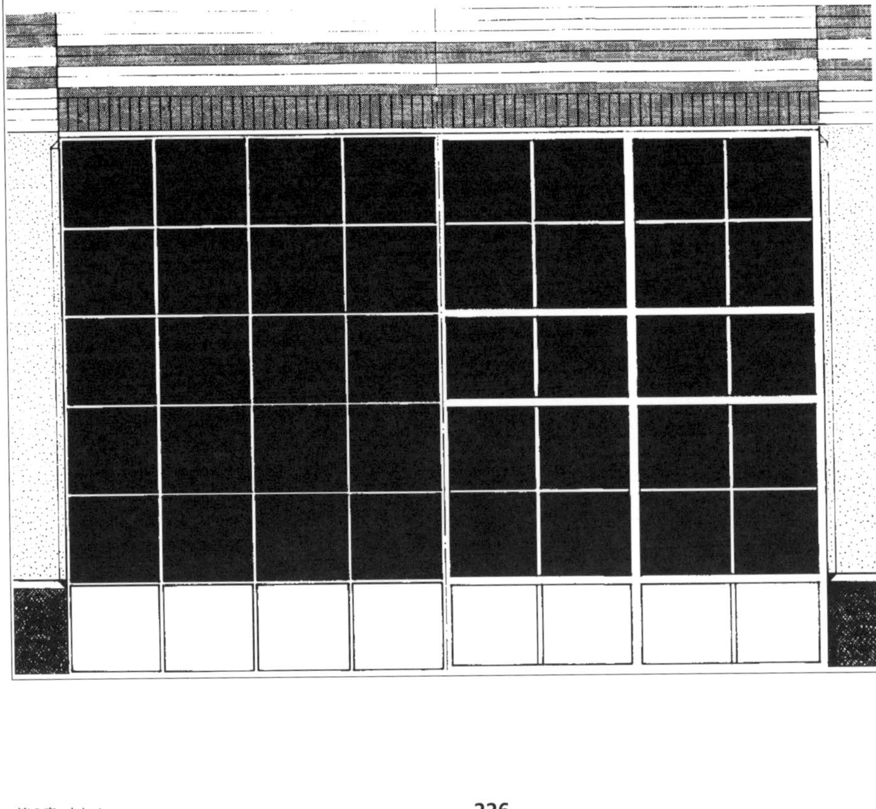

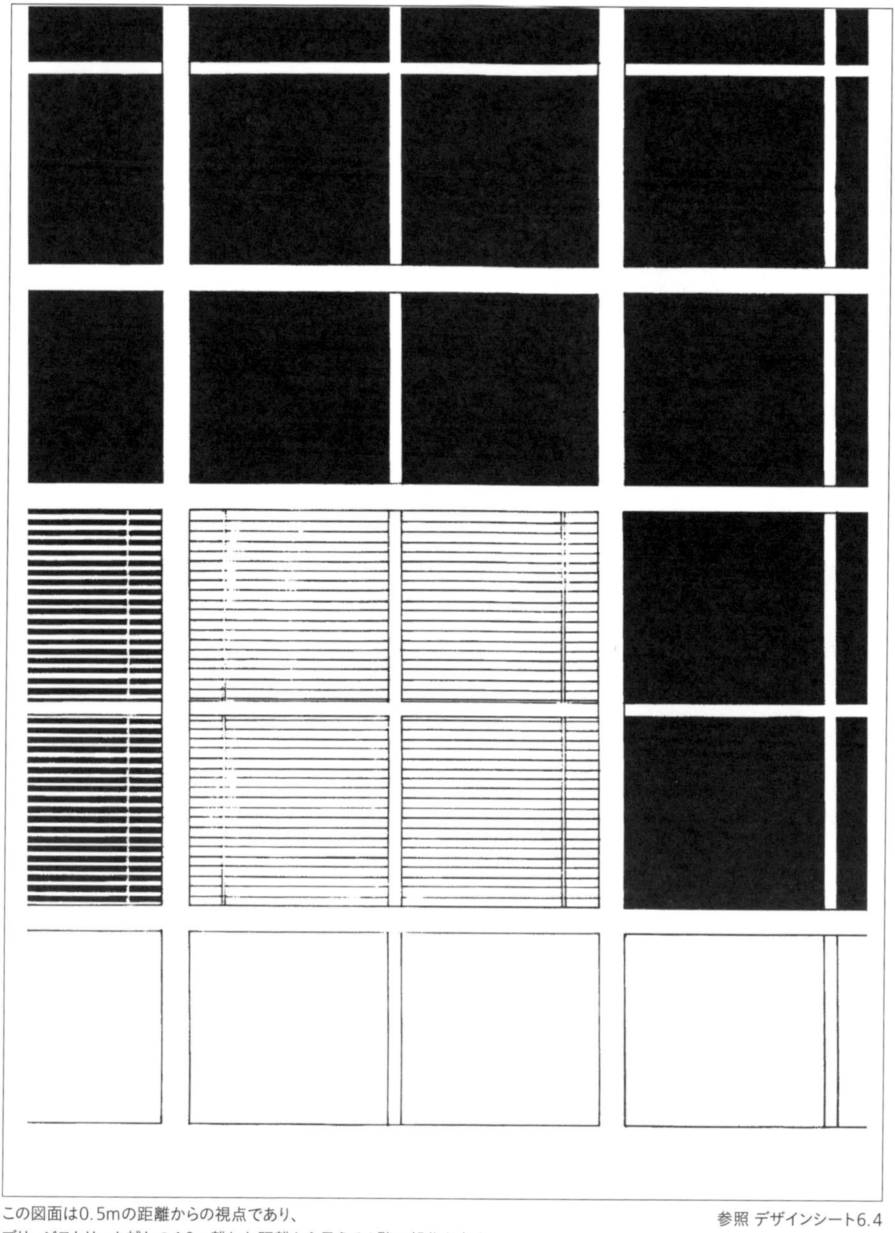

この図面は0.5mの距離からの視点であり、
ブリッジストリート越しの10m離れた距離から見える1階の部分を表す

参照 デザインシート6.4

オフィスの入口

このシートは、ブリッジストリートにあるオフィスの入口のひとつで、その豊かさをさらに開発するものである。入口は建物がかなりの期間近い距離で見られる位置にある。

レリーフは敷地の歴史を表す
現在の姿はオフィスの出入口のドアを囲む
ミラータイルに写る

参照 デザインシート6.5

内部の個性化

モルトハウスの内部の個性化を支援するためのデザイン決定。

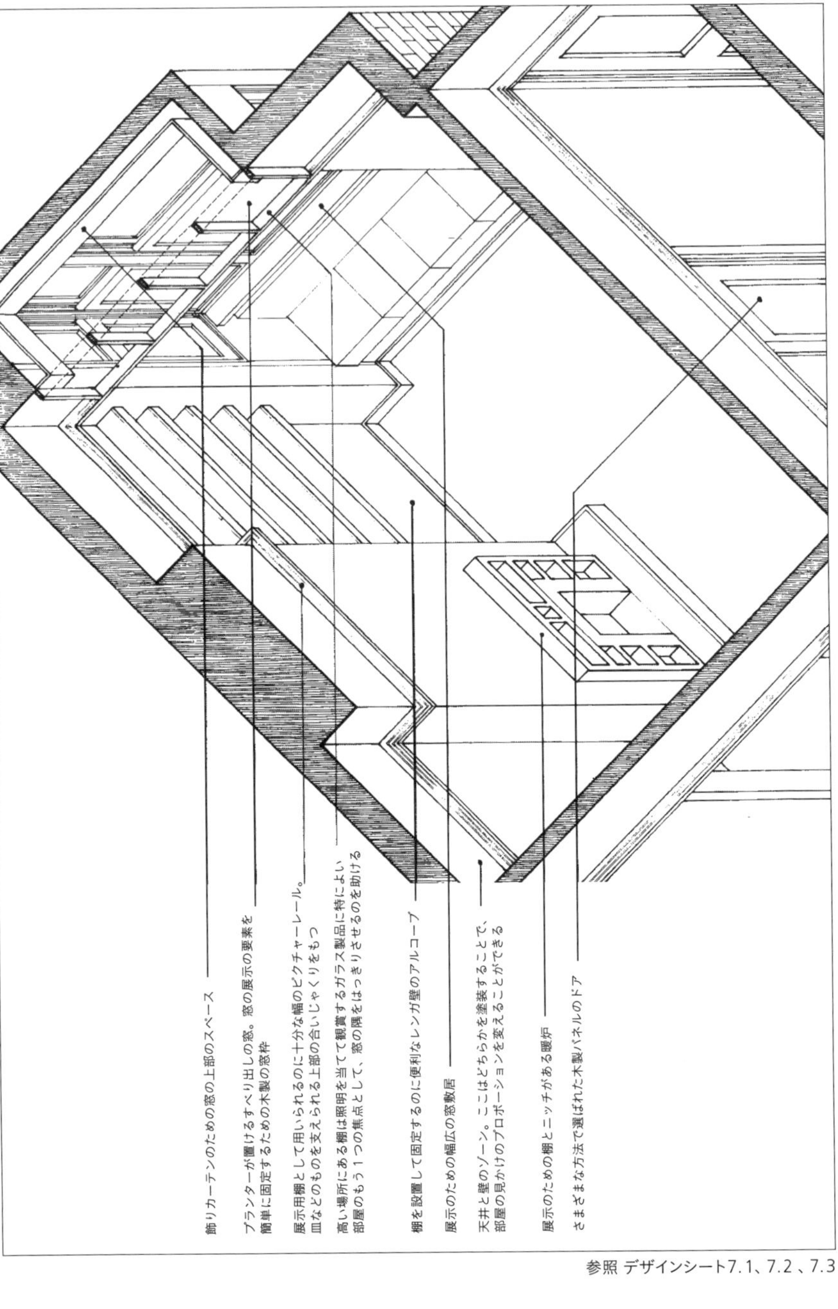
飾りカーテンのための窓の上部のスペース
プランターが置けるすべり出しの窓。窓の展示の要素を簡単に固定するための木製の窓枠
展示用棚として用いられるのに十分な幅のピクチャーレール。皿などのものを支えられる上部の合いじゃくりをもつ
高い場所にある棚は照明を当てて観賞するガラス製品に特によい部屋のもう1つの焦点として、窓の隅をはっきりさせるのを助ける
棚を設置して固定するのに便利なレンガ壁のアルコーブ
展示のための幅広の窓敷居
天井と壁のゾーン。ここはどちらかを塗装することで、部屋の見かけのプロポーションを変えることができる
展示のための棚とニッチがある暖炉
さまざまな方法で選ばれた木製パネルのドア

参照 デザインシート7.1、7.2、7.3

外部の個性化

このシートは麦芽製造所の北側に沿った住宅の外観の個性化の可能性を支援するデザインの決定を示す。

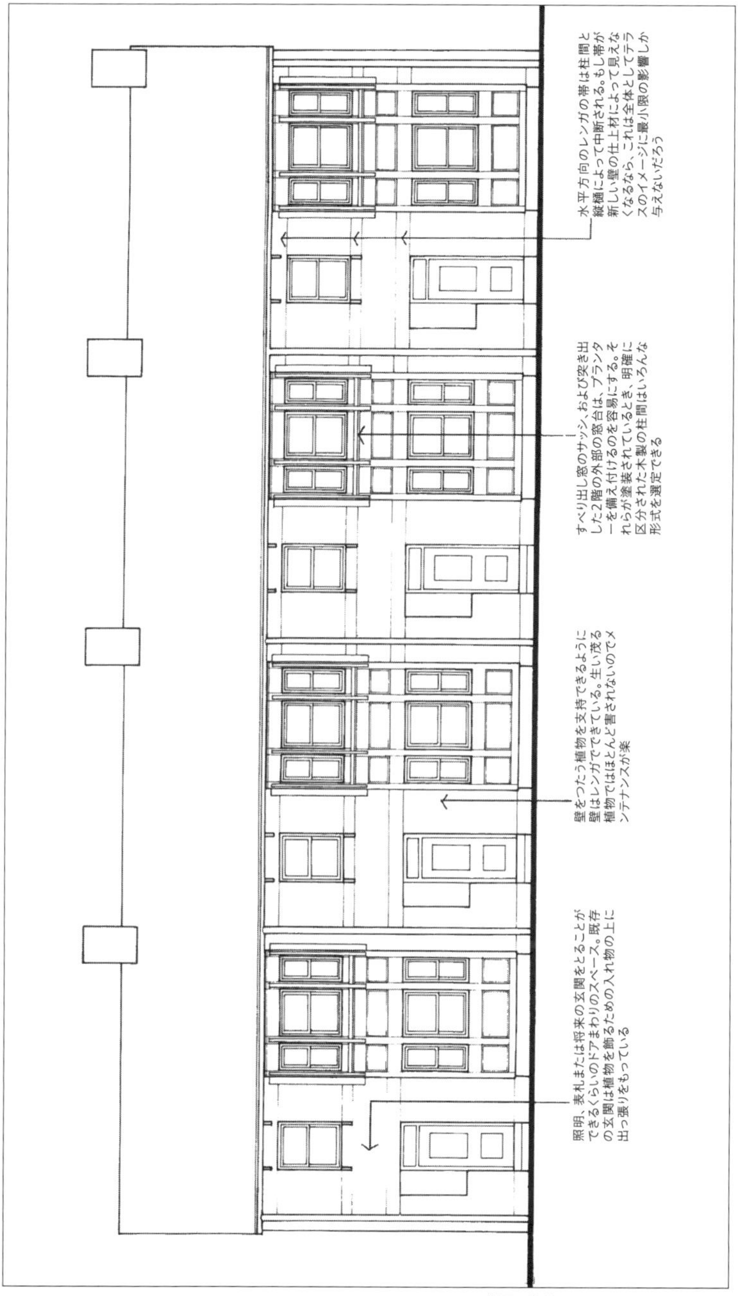
水平方向のレンガの帯は柱間と縦樋によって中断される。もし帯が新しい壁の仕上材によって見えなくなるなら、これは全体としてテラスのイメージに最小限の影響しか与えないだろう
すべり出し窓のサッシ、および突き出した2階の外部の窓台は、プランターを備え付けるのを容易にする。それらが塗装されているとき、明確に区分された木製の柱間はいろんな形式を選定できる
壁をつたう植物を支持できるように壁はレンガでできている。生い茂る植物ではほとんど害されないのでメンテナンスが楽
照明、表札または将来の玄関をとることができるくらいのドアまわりのスペース。既存の玄関は植物を飾るための入れ物の上に出っ張りをもっている

参照 デザインシート7.2、7.3、7.4

Courage Street, looking towards The Oracle

The Triangle, looking towards Courage Street

注釈

序

1 この本における姿勢は近代建築の伝統で深く育まれてきたものである。それは、遠くゴッドフリート・ゼンパーまでさかのぼり、オットー・ワグナーの思想からも強く伝わってくるものである。ワグナーの仕事のこの局面の議論に関しては、参考文献のGeretsegger and Peintner(1979)を参照。

第2章

1 例えば英国の車所有権の不均等な機会に影響する多くの要素がベイツで調査されている(1978)(1981)。

2 この話題のさらなる議論に関しては、参考文献のベントレイ(1983a)の項目を参照。

3 経費節減の役に立つ情報に関しては参考文献のBathurst and Butler(1980)を参照。時間の問題の重要性に関しては、同じくHerry(1975)を参照。

4 建設時期と状態、賃貸料と用途パターンの関係はJ.ジェイコブズ『アメリカ大都市の死と生』の7章で得られる。

5 参考文献のMarkus(1979)を参照。

6 参考文献のBowyer(1979)を参照。

7 この話題に関しては、参考文献のBarrett(1979)を参照。

8 土地利用と建築形式の総覧に関しては、参考文献のRIBA(1969)を参照。

9 参考文献のTutt and Adler(1979)の17章を参照。

10 さまざまな設定価格アプローチ、および他の多くの役に立つ情報との比較に関しては、参考文献のWilliams(1976)を参照。

11 投資の利回りは単に割合として言い表された関係である。それから得られた収入が支出された資本価格を生み出す。(参考文献のBooth,1984,34を参照)

12 参考文献のSpon(1984)を参照。

13 現在イギリスの不確実な経済のために、しばしば6ヶ月としてみなされる概念上の期間、短期金融の費用のための加俸をするのが、今は恒例である。プロジェクトが完成してもまだ賃貸されていない期間を6ヶ月とする。これは賃貸期間の利息と原価計算の残りに使用される金利で、総事業費の100%として計算される。
例えば、貸付期間の利息：
6ヶ月間1,000万ポンド(100%)の12.75%＝637,500ポンド

14 参考文献のBaker(1976)を参照。1980年の住宅法に関する条例の情報に関しては(登録ハウジング・アソシエーションに適用される)、ハウジング・コーポレーション・サーキュラー11／80(1980年9月)を参照。

15 TICシステムは1982年に導入された。建物修復と新築の両方のためのマトリクスは、住宅公庫によって年4回で改訂され発表される。住宅協会の開発のために用意されたスキームの詳細な指導に関しては、現在の住宅公庫のスキームワークの手続きを参照(そのガイドは頻繁に更新される)。

第3章

1 形態と行為のパターンの一致(調和)を達成することの価値(評価)については参考文献のSteinitz(1968)を参照。

2 ケヴィン・リンチ『都市のイメージ』の原書p.21, 図5を参照。

3 同書第3章

4 同書p.169, 図56

5 同書p.144以降を参照。

第4章

1 参考文献のTutt and Adler(1979)かNeufert(1970)を参照。

2 複雑な問題への対処に伝統と先例の重要性は参考文献のShils(1980)で調査された。
特にデザインの問題に関係づけられた同様の議論は参考文献のAlexander(1971)によって進められている。

3 参考文献のDuffy(1980)などを参照。

4 参考文献のCowan(1963)を参照。

5 この話題の議論に関しては参考文献のWhyte(1980)を参照。

6 参考文献のDuffy(1980)などを参照。

7 同上

8 イギリスの基準と実践による規定に基づく距離：一方向だけに最大12mの間隔を許容する。

9 参考文献のCowan(1963)を参照。

10 参考文献のMcLaughlin and McLaughlin(1978)を参照。McLaughlinは平均的な家族が1年分の野菜を得るためには9×18mの区画と計算する。これは気候と土と専門的技術、需要によって異なるが、概して一般ルールとしては有効である。

11 参考文献のAppleton(1975)で有効な街路の安全地帯理論の概念について議論している。

12 参考文献のPublic Spaces Project（1982）を参照。

13 参考文献のGrotenhuis（1978）、Royal Dutch Touring Club（1980）を参照。

14 概して風は、風速5m／秒を超えるとき煩わしくなりはじめる。この速度が限度を超える場合は、デザインを決定する際に簡略な評価基準として使用される。参考文献のPenwarden and Wise（1975）を参照。

第5章

1 この重要な要因の議論に関しては参考文献のBonta（1979）とBroadbent（1977）を参照。

2 参考文献のBernstein（1971）、Bourdieu（1980）及びClarke（1973）を参照。

3 これは参考文献のDouglas（1978, 1982）で調査されている。

4 参考文献のBerger and Luckmann（1966）とMoore（1983）を参照。

5 興味深い例として、参考文献のHanson and Hillier（1982）を参照。

6 参考文献のAppleyard（1969）とMoore（1983）を参照。

第6章

1 参考文献のGibson（1966）を参照。

2 この概念については参考文献のMiller（1956）で議論している。

3 デザインにおけるこれらの局面の計算に関しては、参考文献のFiller（1978）を参照。

4 ニューヨークで車両交通の多い通りに面しているグリーンエーカー公園とペリー公園、この2つの小さな空間では落ちる水がホワイトノイズをつくり出し、交通騒音を打ち消すために用いられている。水が時々途切れたとき、人々は急速に立ち去りはじめた。グリーンエーカー公園については、参考文献のProject for Public Space（1982）で議論されている。参考文献のWhyte（1980）も参照。

5 ローレンス・ハルプリンの仕事（アメリカ、ニコレット・モールの計画：SATO）の興味深い説明に関しては、参考文献のHalprin（1969）とProcess Architecture（1978）を参照。

6 香料入りの植物の栽培と特性についての議論に関しては参考文献のGarland（1984）を参照。

7 パリのポンピドゥー・センター（時々Centre Beaubourgと呼ばれる）は、レンゾ・ピアノとリチャード・ロジャースによって設計され、1977年につくられた。それは現代美術館と図書館、産業創造センター、音響音楽研究所を含む国立の文化センターである。新しい公共広場を囲む建物の側面に沿って公共のエスカレーターが上昇する。「Architectural Review」Vol. CLXI No.639、1977年5月 pp.270-294を参照。

第7章

1 この問題の議論に関しては、参考文献のBentley（1983b）pp.8-11を参照。

2 参考文献のGrimsby Borough Council（1976）（「Building Design」20、2、76で評論されている）やWolverhampton Borough協議会（1978）を参照。

3 例えばこのアプローチはハーマン・ヘルツベルハーの作品で時々含意されている。この建築家の興味深い説明に関しては参考文献のHertzberger（1971）を参照。

第8章

1 現在のイギリスでの価格に関しては、参考文献にあるSpon（毎年更新）を参照。

2 Visicalcの情報に関しては参考文献のSoftware Arts（1980）参照。

さらに読書するために

序

デザインにおける「感応する環境」(Responsive Environments)による取り組みは、社会生活と既存環境の整序の間に重要な関係があるという考え方からスタートしている。ビル・ヒリアーとジュリアン・ハンソンによる『空間の社会的論理』はこの関係の空間的な諸局面についての包括的な説明を提供している。それは簡単に読めるものではないが、この本はすべての建築家とデザイナーにとって非常に重要である。

また、デザイナーが感応性を支える品質は、なぜ現代のデザインでは達成するのが難しいかを理解するのも重要である。結局、これは主に土地開発に資金を供給する経済的利益の操作に大きく依存しているためである。この産業がどうはたらくかを非常にうまくまとめた解説は、ディビッド・キャドマンとレスリー・オスティン=クロウによる『土地開発』の中で提示されている。ピーター・アンブローズとボブ・コールナットによって著された『プロパティ・マシン』と題する開発のプロセスに関する痛烈な批評も読む価値が十分にある。

この開発システムが物理的形状にどう影響するかを説明する試みについては残念ながら及んでいない。アリソン・ラベッツの著書『リメイキング・シティーズ』は、このトピックを最も幅広く説明しており、読むべきである。一方、イアン・ベントレイの『官僚主義的利権誘導と地方都市の形態』と題した短い論文は大きい金融機関の投資目的と都心の建物および公共空間の物理的な形態について、最新の建築理論を説明している。未完成ではあるが同著者イアン・ベントレイの『利用者の選択と都市の形態』は制度的な財政支援と「行きやすさ、多様性そしてわかりやすさ」という都市の品質を直接関係づけている点で興味深い。

行きやすさ(透過性)

いまや、「行きやすさ」を減らすことに結びついている利害関係や社会的な態度を理解することは有効である。リチャード・セネットによる『公共性の喪失』は建築と都市空間に言及した数多くの資料とともに、このテーマに関して、興味深い歴史的な分析を提供している。このテーマに関して難解さを抑えて読みやすく、なおかつ具体的に物理的環境について述べた同様の議論はマートン・ポウリーによる『私的な将来』に収められている。

「行きやすさ」を低下させる外的要因はデザイナー自身の習慣――特に階級的な空間構成を目指す全体的な傾向によって強められている。この姿勢への対処法として、クリストファー・アレグザンダーの『都市はツリーではない』とジェイン・ジェイコブズの『アメリカ大都市の死と生』の第9章にある小さな街区のための現実的議論を読むのがよいであろう。

より小規模なスケールでの取り組みとしてスタンフォード・アンダーソンの『都市環境の生態学的モデルに向かっての研究』といういかめしいタイトルをつけられた研究は、公共空間から街区自体の中への「行きやすさ」を考えるために効果のある手法を提示している。この移相のための詳細なデザインにおける有益な助言は、スチュアート・マッケンジーとリッキー・マッケンジーによる『安全、プライバシー、および景観のための都市空間構成』の中で述べられている。

多様性

用途の多様性から得られた社会的な利益は、リチャード・ソネットによる『無秩序の活用――都市コミュニティの理論』の中でソネット自身によって調査されている。建築あるいは都市デザインに特化したものではないが、それでもなお、この本は多くの既存の例を用いて刺激的な解釈を繰り広げている。

多様性を実現するための実用的な原則を記した文献は、残念ながら不十分であるが、ドミトリ・プロコスによる『土地利用の混合』とエベルハル・ツァイドラーの「都市の文脈における多用途建築」はさまざまな規模の事例を数多く紹介している。

これらの文献は、多様性はいまだに将来実現しうるという見通しからくる意欲を追い風とするならば、両方とも目を通す価値がある。

ジェイコブズの『死と生』の第2部は、多様性を物理的にどのように支えることができるかという提案や、古い低賃料のビルストックの役割に関してこれらの文献を補っている。『公共政策としての都市デザイン』——この本は開発経済学の中で道を究めようとした建築家によるものであるが、——この中でジョナサン・バネットは比較的低家賃の空間を、相互的助成金によって「新しい建物の中につくっていく方法」を提案している。これは独創性に富んだ文献であり読むべき本である。

バネットは、開発者の財政的な実行可能性の算出手法に関する十分に実践的な知識が、これを実現するうえでのデザイナーの技術経験の大切な部分であることを断言している。われわれがこの本で扱っているよりもさらに豊富な技術と事例を取り上げている役に立つ記事としては、アーキテクツ・ジャーナル誌の「建設のための資金調達」という特集記事を参照されたい。このテーマに関する広範な調査はR.D.B.ブースの『資産評価における早期の見通し』に見ることができる。これは明快で、楽しめる文献である。価格査定人の立場から書かれているため、しばしばテーマを曖昧にしてしまいがちな専門用語が整理されている。デザイナーならだれでも入手できるくらい安い。

わかりやすさ

わかりやすさを実現するための第一の経験則は、ケヴィン・リンチのパイオニア的な著書『都市のイメージ』に大いに負っている。安いペーパーバックでもあるし、この本はもちろん読むべきである。

クリスチャン・ノルベルグ＝シュルツは基本的にリンチと同様の要素に着目しており、その著書『実存・空間・建築』で、なぜこれらの要素が大切であるかを示唆し、そして多様なスケールにわたってそれを解説している。加えて、バリー・グリーンビーの『空間』の第2〜4章は地域や経路といったテーマに関する解釈や図解のゆえに一読の価値がある。

わかりやすい都市空間の豊富な歴史的な事例——正確に述べられ、図も示されている——としては、カミロ・ジッテの『都市建設の芸術』に勝るものはないであろう。絶版となってから久しいが、これは図書館から今でも借り出されている。その他の昔の刊行物の再版では、レイモンド・アンウィンの『都市計画の実際』が今日の都市計画を理解する上ではほかにない。これは、歴史的な都市空間を分析し、そして同時に新しい居住地開発において、わかりやすさを達成するために用いられた諸原理を提供することにおいて重要性を持っている。

より入手しやすく歴史的な事例を扱っている文献は、エドマンド・ベーコンの『都市のデザイン』である。これは都市の形態の発展に関する初歩的な総合本であるが、「わかりやすさ」を公共的な建築物に導入するとともに、公共建築の用途を扱った豊富な図説を掲載し、それとともに有益な解説を含んでいる。膨大な都市への介入の情熱に注目したい。

わかりやすさの実現に小規模な要素の重要性を説いたのは、ゴードン・カレンの著書『都市の景観』である。この本の本質的構造を見極めるのは難しいが、その価値は詳細なレベルで実現される「わかりやすさ」の考察や例証にある。加えて『都市の景観』はデザイナーが利用者に経験される場所におけるシークエンスを考慮すべきであることを強く主張している。

カレンは、わかりやすさの達成におけるサイン

(標識)、樹木、その他のものの役割を指摘している。サインの使用に関しては、ロバート・ヴェンチューリの『ラスベガス』を参照されたい。また、樹木のための文献としては、ヘンリー・アーノルドの『都市デザインにおける樹木』を読むとよい。都市空間の特徴づけ、強調、そして細分化のために樹木をどのように活用するか、についての助言として高く推奨する。アメリカからの図を伴う多くの事例が収められており、維持管理、経済経営、そして土壌の特徴のような事項について、技術的な支援策を提供している。

わかりやすさの最大の敵のひとつは、すべてのプロジェクト(計画)があたかも公共事業であるようにみなしてしまう最近のデザイナーに共通する傾向である。たいていの場合、このような姿勢はあまり重要でないオフィス街区をまるで市庁舎のようなデザインにしてしまう。この病気のための治療法はアルド・ロッシによる『都市の建築』を読むことである。公共の建築とスペースの間の決定的な違いや、都市組織のその他の部分との違いに注目している。感応性という観点から見れば、ロッシの思想は彼自身の作品よりもはるかに意味があることに注目されたい。

融通性

多くの本や記事は、空間の利用者によるコントロールを主題に書かれてきた。しかし、ほとんどこれらは施主を利用者と考えていた。それゆえに実際、彼らが推進したデザイン思想は建物の管理を容易にするために、スペースや装置を倹約する手段によって構築されていた。これらは利用者の観点から融通性を増加させる本当の可能性をほとんど持っていなかった。

このあやふやな技術をいかに育成するかという広範な考えからは、ジークフリート・ギーディオンによる『機械化の文化史』を参照するとよい。また、アンドリュー・レイブネックらによる『住宅のフレキシビリティ』は、善意の意図のためになる調査事例を提示している。しかし、それらのほとんどは上記に概説した落とし穴(施主と利用者の錯覚)に陥っている。

ここで戸外に目を向けてみよう。ドアをあけると、戸外空間がどのように使用されるかに関する徹底的な説明を、ウイリアム・ホワイトの『小規模な都市空間の社会生活』と題した文献に見ることができる。この小さな書物は多くの年月を観察と記録に費やした(特にニューヨークで)結果であるが、よく説明され、読みやすく、小さな公共スペースの多くの実践的な示唆を有している。

ホワイトの仕事はProject for Public Spaces Incorporatedという組織の設立を促したが、アメリカでの運営の下で、PPSは多様な活動を後押しする公共空間を支えるための詳細デザインや管理事業を請け負っている。

この取り組みの一環としてPPSは多くの報告と映画をつくり出している。この一覧は長いのでここでは紹介しない。

公園のような比較的大きな外部空間のなかで、融通性を実現するための有用な提案は、アルバート・ラトリッジの『公園のデザインへの視覚的アプローチ』と名付けられた文献にある。この文献では、単なる視覚的なアプローチ以上の提案がなされており、公共空間がどのように利用されているかを観察し、記録する効果的な方法を提供している。

建物と外部空間との間の境界面でのデザイン、そして外部空間そのものの詳細デザインに関するいくつかの有効なアイデアが、C.アレグザンダーの『パタン・ランゲージ』で、既成市街地のデザインのために253パターンを提案されており、素人から専門家までをその利用対象としている。この中で、パターン69, 88, 92, 93, 105, 106, 114, 119, 124, 125, 126, 140, 160, 164, 165, 166はすべての事項に関する興味深い問題を提起し、各問題に対して推奨される解決策を提案している。

多くの状況において、融通性のある戸外空間を実現する上での主要な問題のひとつとして、歩行者と自動車が快適に共存する方法を考案することが含まれている。ディルク・グローテンハウスは『都市と交通計画におけるボンエルフ』のなかで、オランダにおけるこの種の空間を実現するために求められる指針、デザイン、管理、そして法制度といった事項に関して、極めて詳細な情報を提供している。このブックレットは計画と道路制度が整っていないような国々において、同様な進歩を遂げるうえで読者の助けになるであろう。

関係自治体との調整に関しては、オランダ交通・公共事業省の「地方交通から快適な生活まで」と題した報告にある、これらの都市空間が使用される中でいかに機能するか、という詳細な評価を知ることが参考になるであろう。

視覚的な適切性

「視覚的な適切性（ふさわしい見え方）」へのわれわれの取り組みのすべては、「グッドデザイン」の定義がさまざまな社会グループの間でさまざまであること、そしてこれらのさまざまな定義はその集団にとって全く適切であるという考えが軸になっている。これは、専門的なトレーニングを受けたデザイナーにとっては理解しがたいことである。この問題を抱えただれにとっても、有効な最初のステップは、ピーター・バーガーとトーマス・ラックマンによって提示されている『リアリティの社会構造』により提示された主張を読むことであろう。

社会的に構成されたリアリティの概念はジャネット・ウルフの『芸術における美学と社会学』で美学の諸問題と結び付けられており、その中で美学のような事柄は社会的階級や文化的背景といった要素に深く根ざしていることを主張している。

ウルフは具体的な建築の事例を用いていないので、ホアン・ボンタの『建築とその解釈』を読むことも役に立つであろう。ここではある明確な建築のサブカルチャーの中においても、同じ建物に対する徹底的に異なる解釈がいかにして生じるかについて興味ある説明がなされている。

マイケル・トンプソンの「ゴミの理論」はこの状況を、建物が解釈される方法そのものを操る流行仕掛け人の手にわたる金融的な利益によって浮き彫りにしている。それらをスラムとして買い、国の保存遺産のように売る、というような例によって。

人々の文化的な経験は、彼らが行う解釈の中において重要な役割を演ずる。これは、階級と教育の違い、あるいは人が接する文化の範囲をどのように区切るのか、そのプロセスをデザイナーに気付かせるのに有効である。

これは、ピエール・ブルデューの作品『文化の上流階級』という記事と、また強い関心をもった読者向けであるが、ベイジル・バーンスタインの3部作『階級、記号、管理』の中で精査されている。

バーンスタインとブルデューのいずれも、建築やアーバンデザインの詳細に関してはあまり述べていないが、それらを関連づけることは必ずしも難しいことではない。

人々の目的が人とモノの両側面に関する解釈にどのように影響するかについては、既存環境と直接関係があることにおける利点とともに次の2つの書物で浮き彫りにされている。1つめは、ジョーン・ダークとロイ・ダークによる『誰が住宅を必要とするか』であり、この120〜140ページの中で、住宅供給における多様な利益集団のさまざまな目的が、かれら自身や他の集団の考えにどのように影響を及ぼしているかについて論じている。

次に紹介するメイトリックスの『メイキング・スペース』は、フェミニストの立場から見た人工環境への辛辣な解釈である。いずれも薦めたい文献である。

上記で示唆した著作は、解釈とはどのように作用し得るかについての洞察を与える有益な資料であるが、これらの洞察を適用する方法について書かれたものはほとんどない。リンダ・グロートとデイビット・カンターの『ポストモダニズムは対話するか』はいわゆるポストモダニズムの多くに見られるように異種の建築記号を無作為に混在させることの無益さについて論証している、という否定的な意味合いにおいて有益である。

しかしながらグロートは『新旧の適合性を測る』のなかでは、状況から得られる手がかりにはたらきかける上での有用な助言とともに積極的な提案をしはじめている。

「ふさわしい見え方（視覚的な適切性）」を得る上での深刻な問題点は、デザイナー側が自分以外の集団の文化的慣習を真剣に受け止めるどころか、過小評価するように学んできたことから生じている。

このことは、それらを掘り下げるよりも多くのデザイナーがトピックを秩序立てて考えることを感情面で困難にしている。このような状況の中で、われわれの文化とはかなり違った文化のコンテクストを通して考える方が心理的には取りかかりやすいであろう。

例えば、ベントレイの『コモンコースのためのデザイン』は、スロベニアの建築家ヨジェ・プレチニックの作品にみるような、われわれ自身のよく似た方法の歴史的な分析である。

その主張は同じ作者の『ヨジェ・プレチェックとその様式の問題』のなかでも展開している。

豊かさ

「視覚的な複雑さ」の仮想上の重要性について多くの書物が書かれてきたけれども、提示されているテーマのほとんどは心理学上の室内実験での証拠によって支えられている。多かれ少なかれ複雑化した建物のファサードに対する人々の反応を調査する珍しい試みが、マーチン・クランペンによる『都市環境の意味』の第5章で書かれている。

多くの作者は過剰な複雑さと極端な単純さのふたつの危険性について詳細にわたって述べてはいるが、しかしここでもまた、実用的なレベルでこれが何を意味するのかについての有効な助言はほとんどないといえよう。とはいえ、豊富な分析や事例がエルンスト・ゴンブリッチによる『装飾芸術論』に含まれている。この本は、視覚的な事象がすべて同時に経験されるものであるから、視覚的な多様性と視覚的な秩序は独立したものであるという事実を明らかにしている点で、一読する価値があろう。

個性化

「個性化」について役立つ文献は少ない。デザイナーが奨励する多くの物品があり、個性化を奨励している論文は多いが、その中でもヘルマン・ヘルツベルハーによる『舗装の下のビーチを探す』はおそらく最良のものであろう。これは自分自身の作品の中で常に個性化を支えるように努めてきたデザイナーの意図に対する優れた入門書となるであろう。しかし真に実践的な助言は含まれていない。

ラーズ・レラップの『未完の建築』もまた大いに薦められる書であり、個性化と視覚的な適切性（ふさわしい見え方）の間にある興味深いいくつかの結びつきを論じている。個性化を支えるために視覚的手がかりを積極的に用いることの可能性を示唆している。これは読むべき書であるが、本書の第5章と7章のあとで、読むことが望ましい。

個性化を推進させたいデザイナーにとって、最重要項目のひとつは、利用者は何をしたいと思うか、という直感的な判断力である。一組の利用者が（デザイナーの意図をよそに）何をしたかに関する興味深い報告はフィリップ・ブードンの『生活感のある建築』で紹介している。今から半世紀前に建てられたル・コルビュジエのペサックの集合住宅のことである。イギリスの両大戦の間に完成した郊外の個性化のために払われたきわめて地味な努力や、当初の計画デザインがいかにしてこれを推進したかについては、ポール・オリヴァー編集の『ダンローミン』に収録されているイアン・ベントレイによる「オーナーがしるしをつける」の章を参照されたい。

最後に、利用者が個性化できる程度について最も効果的な洞察は、今日入手できる数多くのDIY手引書のページから少しづつ集めることができる。

もっともわかりやすいもののひとつはリーダースダイジェストによって出版されているものだろう。このほかに、内観・外観双方の個性化のイメージの手法に重きを置く文献としては、ゴールデン・ハンズシリーズから出ている『住宅の装飾化と美化』がある。この両文献は、いかにして個性化を技術面で容易にし、また利用者の創造性に自由を与えるかという判断力を養ううえで役に立つ。

最後に、「感応するもの」は以上のすべての文献に含まれている。

参考文献

あ

ジェイ・アプルトン著、菅野弘久訳『風景の経験――景観の美について』（法政大学出版局、2005年）

ドナルド・アプルヤード著「なぜ建物は認知されるか」、デイヴィッド・カンター、乾正雄編『環境心理とは何か』（彰国社、1972年）

クリストファー・アレグザンダー著、稲葉武司訳『形の合意に関するノート』（鹿島出版会、1978年）

クリストファー・アレグサンダー著、押野見邦英訳「都市はツリーではない」、『テクストとしての都市／前田愛篇』（學燈社、別冊国文学 第22号、1984年）に所収

クリストファー・アレグザンダー著、平田翰那訳『パタン・ランゲージ――環境設計の手引』（鹿島出版会、1984年）

ロバート・ヴェンチューリ他著、石井和紘、伊藤公文訳『ラスベガス』（鹿島出版会、1978年）

か

ゴードン・カレン著、北原理雄訳『都市の景観』（鹿島出版会、1975年）

H・ゲレーツェッガー、M・パイントナー著、伊藤哲夫、衛藤信一訳『オットー・ワーグナー――ウィーン世紀末から近代へ』（鹿島出版会、1984年）

エルンスト・H・ゴンブリッチ著、白石和也訳『装飾芸術論――装飾芸術の心理学的研究』（岩崎美術社、1989年）

さ

ジェイン・ジェイコブズ著、山形浩生訳『アメリカ大都市の死と生』（鹿島出版会、2010年）

カミロ・ジッテ著、大石敏雄訳『広場の造形』（鹿島出版会、1983年）

リチャード・セネット著、今田高俊訳『無秩序の活用――都市コミュニティの理論』（中央公論社、1975年）

リチャード・セネット著、北山克彦、高階悟訳『公共性の喪失』（晶文社、1991年）

な

エルンスト・ノイフェルト著、吉武泰水総括、山田稔、池田有隣監訳『建築設計大辞典』（彰国社、1988年）

クリスチャン・ノルベルグ＝シュルツ著、加藤邦男訳『実存・空間・建築』（鹿島出版会、1973年）

は

ピーター・バーガー、トーマス・ルックマン著、山口節郎訳『現実の社会的構成――知識社会学論考』（新曜社、2003年）

ジョナサン・バーネット著、六鹿正治訳『アーバン・デザインの手法』（鹿島出版会、1977年）

バーンスティン著、萩原元昭編訳『言語社会化論』（明治図書出版、1981年）

フィリップ・ブードン著、山口知之、杉本安弘訳『ル・コルビュジエのペサック集合住宅』（鹿島出版会、1976年）

エドマンド・N.ベイコン著、渡辺定夫訳『都市のデザイン』（鹿島研究所出版会、1968年）

ら

ケヴィン・リンチ著、丹下健三、富田玲子訳『都市のイメージ〈新装板〉』（岩波書店、2007年）

アルド・ロッシ著、ダニエーレ・ヴィターレ編、大島哲蔵、福田晴虔訳『都市の建築』（大龍堂書店、1991年）

『PROCESS ARCHITECTURE ローレンス・ハルプリン』（プロセスアーキテクチュア、1978年）

A

Ambrose, P. and colenutt, R. (1975) *The property machine*, Harmondsworth: Penguin.

Anderson, S. (1981) ‘Studies towards an ecological model of the Urban environment’ in Anderson, S. (ed) *On Streets*, Cambridge (Mass): MIT Press.

Architects’ Journal, The. (1984) Special number on *Funding for construction*, Vol. No. 22-29 August, 1984.

Architectural Review (1977) *Enigma of the Rue Renard*, Vol. CLXI No. 693 pp. 270-294, May 1977.

Arnold, H.F. (1980) *Trees in urban design*, New York: Van Nostrand Reinhold.

B

Baker, C.V. (1976) *Housing associations*, London: Estates Gazette.

Barrett, J. (1979) *The form and functions of the central area*, (Open University DT 201 Unit 12), Milton Keynes: Open University.

Bates, J. et. al. (1978) Research report 20: *A disaggregate model of household car ownership*, London: Department of Transport.

Bates, J. et. al. (1981) *The factors affecting household car ownership*, Farnborough: Gower.

Bathurst, P.E. and Butler, D.A. (1980) *Building cost control techniques and economics*, London: Heinemann.

Bentley, I. (1981) 'The owner makes his mark' in Oliver, P. (ed) *Dunroamin: the suburban semi and its enemies*, London: Barrie and Jenkins.

Bentley, I. (1983a) *Bureaucratic patronage and local Urban form*, (JCUD Research Note 15) Oxford: Joint Centre for Urban Design, Oxford Polytechnic.

Bentley, I. (1983b) 'Designing responsive places' in *Urban Design Quarterly*, London: Urban Design Group.

Bentley, I. (1983c) 'Design for a common cause' in Bentley, I and Gržan-Butina, D. (eds) (1983) *Jože Plečnik*, Oxford: Joint Centre for Urban Design, Oxford Polytechnic.

Bently, I. (1984) *Jože Plečnik*: the question of style, (JCUD Research Note 19) Oxford: Joint Centre for Urban Design, Oxford Polytechnic.

Bently, I. (1984) *User choice and Urban form: the impact of commercial redevelopment*, (JCUD Research Note 18) Oxford: Joint Centre for Urban Design, Oxford Polytechnic.

Bonta, J.P. (1979) *Architecture and its interpretation*, London: Lund Humphries.

Booth, R.D.B. (1984) *Early perspectives in the valuation of property*, Oxford: Elsfield.

Bourdieu, P. (1980) 'The aristocracy of culture' in *Media, Culture and Society*, 1980, 2, pp 225-254.

Bowyer, J. (1979) *Guide to domestic building surveys*, London: Architectural Press.

Broadbent, G. (1977) 'A plain man's guide to the theory of signs in architecture' in *Architectural Design*, 1977, 7-8, pp 474-482.

Brown, F. (1976) Variety and Complexity in *City Centre Renewal*, Oxford: Oxford Polytechnic, Department of Architecture major study.

C

Cadman, D. and Austin-Crowe, L. (1978) *Property development*, London: Spon.

Clarke, L. (1973) *Explorations into the nature of environmental codes: the relevance of Bernstein's 'Theory of Codes' to environmental Studies*, Working Paper No. 8, September 1973. Kingston: Architectural Psychology Research Unit, Kingston Polytechnic School of Architecture.

Cowan, P. (1963) 'Studies in the growth, change and ageing of buildings' in *Transactions of the Bartlett Society*, Vol VI.

D

Darke, J. and Darke, R. (1979) *Who needs housing?* London: Macmillan.

Department of the Environment and Department of Transport (1977) *Design Bulletin 32*, London: DoE and DoT.

Department of Transport (1966) *Roads in urban areas*, London: DoT.

Douglas, M. (1978) *Cultural bias*, Royal Anthropological Institute, Occasional Paper No. 35.

Douglas, M. (1982) *Essays in the sociology of perception*, London: Routledge and Kegan Paul.

Duffy, F. et. al. (1980) *Taking stock: a technical study on an approach to the undertaking of feasibility studies for the re-use of vacant industrial buildings*, London: URBED.

F

Filler, M. (1978) 'Extra sensory perceptions' in *Progressive Architecture*, Vol 59 No. 4, April 1978, pp. 82-85.

G

Garland, S. (1984) *The herb garden*, Leicester: Windward.

Gibson, J. J. (1966) *The senses considered as perceptual systems*, Boston: Houghton Mifflin.

Giedion, S. (1948) *Mechanisation takes command*, New York: Oxford University Press.

Golden Hands Series (1972) *Decorating and beautifying your home*, London: Watts, Franklin.

Greenbie, B. B. (1981) *Spaces: dimensions of the human landscape*, New Haven: Yale University Press.

Grimsby Borough Council (1976) *House improvements and the street scene*, Grimsby: Borough Council.

Groat, L. (1983) 'Measuring the fit of new to old: a checklist on contextualism' in *Architecture*, Nov. 1983 pp. 58-61.

Groat, L. and Canter D. (1979) 'Does post-modernism communicate?' in *Progressive Architecture*, Dec. 1979 pp. 84-87.

Grotenhuis, D. H. (1978) *The woonerf in city and traffic planning*, Delft, Netherlands: Traffic Department, Public Works Services, Municipality of Delft.

H

Halprin, L. (1969) *The RSVP cycles: Creative processes in the human environment*, New York: Braziller.

Hanson, J and Hillier, B. (1982) 'Domestic space organisation: two contemporary space-codes compared' in *Architecture and Behaviour* 1982, 2, pp. 5-25.

Heery, G. T. (1975) *Time, cost and architecture*, New York: McGraw Hill.

Hertzberger, H. 'Looking for the beach under the pavement' in *RIBA Journal* Vol 78, August 1971, pp. 328-333.

Hillier, B. and Hanson, J. (1984) *The social logic of space*, Cambridge: Cambridge University Press.

Housing Corporation (1980) *Circular 11/80* London: HC.

Housing Corporation (frequently updated) *Housing Corporation Schemework Procedure Guide*, London: HC.

K

Krampen, M. (1979) *Meaning in the urban environment*, London: Pion.

L

Lerup, L. (1977) *Building the unfinished: architecture and human action*, Beverley Hills: Sage Publications.

M

Markus, T. (ed) (1979) *Building conversion and rehabilitation: designing for change in building use*, London: Butterworth.

Matrx (1984) *Making space: women in the man-made environment*, London: Pluto Press.

McKenzie, J.S. and McKenzie, R.L. (1978) 'Composing urban spaces for Security, privacy and outlook' in *Landscape Architecture*, September 1978 pp. 392-397.

McLaughlim, E. and McLaughlim, T. (1978) *Cost effective self-sufficiency, or the middle-class peasant*, London: David and Charles.

Miller, G. (1956) 'The magical number seven, plus or minus two: some limis on our capacity for processing information' in *The Psychological Review*, vol 63, March 1956.

Moore, G.T. (1983) 'Knowing about environmental knowing: the current state of theory and research on environmental cognition' in Pipkin, J.S. et. al. (eds) (1983) *Remaking the city: social perspectives on urban design*, New York: State University of New York Press.

N

Netherlands Ministry of Transport and Public Works (1983) *From local traffic to pleasurable living*, The Hague, Netherlands: MTPW Information Division.

Noble, J. (1983) *Local standards for the layout of residential roads: a review*, London: Housing Research Foundation.

P

Pawley, M. (1973) *The private future: causes and consequences of community collapse in the west*, London: Thames and Hudson.

Penwarden, A.D. and Wise, A.F.E. (1975) *Wind environment around buildings: a Building Research Establishment report*, London: HMSO.

Procos, D. (1976) *Mixed land use: from revival to innovation*, Stroudsburg, Pa: Dowden, Hutchinson and Ross.

Project for Public Spaces Inc. (1982) *Effective pedestrian improvements in downtown business districts*, (Planning Advisory Service Report No. 368). New York: American Planning Association. (Note: PPS publications may be obtained from Project for Public Spaces Inc., 153 Waverly Place, New York, NY 10014, USA).

R

Rabeneck, A. et. al. (1974) 'Housing flexibility' in *Architectural Design*, vol 49 No.2 pp. 76-91, 1974.

Ravetz, A. (1980) *Remaking cities: contradictions of the recent urban environment*, London: Croom Helm.

Reader's Digest (1968) *Complete do-it-yourself manual*, London: Reader's Digest Association.

Royal Dutch Touring Club (1980) *Woonerf*, (2nd. ed.), The Hague: RDTC Traffic department.

Royal Institute of British Architects (1969) Construction indexing manual, London: RIBA Publications.

Rutledge, A. (1980) *A visual approach to park design*, New York: Garland STPM Press.

S

Shils, E. (1981) *Tradition*, London: Faber and Faber.

Software Arts (1980) *VisiCalc user's guide*, Sunnyvale, Ca: Personal Software Inc.

Spon (updated annually) *Spon's architects' and builders' price book*, London: Spon.

Steiniz, C. (1968) 'Meaning and congruence of urban form and activity' in *Journal of the American Institute of Planners*, vol 34, pp. 233-247.

T

Thompson, M. (1979) *Rubbish theory: the creation and destruction of value*, Oxford: Oxford University Press.

Tutt, P and Adler, D. (eds) (1981) *New Metric Handbook*, London: Architectural Press.

U

Unwin, R. (1909) *Town planning in practice*, London: Fisher Unwin.

W

Whyte, W. H. (1980) *The social life of small urban spaces*, Washington D.C: Conservation Foundation.

Williams, B and associates (1976) *Property development feasibility tables*, London: Building Economics Bureau.

Wolff, J. (1983) *Aesthetics and the sociology of art*, London: George Allen and Unwin.

Wolverhampton Borough Council (1978) Streets ahead: *a guide to improving the appearance of your house*, Wolverhampton: Borough Council.

Z

Zeidler, E. H. (1983) *Multi-use architecture in the urban context*, Stuttgart: Karl Kramer Verlag.

訳者あとがき

本書の紹介

この本は、建築とアーバンデザイン(都市デザイン)の実践のための教科書である。この本の思想と実践の主旨は、各章の序に描かれている。序と第1章から7章までの各論とを繰り返し読むと、この本の主張と実践方法が少しずつ理解できるだろう。これは、デザインの理念とデザインの方法として説明できるように思われる。

デザインの理念

まず第一に、建築と都市のデザインは社会経済的な都市を形にする行為であることが主張される。

第二に、社会と経済は都市の機能であり、市民の活動である。これを形に反映させる行為がデザインである。都市の形は、都市の機能(活動)を表現しており、逆にそれぞれの場所は、場所の意味を人に読ませる。場所の意味を人に鋭敏に伝え感じさせることがデザイナーの役割である。「Responsive」とは都市の形が都市の機能を人に感じさせる、言い換えれば、場所の意味を人に伝える、その敏感さを指している。

第三に、社会と経済は、合わせて政治的機能を指すが、社会はパブリックな都市の側面であり、経済は私的な都市の側面でもある。そのため、都市の公共的部分と私的な部分をどのように扱うかが課題となる。

第四に、デザインは、既存の都市環境を新しい建築や都市空間にどのようにつなげていくかという行為である。新しい開発は既存の街や建築から示唆され、そのつながりをデザインすることである。

第五に、都市の評価は人に解釈され、そこへ行くことを選択されることにより決まる。人に選択されるように場所をデザインすることが、デザインの目標であり、人に選ばれるように反応する場所をデザインすることがデザイナーの役割である。

デザインの方法

デザインは、広い範囲から次第に狭い範囲、小さいスケールへと展開する。

最初に、近隣や街の広がりのレイアウト、リンク道路と街区の集合体としての街のデザインを行う。この際のデザインキーワードは「行きやすさ」Permeabilityである。道路構成と街区構成のデザインである。この中には建築のマス(塊)も配置されており、これをアーバン・グレインと呼んでいる。

次に、この街区構成の中に、用途を挿入するデザイン行為がある。デザインキーワードは「多様性」Varietyである。都市の活動をいかにデザインするかというデザインの側面である。また、パブリックな活動と私的(経済的)活動とが意識されている。

三番目は、都市の空間構成における「わかりやすさ」Legibilityがデザインのキーワードである。都市の構成要素であるパス、ノード、エッジ、ランドマーク、そしてディストリクトという空間要素の把握と、それらをデザインする建築と公共空間による「囲み空間」がデザイン概念である。

四番目に、建築と都市(街)の容量・変化(多様性)への対応や永続性を保証する柔軟な空間形態が求められている。「融通性」Robustnessがそのキーワードである。ここでは、建物の柔軟な空間構成と外部空間(公共的空間)との関係をデザインすることが重視される。

五番目は、囲み空間における外部空間の見え方である。各建築物のファサードの見え方を構成要素(①壁、②窓、③ドアと地上レベルの詳細)と、要素間の関係(①水平の関係、②垂直の関係、③スカイライン)として捉えることである。

六番目に、さらに詳細に見える見え方として、外部空間の「豊かさ」Richnessを検証する。ここでは、豊かさを規定する条件を、視覚とそれ以外の感覚で論じたのち、視覚的要素について詳述している。そして、人がその場所を選ぶ最終的な感覚が場所の豊かさであり、それを表現するのは、「コントラスト」であるとしている。さらに、見える位置と見る距離とを重視し、その場所と距離の把握、それに対応して、近距離から全体が見える距離まで、および見る時間を注意することを求めている。

七番目には、「個性化」のデザインを挙げ、使用者自身が自分の印を表すことができる空間要素と、希望する条件を可能性にするような事前のデザインを求めている。個性化の条件として、建物の保有状態、建物のタイプ、そして使う人の技術と専門性を挙げている。

最後の第8章には、第1章から7章までを実践的に説明している。理解しにくい文章は、この事例によってわかりやすくなっている。本文と合わせて、第8章を参照することが理解を助けるであろう。

実践への応用

この本の流れは、街のイメージ空間から通りの視覚に映る景観を対象としている。この流れはアーバンデザインのセオリーを説明するためのものであり、実践的な作業では、その作業をこの流れの中で位置づけることになろう。それはひとつの建築か街並みかによって違うであろうが、どちらにせよ、街並みの中でそれぞれの建築が場所の形成に果たす役割を確認することになろう。

アーバンデザインにおける空間認識

この本を理解する前提、すなわちアーバンデザインの空間認識方法として、念のために「囲み空間」の概念を解説しておこう。これはイギリスのデザインガイドでは常識になっているようで、詳しい説明は省略されている場合が多い。エセックスのガイドでは簡単な説明がある。

しかし、日本では必ずしも常識とはいえない状況があるように思われる。アーバンデザインの認識と実践を行う場合、誰もが同じものを同じように見ることが前提である。単体の建築とは違い、街並みを見る場合に、見る人それぞれが違うものを見ていては議論にならないし、共通する将来像を設定することができない。

そこで、誰もが共通した街を見る方法を設定する必要がある。そのための技術が「囲み空間」概念である。囲み空間のデザインを評価し、設計する技術的基礎は以下の2点である。

室内の床・壁・天井

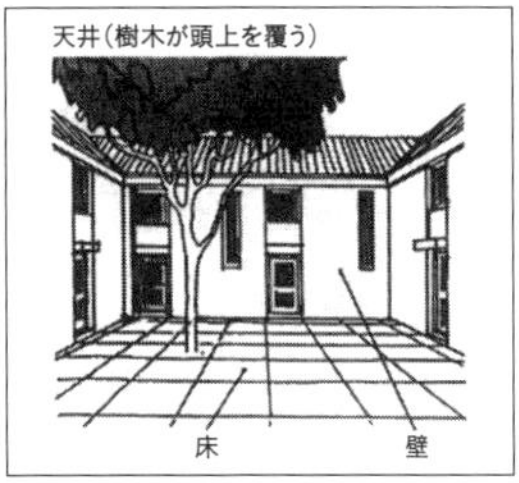

外部空間の
平面スペース・正面立面・天空

出典：G.L.C.編、延藤安弘監訳
『低層集合住宅地のレイアウト』
（鹿島出版会、1989）

天空

正面立面

平面スペース

天空

正面立面

平面スペース

出典：Essex planning officers association
"*The Essex Design Guide for residential and mixed use*"
1997

1 視点を目の高さとし、歩行者の立場で、視覚に映る範囲(見渡す範囲)を基礎単位とする。
2 視覚に映る物体を「室内の床、壁、天井」と同様に捉え、「平面スペース、正面立面、天空」として見る。そして、この観点からデザインする。

囲み空間は、通りと敷地で構成され、土木施設(道)と建築、そして樹木などランドスケープの構成でできあがっている。別の言い方をすれば、アーバンデザインは土木、建築、ランドスケープのデザイン技術の総合化である。

この本がデザインガイドの開発と発展を促し、これによって日本の街並みを美しく調和した空間としていくことに貢献できることを期待している。

なお、この本の翻訳出版に関して多くの方のお世話になっている。最後になるが感謝の意を記したい。

まず、翻訳出版を快く了解いただいた原書の著者の皆さまと出版社に感謝する。そして、この本に出会うまでに幾多のプロジェクトや計画政策の紹介、解説をいただいたイギリスの専門家の皆さま、特にバーミンガム大学都市地域研究センターのグローブス教授とワトソン教授、バーミンガム市住宅局の副局長アラン・エルキン氏のアドバイスがなかったらこの本との出会いはなかったかもしれない。住宅政策のヒアリングと議論の中でデザインガイドの意義と実態を学ぶことができたのは、この人たちのおかげである。また、エセックス州のデザインガイドの推進役ともいうべきアーバンデザイン室の皆さんとの交流がこの本の翻訳の必要性を強く意識させてくれた。エセックス州のデザインガイドの実践が翻訳の後押ししたことに感謝の意を表したい。

さらに、直接この本を紹介くださったのは、名城大学情報科学部の海道清信教授である。デザインガイド研究の共同作業では数々のアドバイスをくださっている。

この翻訳を行うには、エセックス州のデザインガイドをはじめ、イギリスのデザインガイド・コードと関連文献への理解が必要であった。この本を含め多くの原書を翻訳してきた佐藤研究室の大学院生、学生諸君に感謝する。

最後に、この訳本の出版を決意し、その出版作業に並々ならぬ努力を重ねてくださった鹿島出版会の久保田昭子さん、渡辺奈美さんを始めとしたスタッフの皆さんに感謝する次第である。

2011年5月　佐藤圭二

索引

あ

か

さ

た

な

は

ま

や

ら

わ

図版クレジット

Richard Anderson…………p.029-035
Gabriel Anzola-Wills…………p.199
Graham barnes…………p.080上
Cristina Barrios…………p.142-145
Anna Beauchamp…………p.035右下
Mita Bhaduri…………p.137-138
Douglas Brown…………p.049
Stefania Campbell…………p.140
Simon Clark…………p.220
Richard East…………p.038右中・右下、p.040右下、p.066右上・右下
Richard Goddard…………p.052右、p.135右
Brian Goodey…………p.068左上
Grimsby Borough Council…………p.174右
Teresa Heitor…………p.079右
Ideal Home…………p.133右下
Drew Mackie…………p.004
MIT Press…………p.068左下、p.070右
Ivor Samuels…………p.080右下
Thames and Hudson…………p.069左
Chris Trickey…………p.052右-061

訳者略歴
佐藤圭二(さとう・けいじ)

中部大学名誉教授
1941年生まれ。名古屋工業大学卒業後、
建築設計事務所勤務、名古屋大学工学部助手を経て、
1975年工学博士(名古屋大学)。
1989〜2011年、中部大学工学部建築学科教授。
2011年4月より現職。
著書に『生活・住宅・環境』(共著、E&S出版部)、
『建築学大系21 地域施設』(共著、彰国社)、
『トヨタと地域社会』(共著、大月書店)、
『地域と住宅』(共著、頸草書房)、
『新 都市計画総論』(共著、鹿島出版会)、
『住環境整備』(鹿島出版会)など。

感応する環境

デザイナーのための都市デザインマニュアル

発行
2011年6月10日　第1刷

訳者
佐藤圭二

発行者
鹿島光一

発行所
鹿島出版会
〒104-0028 東京都中央区八重洲2-5-14
電話 03-6202-5200　振替 00160-2-180883

造本・装幀
伊藤滋章

DTP
ホリエテクニカルサービス

印刷・製本
三美印刷

ISBN978-4-306-07290-9　C3052　Printed in Japan

本書の内容に関するご意見・ご感想は下記までお寄せください。
URL:http://www.kajima-publishing.co.jp
e-mail:info@kajima-publishing.co.jp